中国特色高水平高职学校项目建设成果

工业机器人现场编程

邱志新　孙福才◎主　编

关　彤　石　龙◎副主编

杜丽萍◎主　审

中国铁道出版社有限公司

CHINA RAILWAY PUBLISHING HOUSE CO., LTD.

内 容 简 介

本书是哈尔滨职业技术大学中国特色高水平高职学校项目建设成果之一。全书共 4 个项目，即工业机器人系统的启动与关闭、工业机器人 I/O 通信、工业机器人程序数据的建立、工业机器人编程与调试。

本书围绕工业机器人编程与操作能力培养，从工业机器人应用领域的生产实际出发，以 ABB 工业机器人为对象，以工业机器人装配、搬运、弧焊等典型项目进行内容设计和编写，每个项目由多个任务组成，在任务中进行相关知识点的介绍，体现了教、学、做一体化的理念。

本书适合作为高等职业院校自动化类、机械设计制造类机器人及相关专业的教材，也可作为工业机器人应用领域各类机器人技术的培训教材，还可作为从事工业机器人操作、编程、设计和维修，工业机器人现场编程和系统开发的工程技术人员等的参考书。

图书在版编目（CIP）数据

工业机器人现场编程 / 邱志新，孙福才主编. 北京 : 中国铁道出版社有限公司，2025. 7. -- ISBN 978-7-113-32300-4

Ⅰ. TP242.2

中国国家版本馆CIP数据核字第20257M4W91号

书　　名：工业机器人现场编程
作　　者：邱志新　孙福才

策　　划：祁　云　何红艳　　　　**编辑部电话：**（010）63560043
责任编辑：何红艳　李学敏
封面设计：刘　莎
责任校对：刘　畅
责任印制：赵星辰

出版发行：中国铁道出版社有限公司（100054，北京市西城区右安门西街 8 号）
网　　址：https://www.tdpress.com/51eds
印　　刷：北京市泰锐印刷有限责任公司
版　　次：2025 年 7 月第 1 版　2025 年 7 月第 1 次印刷
开　　本：787 mm×1 092 mm　1/16　**印张：**12.5　**字数：**311 千
书　　号：ISBN 978-7-113-32300-4
定　　价：45.00 元

编写说明

实施中国特色高水平高职学校和专业建设计划（简称“双高计划”）是教育部、财政部为建设一批引领改革、支撑发展、中国特色、世界水平的高等职业学校和骨干专业（群）而做出的重大决策。哈尔滨职业技术大学（原哈尔滨职业技术学院）入选“双高计划”建设单位。为了切实有效落实“双高计划”，学校对中国特色高水平学校建设进行顶层设计，编制了站位高端、理念领先的建设方案和任务书，并扎实开展了人才培养高地、特色专业群、高水平师资队伍与校企合作等项目建设，借鉴国际先进的教育教学理念，开发中国特色、国际水准的专业标准与规范，深入推动“三教”改革，组建模块化教学创新团队，实施“课程思政”，开展“课堂革命”，校企双元开发活页式、工作手册式、新形态教材。为适应智能时代先进教学手段应用，学校加大优质在线资源的建设，丰富教材的信息化载体，为开发优质特色教材奠定基础。

按照教育部印发的《职业院校教材管理办法》要求，教材编写总体思路是：依据学校双高建设方案中教材建设规划、国家相关专业教学标准、专业相关职业标准及职业技能等级标准，服务学生成长成才和就业创业，以立德树人为根本任务，融入课程思政，对接相关产业发展需求，将企业应用的新技术、新工艺和新规范融入教材之中。教材编写遵循技术技能人才成长规律和学生认知特点，适应相关专业人才培养模式创新和课程体系优化的需要，注重以真实生产项目、典型工作任务及典型工作案例等为载体开发教材内容体系，实现理论与实践有机融合，满足“做中学、做中教”的需要。

本系列教材是哈尔滨职业技术大学中国特色高水平高职学校项目建设的重要成果之一，也是哈尔滨职业技术大学教材建设和教法改革成效的集中体现。教材体例新颖，具有以下特色：

第一，教材研发团队组建创新。按照学校教材建设统一要求，遴选教学经验丰富、课程改革成效突出的专业教师担任主编，邀请相关企业作为联合建设单位，形成了一支学校、行业、企业高水平专业人才参与的开发团队，共同参与教材编写。

第二，教材内容整体构建创新。精准对接国家专业教学标准、职业标准、职业技能等级标准确定教材内容体系，参照行业企业标准，有机融入新技术、新工艺、新规范，构建基于职业岗位工作需要的体现真实工作任务、流程的内容体系。

第三，教材编写模式形式创新。与课程改革相配套，按照“工作过程系统化”“项目＋任务式”“任务驱动式”“CDIO式”四类课程改革需要设计四大教材编写模式，创新新形态、活页式及工作手册式教材三大编写形式。

第四，教材编写实施载体创新。依据本专业教学标准和人才培养方案要求，在深入企业调研、岗位工作任务和职业能力分析基础上，按照“做中学、做中教”的编写思路，以企业典型工作任务为载体进行教学内容设计，将企业真实工作任务、真实业务流程、真实生产过程纳入教材之中。开发了教学内容配套的教学资源①，满足教师线上线下混合式教学的需要，本教材配套资源同时在相关平台上线，可随时下载相应资源，满足学生在线自主学习课程的需要。

第五，教材评价体系构建创新。从培养学生良好的职业道德、综合职业能力与创新创业能力出发，设计并构建评价体系，注重过程考核和学生、教师、企业等参与的多元评价，在学生技能评价上借助社会评价组织的“1+X”考核评价标准和成绩认定结果进行学分认定，每部教材均根据专业特点设计了综合评价标准。

为确保教材质量，哈尔滨职业技术大学组建了中国特色高水平高职学校项目建设成果系列教材编审委员会，由职业教育专家和企业技术专家组成。学校组织了专业与课程专题研究组，对教材持续进行培训、指导、回访等跟踪服务，有常态化质量监控机制，能够为修订完善教材提供稳定支持，确保教材的质量。

本套教材是我校在国家骨干院校教材建设的基础上，经过几轮修订，融入课程思政内容和课堂革命理念，既具积累之深厚，又具改革之创新，凝聚了校企合作编写团队的集体智慧。本系列教材的出版，充分展示了课程改革成果，为更好地推进中国特色高水平高职学校项目建设做出积极贡献！

哈尔滨职业技术大学中国特色高水平高职
学校项目建设成果系列教材编审委员会
2025 年 1 月

---

① 2024年6月，教育部批复同意以哈尔滨职业技术学院为基础设立哈尔滨职业技术大学（教发函〔2024〕119号）。本书配套教学资源均是在此之前开发的，故署名均为“哈尔滨职业技术学院”。

前　言

高端装备制造业是强国之基，是推动新质生产力发展的核心引擎，为落实制造强国战略、建设现代化产业体系提供了重要支撑。近年来，我国高端装备制造业不断输出先进生产力，以“新”赋能千行百业，推动我国工业制造向“新”发力。机器人是人工智能技术与制造业实体经济深度融合的重要领域，工业机器人被誉为“制造业皇冠上的明珠”，在推动制造业生产力水平跃升、推动加快工业新质生产力发展中扮演重要角色。高端制造需要工业机器人，产业转型升级也离不开工业机器人。我国明确提出工业机器人是智能制造装备发展的重要内容，并将其列为我国装备制造业向高端方向发展的必需核心装备。工业机器人是靠自身动力和控制能力来实现各种功能的一种智能化自动化可编程设备，已在越来越多的领域得到了应用。

本书以ABB工业机器人为教学载体，从工业机器人基础操作入手，介绍工业机器人程序数据以及程序编制与调试。全书共4个项目，即工业机器人系统的启动与关闭、工业机器人I/O通信、工业机器人程序数据的建立、工业机器人编程与调试。项目任务设计由浅入深，循序渐进，并且融入了工业机器人应用编程相关证书要求。每个任务包括任务描述、知识链接、任务实施、习题与思考等，力求做到“理论先进，内容实用、操作性强”，突出实践能力和创新素质的培养。本书配套丰富的数字化资源，可通过扫描书中二维码观看。

本书由哈尔滨职业技术大学邱志新、孙福才任主编，哈尔滨职业技术大学关彤、石龙任副主编。邱志新编写项目二的任务1、项目四，孙福才编写项目一的任务1、任务2，关彤编写项目三，石龙编写项目一任务3、任务4和项目二的任务2、任务3。全书由邱志新统稿，哈尔滨职业技术大学杜丽萍教授主审。哈尔滨地铁集团设备中心工程师王志强在项目开发过程中提出了宝贵的建议，在此表示感谢。

在本书编写过程中，编者得到了哈尔滨职业技术大学领导及机电工程学院领导的关心与支持，同时得到了江苏汇博机器人技术股份有限公司丁友振、哈尔滨博实自动化股份有限公司刘晓春的帮助和建议，在此表示衷心的感谢！

本书建议教学学时数为50学时，教学应在教学做一体化实训室完成，实训室应设有学习区、工作区及实训区，以提高学生的职业能力。

由于编者水平有限，编写时间仓促，书中难免有疏漏和不当之处，真诚希望广大读者批评指正。

编　者

2025年1月

目 录

项目一 工业机器人系统的启动与关闭

项目二 工业机器人 I/O 通信

项目三 工业机器人程序数据的建立

项目四 工业机器人编程与调试

项目一

工业机器人系统的启动与关闭

【项目导入】

学习笔记

工业机器人与自动化成套设备是生产过程的关键设备，可用于制造、安装、检测、物流等生产环节，并广泛应用于汽车整车及汽车零部件、工程机械、轨道交通、低压电器、电力、军工、烟草、金融、医药、冶金及印刷出版等众多行业，应用领域非常广泛。在对工业机器人进行现场编程时，离不开工业机器人系统的启动与关闭，工业机器人系统的开启与关闭是工业机器人应用编程人员的基本技能。本项目通过学习工业机器人开启与关闭、认识工业机器人示教器、手动操纵工业机器人等任务，了解工业机器人开启与关闭的方法、工业机器人编程人员常用安全护具、工业机器人基本组成、示教器的基本结构和工业机器人关节坐标系、大地坐标系、工具坐标系的概念，掌握示教器基本参数设置方法、手动关节坐标系操作等基本技能。

视 频

课程导学

【学习目标】

知识目标

1. 了解工业机器人应用编程人员常用安全护具；
2. 掌握工业机器人的基本组成；
3. 了解工业机器人示教器的结构及功能；
4. 掌握工业机器人示教器的基本环境参数；
5. 了解示教器手动操作界面以及界面的相关设置；
6. 掌握工业机器人关节坐标系、大地坐标系和工具坐标系的基本概念。

能力目标

1. 能够根据需要设定工业机器人的运行速度；
2. 能够正确设定示教器的语言界面、系统时间、用户权限等环境参数；
3. 能够根据安全规程，正确启动和停止工业机器人；
4. 能够及时判断外部危险情况，操作紧急停止按钮等安全装置；
5. 能够使用示教器对工业机器人进行单轴、线性、重定位等手动操作；
6. 能够正确开启和关闭工业机器人系统。

素质目标

1. 具有自我认知、独立思考的能力；
2. 具有安全意识、遵守规章制度的态度；
3. 具有团结协作、沟通的能力；
4. 具有发现问题、解决问题的能力；
5. 具有爱国主义精神和民族自豪感。

学习笔记

【项目实施】

任务1　启动工业机器人系统

任务描述

工业机器人应用编程人员在开始操作工业机器人之前，需要启动工业机器人，这是针对工业机器人最基本的操作，工业机器人的启动主要包括电气和气路的开启。在进行正式操作之前，工业机器人应用编程人员需要穿戴正确的安全护具、掌握工业机器人安全操作注意事项、了解工业机器人的基本组成，为后续工业机器人基本操作做好准备工作。本任务主要学习启动工业机器人系统的流程方法和注意事项。

视频

工业机器人系统的基本组成

知识链接

一、工业机器人系统的组成

工业机器人系统主要由工业机器人本体、控制柜、连接电缆和示教器组成，其中连接电缆主要有电源电缆、示教器电缆和编码器电缆，如图 1.1.1 所示。

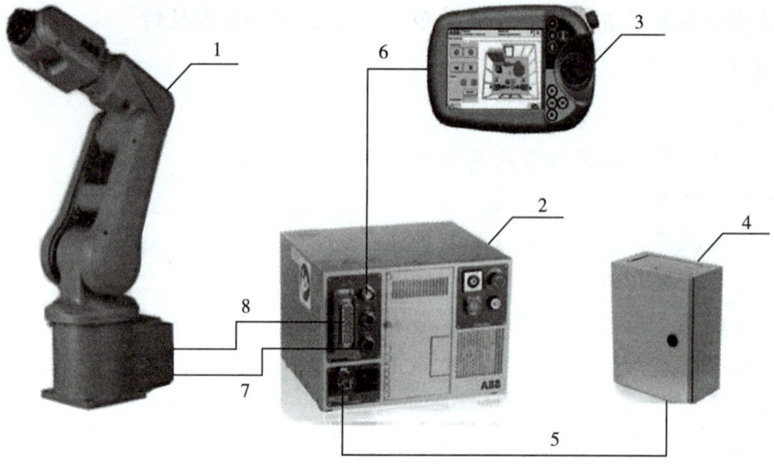

1—工业机器人本体；2—控制柜；3—示教器；4—配电箱；5—电源电缆；
6—示教器电缆；7—编码器电缆；8—动力电缆。

图 1.1.1　工业机器人组成

示教器通过示教器电缆与机器人控制柜连接，为示教器供电的同时，完成两者之间的信号和数据的传输，平时在示教器的操作，最终都将通过示教器电缆传输给控制柜，控制柜再驱动机器人本体进行动作。同样，机器人本体的运行状态也将通过控制柜传输给示教器，并在示教器上显示。

工业机器人本体通过动力电缆和编码器电缆与机器人控制柜连接，为机器人本体的电机提供动力，实时监控机器人本体上的电机运行状态，一般传输转数计数器内数据。

学习笔记

机器人控制柜通过电源电缆与外部电源连接获取供电，需要指明的是，一定要根据实际情况制作控制柜电源电缆，并选择合适的电源。例如，紧凑式 IRC5 控制柜的电源电缆可以直接接入 220 V 交流电网，但一体式和分体式 IRC5 控制柜则可能需要接入 380 V 三相交流电网。

视频 工业机器人的机械结构

1. 工业机器人本体

工业机器人本体是工业机器人的支承基础，也是工业机器人完成作业任务的执行机构。工业机器人本体主要由传动部件、机身、臂、腕部和手部五个部分组成，如图 1.1.2 所示。

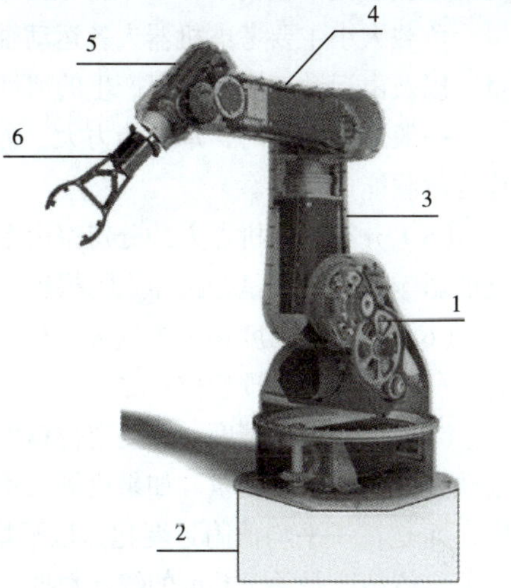

1—传动部件；2—机身；3—大臂；4—小臂；5—腕部；6—手部。

图 1.1.2　工业机器人本体

（1）传动部件，包括各种驱动电机、减速器、齿轮、轴承、传动皮带等部件组成。

（2）机身及行走机构。机身又称机座，是整个工业机器人的支持部分，具有一定的刚度和稳定性。机座有固定式和移动式两类，若机座不具备行走功能，则构成固定式机器人；若机座具备移动机构，则构成移动式机器人。

（3）臂部。手臂一般由大臂、小臂（或多臂）所组成，用来支撑腕部和手部，实现较大运动范围。

（4）腕部。腕部位于工业机器人末端执行器和臂部之间，腕部主要帮助手部呈现期望的姿态，扩大臂部运动范围。

（5）手部。手部又称为末端执行器，是工业机器人执行任务的工具，一般安装于工业机器人末端法兰。根据应用功能不同，手部可以分为夹钳式、吸附式、专用手部工具和工具快换装置等多种形式。

2. 工业机器人主要技术参数

视频 工业机器人的技术参数

工业机器人的主要技术参数包括自由度、工作空间、工作速度、工作载荷、分辨率、精度、重复定位精度等。

（1）自由度。自由度是指描述物体运动所需要的独立坐标数。

机器人的自由度表示机器人动作灵活的尺度，一般以轴的直线移动、摆动或旋转动作的数目来表示，手部的开合动作不包括在内。

机器人的自由度越多，就越能接近人手的动作机能，通用性就越好；但是自由度越多，结构越复杂，对机器人的整体要求就越高，这是机器人设计中的一个矛盾。

在二维空间中描述一个物体的位置和姿态需要六个自由度，工业机器人一般多为 4 ～ 6 个自由度，七个以上的自由度是冗余自由度，是用来避障碍物的。

（2）工作空间。工作空间又叫作工作范围，机器人的工作空间是指机器人手臂或手部安装点所能达到的所有空间区域，不包括手部本身所能达到的区域。

工作范围的形状和大小是十分重要的，机器人在执行某作业时可能会因存在手部不能到达的作业死区而不能完成任务。

（3）工作速度。工作速度是指机器人在工作载荷条件下、匀速运动过程中，机械接口

学习笔记

中心或工具中心点在单位时间内所移动的距离或转动的角度。显而易见，工作速度越快，工作效率就越高，然而工作速度越快就要花费更多的时间去升速或降速，对工业机器人最大加速度变化率及最大减速度变化率的要求就更高。

（4）工作载荷，又叫作承载能力，是机器人在规定的性能范围内，机械接口处能承受的最大负载量（包括手部）。用质量、力矩、惯性矩来表示。

负载大小主要考虑机器人各运动轴上的受力和力矩，包括手部的重量、抓取工件的重量，以及由运动速度变化而产生的惯性力和惯性力矩。

一般低速运行时，承载能力大，为安全考虑，规定在高速运行时所能抓取的工件重量作为承载能力指标。

（5）分辨率。机器人的分辨率由系统设计检测参数决定，并受到位置反馈检测单元性能的影响。分辨率是指机器人每根轴能够实现的最小移动距离或最小转动角度。

（6）精度。精度是一个位置量相对于其参照系的绝对度量，指机器人手部实际到达位置与所需要到达的理想位置之间的差距。

（7）重复定位精度。重复定位精度指在相同的运动位置命令下，机器人连续若干次运动轨迹之间的误差度量。如果机器人重复执行某位置给定指令，它每次走过的距离并不相同，而是在一平均值附近变化，该平均值代表精度，而变化的幅度代表重复精度。所以，重复定位精度是关于精度的统计数据。

3. 工业机器人的规格参数及安全操作区域

本书以 IRB 120 型工业机器人为例，介绍工业机器人现场编程的方法，书中的机器人不做特殊说明的情况下均指 IRB 120 型工业机器人。IRB 120 型工业机器人是 ABB 目前最小的机器人，具有敏捷、紧凑、轻量的特点，广泛适用于电子、食品饮料、机械、太阳能、制药、医疗、研究等领域。

机器人的工作范围如图 1.1.3 所示，工作半径 580 mm，底座下方拾取距离为 112 mm。机器人的规格参数见表 1.1.1。

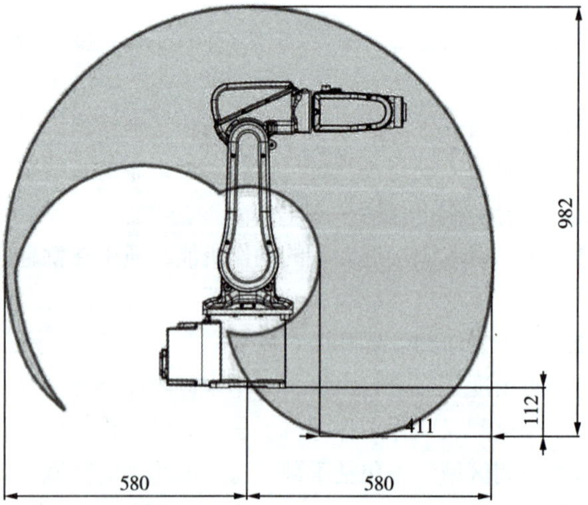

图 1.1.3 机器人工作范围（单位：mm）

学习笔记

表 1.1.1　机器人的规格参数

<table>
<tr><th colspan="4">规格参数</th></tr>
<tr><td>轴数</td><td>6</td><td>防护等级</td><td>IP30</td></tr>
<tr><td>有效载荷</td><td>3 kg</td><td>安装方式</td><td>地面安装 / 墙壁安装 / 悬挂</td></tr>
<tr><td>到达最大距离</td><td>0.58 m</td><td>机器人底座规格</td><td>180 mm × 180 mm</td></tr>
<tr><td>机器人重量</td><td>25 kg</td><td>重复定位精度</td><td>0.01 mm</td></tr>
<tr><th colspan="4">各轴运动性能及范围</th></tr>
<tr><td>轴序号</td><td colspan="2">动作范围</td><td>最大速度</td></tr>
<tr><td>1 轴</td><td colspan="2">回转: +165° ～ −165°</td><td>250° /s</td></tr>
<tr><td>2 轴</td><td colspan="2">大臂: +110° ～ −110°</td><td>250° /s</td></tr>
<tr><td>3 轴</td><td colspan="2">肘部: +70° ～ −90°</td><td>250° /s</td></tr>
<tr><td>4 轴</td><td colspan="2">小臂: +160° ～ −160°</td><td>360° /s</td></tr>
<tr><td>5 轴</td><td colspan="2">腕摆: +120° ～ −120°</td><td>360° /s</td></tr>
<tr><td>6 轴</td><td colspan="2">手转: +400° ～ −400°</td><td>420° /s</td></tr>
</table>

4. 工业机器人控制柜

视频

认识工业机器人的控制柜

控制柜是机器人系统的心脏，是工业机器人的指挥中枢，通过驱动器驱动执行机构的各个关节按所需的顺序、沿确定的位置或轨迹运动，完成特定的作业。示教器或 PC 控制台上离线编程软件中编辑的动作指令首先都将写入控制柜，并通过它翻译成机器指令，才能用于控制机器人本体，同样，机器人本体的运动状态、外围设备工作状态等相关机器人系统的监控信息，也需要通过控制柜反馈给示教器或 PC 控制台。控制柜的种类多种多样，我们以 ABB IRC5 控制柜为例来进行讲解。当前市面上的 ABB IRC5 控制柜可以分为集成到其他控制柜的集成块式，体积小、重量轻、易搬运、紧凑式，操作与维护方便的一体式，以及容量大、便于功能扩展的分体式。无论哪一种控制柜都包含控制和驱动两个模块，其中控制模块包含所有的电子控制装置，如主机、I/O 电路板和闪存，并可嵌入控制软件；而驱动模块包含为机器人电机供电的所有电源电子设备，最多可包含九个驱动单元，能同时处理六根内轴以及两根普通轴或附加轴。

机器人控制柜的操作面板如图 1.1.4 所示，下面介绍面板上按钮和开关的功能。

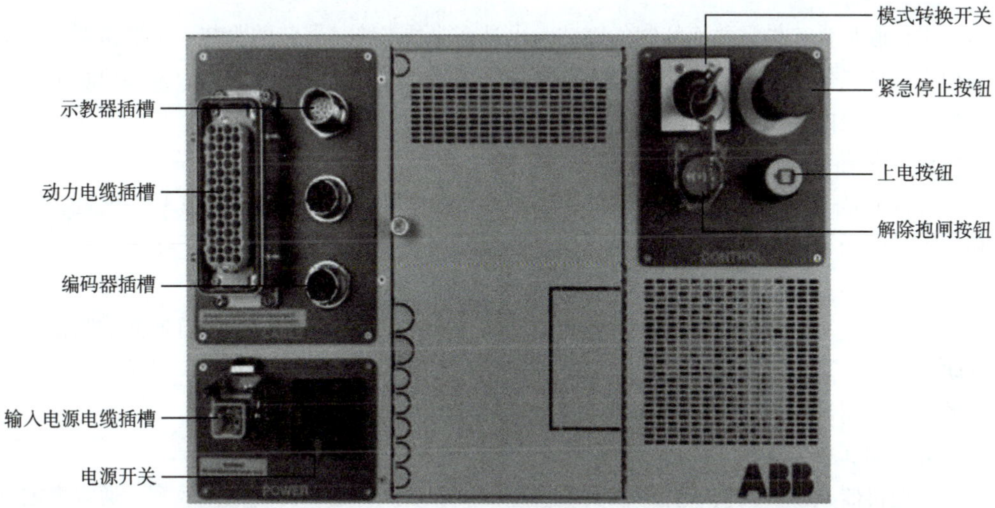

图 1.1.4　机器人控制柜的操作面板

学习笔记

（1）电源开关：旋转此开关，可以实现机器人系统的开启与关闭。

（2）模式转换开关：旋转此开关，可以切换机器人手动/自动运行模式。

（3）紧急停止按钮：又称急停按钮，按下此按钮，可以立即停止机器人的动作，此按钮的控制操作优先于机器人任何其他控制操作。

（4）解除抱闸按钮：解除电动机抱死状态，机器人的姿态可以随意改变。

（5）上电按钮：按下此按钮，机器人电动机上电，处于开启的状态。

（6）示教器插槽：用于连接示教器电缆。

（7）动力电缆插槽：用于连接动力电缆。

（8）编码器插槽：用于连接编码器信号电缆。

（9）输入电源电缆插槽：用于连接电源电缆。

二、常用安全护具

工业机器人操作人员需正确穿戴相应的安全护具，降低意外带来的伤害。工业机器人应用编程人员常用的安全护具主要包括安全帽、工作服、劳保鞋、防护眼镜等，如图 1.1.5 所示。

（a）安全帽　（b）工作服　（c）劳保鞋　（d）防护眼镜

图 1.1.5　常用安全护具

1. 安全帽

安全帽是指对人的头部受坠落物及其他特定因素引起伤害防护作用的帽子，安全帽由帽壳、帽衬、下颏带及附件等组成。

2. 工作服

工作服是为工作需要而特制的服装，也是企业员工统一着装的服装。工业机器人应用编程人员在操作工业机器人时，须正确穿戴工作服。穿着合身工作服，束紧领口、袖口和下摆，工作服内衣物不外露，裤管需束紧，不得翻边。

3. 劳保鞋

劳保鞋是一种对足部有安全防护作用的鞋，劳保鞋的选用应根据工作环境的危害性质和危害程度进行。

4. 防护眼镜

防护眼镜是个体防护装备中重要的组成部分，按照使用功能可分为普通防护眼镜和特种防护眼镜。防护眼镜是一种特殊型眼镜，它是为防止放射性、化学性、机械性和不同波长的光损伤而设计的。

5. 常用工具

工业机器人工具快换装置可以实现快速更换末端执行器，提高工作效率。通常由主盘和工具盘组成，主盘安装在工业机器人法兰盘上，如图 1.1.6（a）所示，工具盘与末端执行器连接。快换装置的释放和夹紧可以由主盘工具通过气动形式来实现。常见工业机器人工具快换装置有弧口气爪、吸盘、直口气爪等，如图 1.1.6（b）～（d）所示。

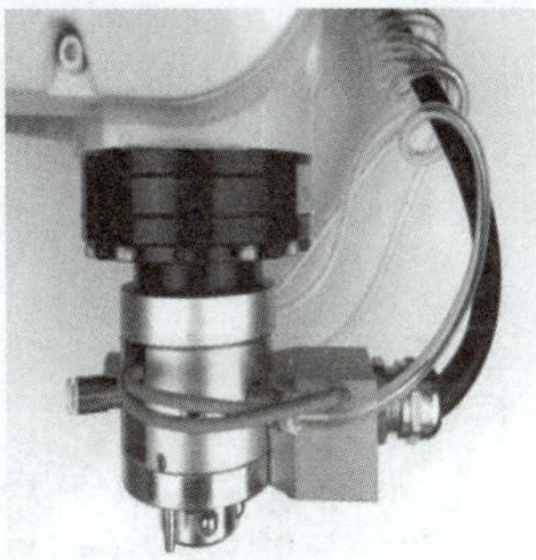

（a）快换装置母盘

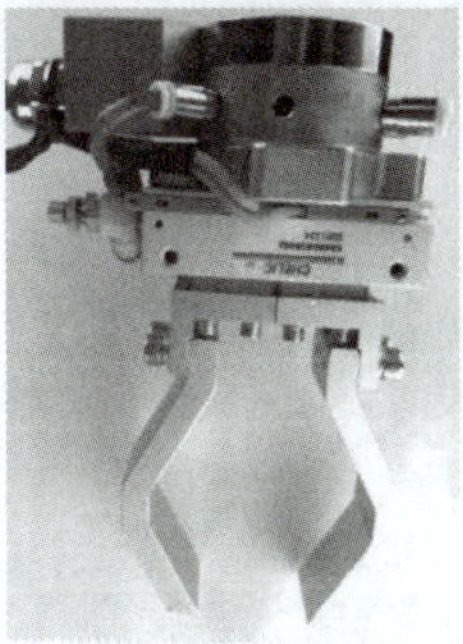

（b）弧口气爪工具

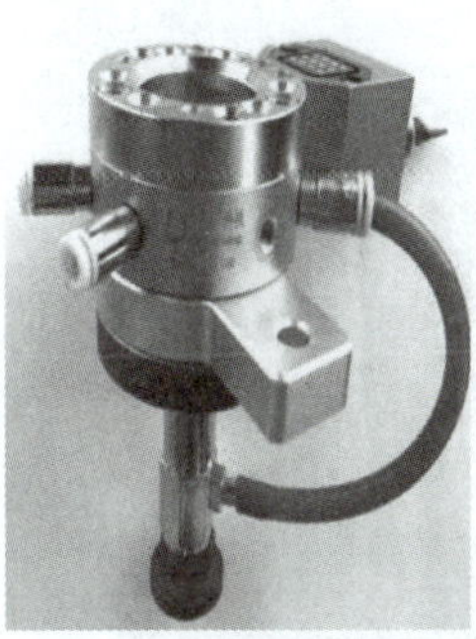

（c）吸盘工具

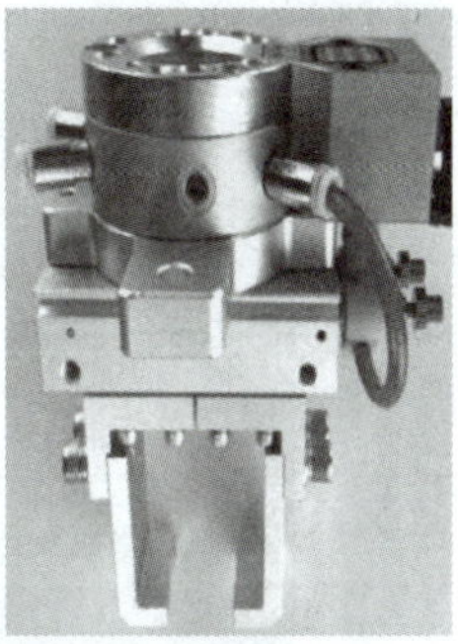

（d）直口气爪工具

图 1.1.6　工业机器人常用工具

6. 紧急停止按钮

紧急停止按钮，简称急停按钮，当发生紧急情况的时候用户可以通过快速按下此按钮来达到保护的措施。

在工厂里面，一些大中型机器设备或者电器上都可以看到醒目的红色按钮，标准的会标示与紧急停止含义相同的红色字体，这种按钮可统称为急停按钮。此按钮只需直接向下压下，就可以快速地让整台设备立马停止或释放一些传动部位。要想再次启动设备必须释放此按钮，一般只需顺时针方向旋转大约 45° 后松开，按下的部分就会弹起，也就是释放。

工业安全要求，凡是一些传动部位会直接或者间接地发生异常情况，对人体产生伤害的，都必须加保护措施，急停按钮就是其中之一。因此，在设计带有传动部位的机器时必须要加上急停按钮这项功能。而且要设置在人员可方便按下的机器表面，不能有任何遮挡物存在。

出现下列情况时，必须立即按下紧急停止钮：

（1）机器人作业时，机器人工作区域内有人；

（2）机器人作业时伤害了工作人员或损坏周边设备。

工业机器人是工业领域中能自动执行工作、靠自身动力和控制能力来实现各种功能的机器装置，为保证作业的安全，在系统中设置了两个紧急停止按钮（不包括外围设备的紧

学习笔记

急停止按钮），分别是：

（1）工业机器人示教器上的紧急停止按钮；

（2）工业机器人控制柜上的紧急停止按钮；

（3）设备外部紧急停止按钮。

如图 1.1.7 所示，按下任何一个紧急停止按钮工业机器人立刻停止运动。

（a）控制柜急停按钮

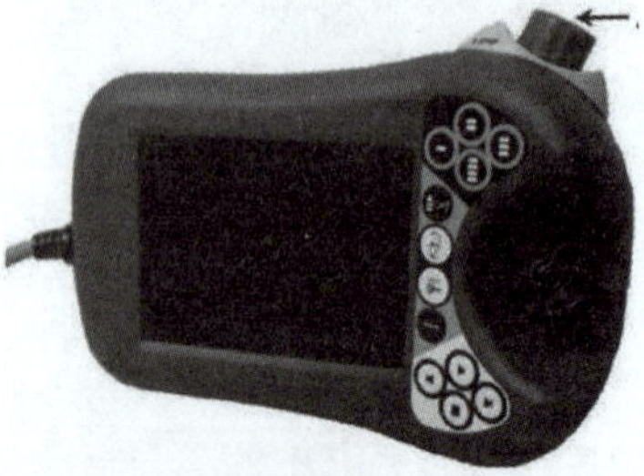

（b）示教器急停按钮

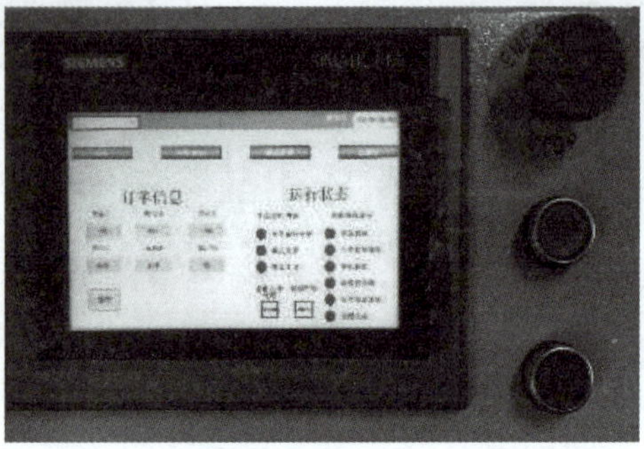

（c）设备急停按钮

图 1.1.7　急停按钮

按下紧急停止按钮后，工业机器人示教器画面出现紧急停止报警，如图 1.1.8 所示。再次运行工业机器人前，必须先清除紧急停止及其报警。松开紧急停止按钮，按下控制面板上伺服上电按钮，确认示教器上状态栏中报警信息消失。

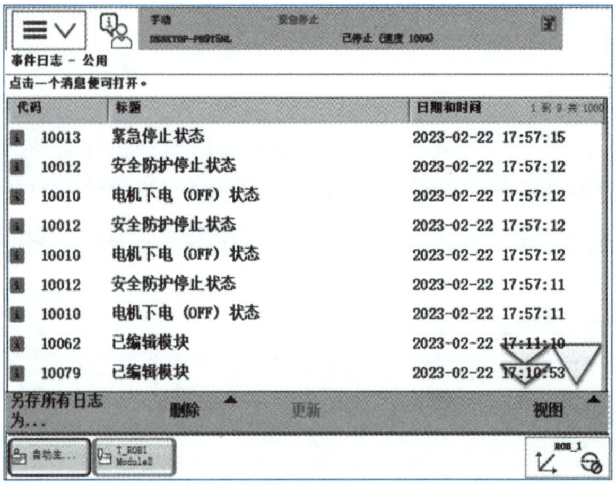

图 1.1.8　紧急停止报警

任务实施

学习笔记

视 频

工业机器人的操作准备

一、正确穿戴安全护具

工业机器人操作编程人员需要按照要求正确规范穿戴安全护具，工业机器人安全护具穿戴如图 1.1.9 所示。

安全护具具体穿戴要求如下：

（1）佩戴安全帽，头发尽量不外露，长发者可将头发盘于帽内，需正确规范地扣紧帽绳，防止操作工业机器人时安全帽脱落，造成安全隐患；

（2）穿着合身工作服，束紧领口、袖口和下摆，扣好纽扣，内侧衣物不外露，必要时系好安全带；

（3）不佩戴首饰，尤其是手指和腕部；

（4）裤管需束紧，不得翻边；

（5）尽量穿着劳保鞋，系紧鞋带；

（6）操作示教器时不佩戴手套；

（7）根据工作现场要求佩戴口罩、防护眼镜等安全护具。

1—安全帽；2—帽绳；3—纽扣；4—安全带；5—劳保鞋。

图 1.1.9　正确穿戴安全护具

二、启动工业机器人系统

工业机器人操作人员可以通过工业机器人电源开关实现系统的开机（启动）。通过操作控制柜按钮启动工业机器人系统如图 1.1.10 所示，使示教器显示开机界面，如图 1.1.11 所示。

图 1.1.10　工业机器人系统开机步骤

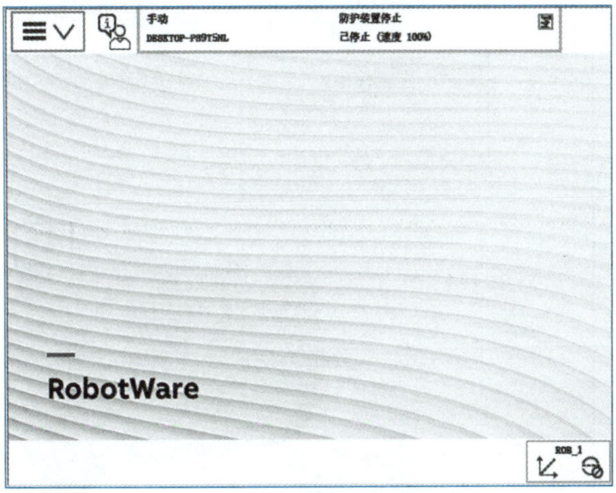

图 1.1.11　示教器开机初始画面

学习笔记

1. 工业机器人系统开机过程

（1）检查工业机器人周边设备、作业范围是否符合开机条件；

（2）检查电源是否正常接入；

（3）确认控制柜和示教器上的急停按钮已经复位；

（4）打开平台电源开关；

（5）打开工业机器人控制柜上电源开关；

（6）打开气泵开关和供气阀门；

（7）等待 20 s 左右时间，示教器画面自动开启，机器人开机完成。

2. 工业机器人开机步骤

（1）将电源电缆与外部电源接通；

（2）将工业机器人电源开关旋至“ON”位置，接通工业机器人主电源；

（3）将气泵开关向上拉起，气泵上电；

（4）将气泵阀门旋至与将气管方向平行，打开阀门；

（5）控制柜电源开关上电 20 s 后，查看示教器状态，系统启动完成。

三、消除紧急停止报警

在使用工业机器人过程中，如果出现了紧急停止报警，需要消除报警，操作步骤见表 1.1.2。

表 1.1.2　消除紧急停止报警操作步骤

操作步骤	示　意　图
第 1 步：按下示教器上的紧急停止按钮，工业机器人显示紧急停止报警	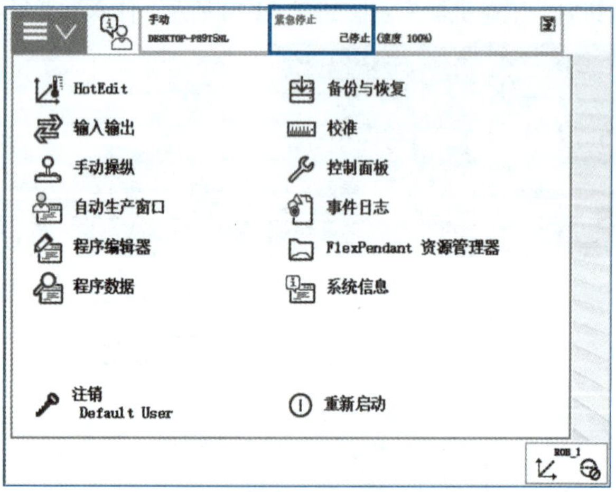
第 2 步：逆时针旋转示教器紧急停止按钮，松开紧急停止按钮	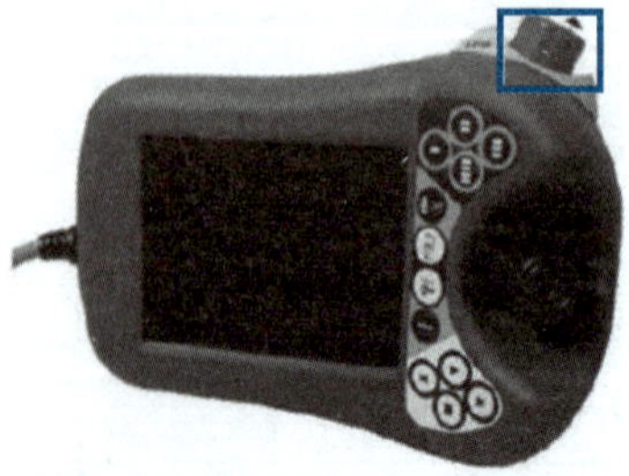

续上表

操作步骤	示　意　图
第 3 步：按下工业机器人控制柜上的伺服上电按键，清除紧急停止报警	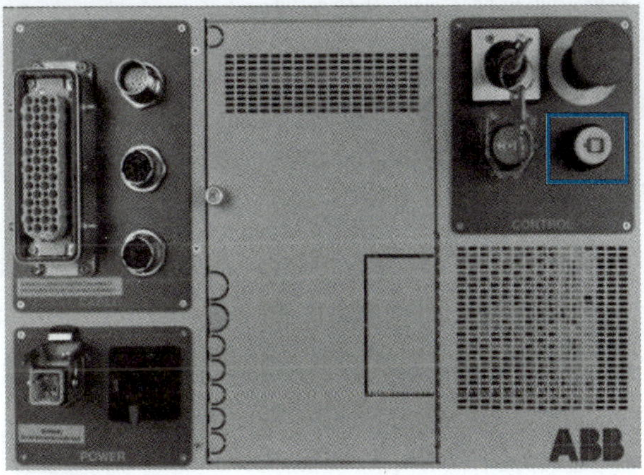
第 4 步：查看示教器急停报警解除画面，报警已解除	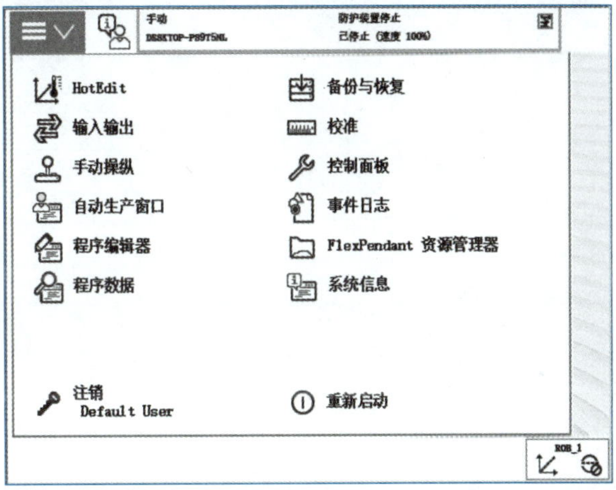

习题与思考

一、填空题

1. 工业机器人应用编程人员需要配备（　　）、（　　）、（　　）、（　　）等常用安全护具。

2. 工业机器人主要由（　　）、（　　）、（　　）、（　　）部件构成。

3. 工业机器人本体由（　　）、（　　）、（　　）、（　　）、（　　）等组成。

4.（　　）位于工业机器人末端执行器和臂部之间，（　　）主要帮助手部呈现期望的姿态，扩大大臂运动范围，增加工业机器人自由度。

5. 机身又称（　　），是整个工业机器人的支持部分，具有一定的刚度和稳定性。

6. 机座有（　　）和（　　）两类，若机座不具备行走功能，则构成（　　）机器人；若机座具备移动机构，则构成（　　）机器人。

学习笔记

二、问答题

1. 什么是工业机器人紧急停止按钮？工业机器人有哪些紧急停止按钮？
2. 什么是工业机器人工具快换装置？
3. 什么是工业机器人末端执行器？并举例说明常用的工业机器人末端执行器。
4. 如何进行工业机器人正确开机？
5. 如何消除工业机器人紧急停止报警？
6. 穿戴工业机器人安全护具的具体要求有哪些？

三、素质养成训练

小组讨论：查阅工业机器人相关资料，谈谈如今我国工业机器人技术行业的发展现状以及人才需求。

学习笔记

视频

工业机器人示教器的组成和使用方法

任务2　配置示教器的操作环境

任务描述

操作工业机器人，就必须和机器人示教器打交道，示教器是进行机器人的手动操纵、程序编写、参数配置及监控的手持装置，也是最常用的机器人控制装置。由于示教器出厂时，默认的显示语言为英语，将示教器的显示语言设定为中文既方便又能满足日常操作的需求。在进行各种操作之前，先将机器人的系统时间设定为本地时区的时间，方便进行文件的管理和故障的查阅，本次任务主要学习如何配置示教器的操作环境。

知识链接

一、示教器组成部件

示教器是人与工业机器人交互的平台，用于执行与操作工业机器人系统有关的许多任务：编写程序、运行程序、修改程序、手动操作、参数配置、监控工业机器人状态等。下面以 ABB IRC5 示教器为例介绍，在现场编程条件下，使用示教器来实现机器人的运动操作需求。示教器包括使能按键、触摸屏、触摸笔、急停按钮、操作杆和一些功能按钮，如图 1.2.1 所示。对示教器的绝大多数操作都是在其触摸屏上完成的。同时，示教器也保留了必要的按钮与操作装置。

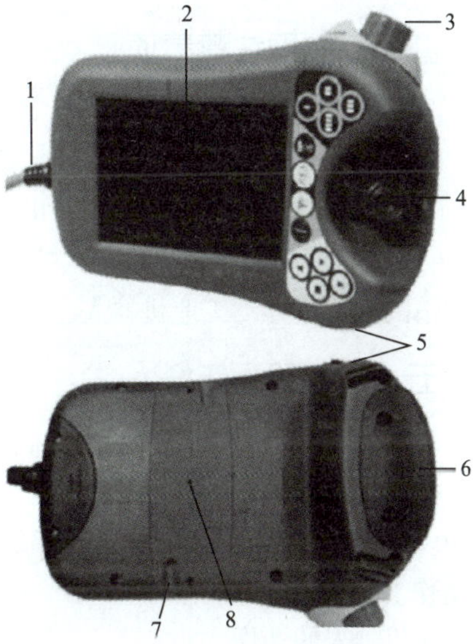

1—连接器；2—触摸屏；3—急停按钮；4—操作杆；5—USB 接口；6—使能按键；7—触摸笔；8—重置按钮。

图 1.2.1　示教器组成

二、示教器手持方式

ABB IRC5 示教器采用人体工学设计，工业机器人操作时通常是左手手持示教器，右手进行操作。工业机器人示教器的手持方式如图 1.2.2 所示。如需右手手持，可在系统中旋转显示画面。

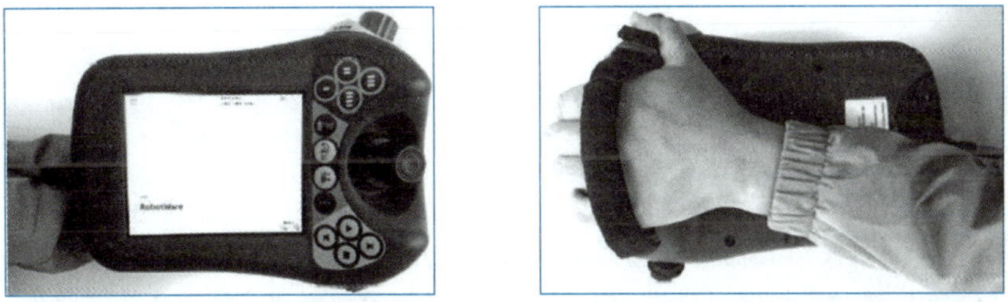

（a）示教器正面手持示意图　　（b）示教器背面手持示意图

图 1.2.2　示教器手持方式

学习笔记

三、示教器使能按键

手动模式下必须按下使能按键来释放电机抱闸从而使工业机器人能够动作。使能按键是三位选择开关，位于示教器的侧面。按到中间位时，能够释放电机抱闸。放开或按到底部时，电机抱闸都会闭合从而锁住工业机器人，如图 1.2.3 所示。

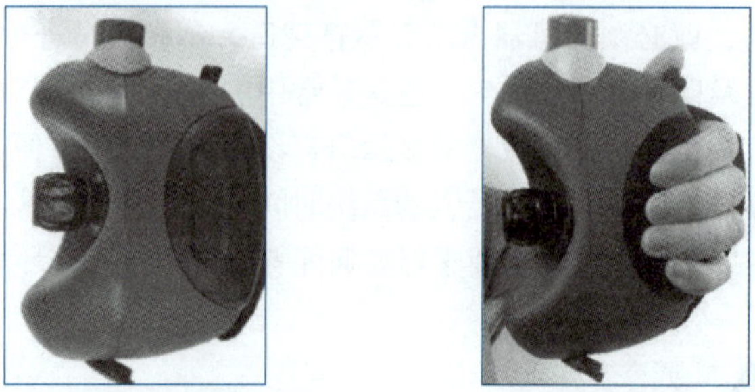

（a）使能按键松开　（b）使能按键按下

图 1.2.3　示教器使能按钮

四、示教器注意事项

为确保示教器的安全使用，必须注意以下情况：

（1）任何时候都必须保证使能按键可以正常工作；

（2）编程和测试过程中，工业机器人不需要移动时必须尽快释放使能按键；

（3）任何人进入机械臂工作空间必须随身携带示教器，这样可以防止其他人在进入者不知情的情况下移动工业机器人。

五、示教器操作杆

示教器操作杆位于示教器的右侧，如图 1.2.4 所示。操作杆可以进行上下、左右、斜角、旋转等操作，共 10 个方向。斜角操作相当于相邻的两个方向的合成动作。操作者在使用操作杆时，必须注意时刻观察工业机器人的动作。

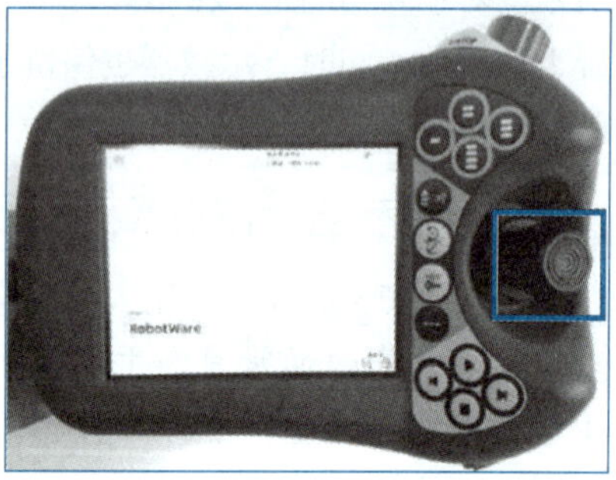

图 1.2.4　示教器操作杆

另外，操作杆的摇摆幅度与工业机器人的运动速度相关。幅度越小则工业机器人运动速度越慢，幅度越大则工业机器人运动速度越快。因此，在操作不熟练的时候尽量以小幅度操作工业机器人慢慢运动，待熟悉后再逐渐增加速度。

视频

工业机器人示教器的基本设置

任务实施

一、设置示教器语言

ABB 工业机器人示教器可以选择多种语言，用户可以依次单击“菜单”→“控制面板”→“语言”键对示教器语言进行设置，下面以将示教器语言修改为中文为例，进行示教器语言设置。通过使用触摸屏用笔，在示教器上完成示教器操作界面显示语言的设置，操作步骤见表 1.2.1。

表 1.2.1　设置示教器语言操作步骤

操作步骤	示　意　图
第 1 步：在手动模式下，单击示教器主界面左上角“主菜单”按钮	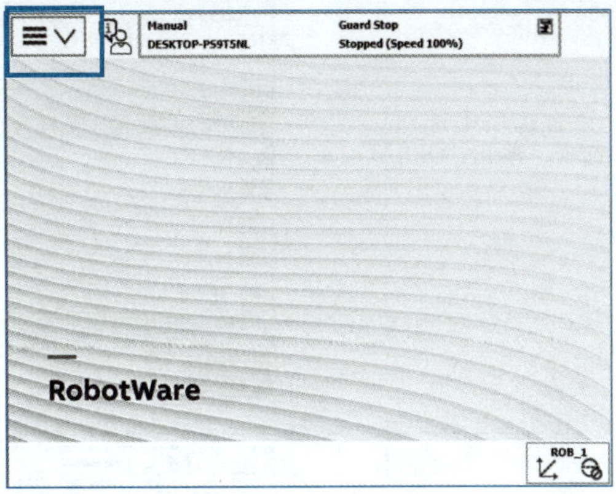
第 2 步：单击“Control Panel”选项，不同语言下各菜 单位置不会发生变化	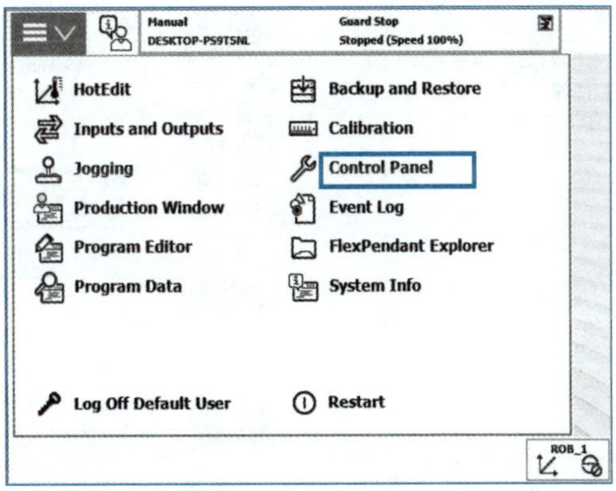
第 3 步：进入“Control Panel”界面，选择“Language”选项	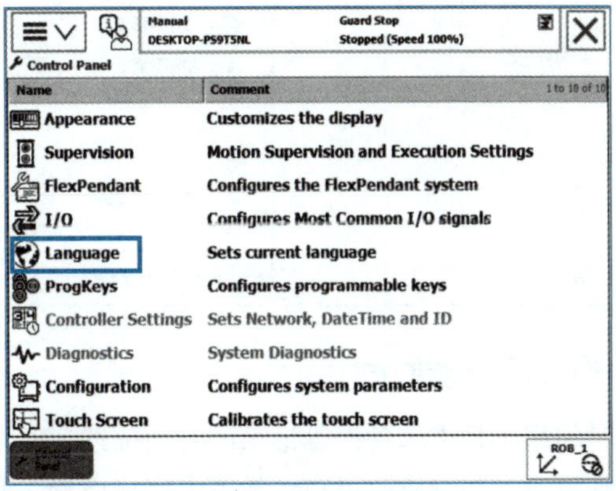

学习笔记

续上表

<table>
<tr><th>操作步骤</th><th>示 意 图</th></tr>
<tr><td>第 4 步：语言选项中选择“Chinese”选项，单击“OK”按钮</td><td>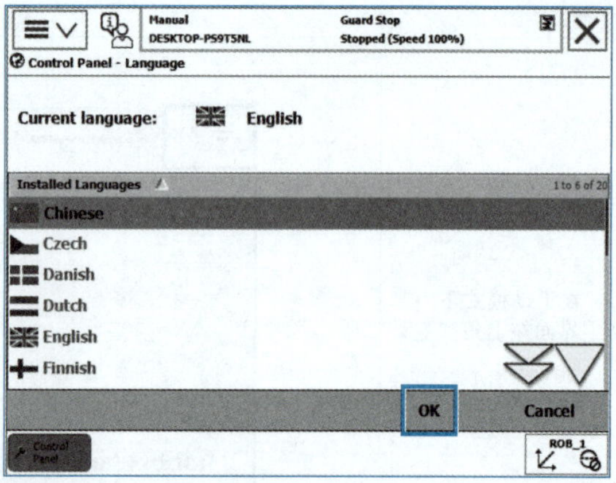
</td></tr>
<tr><td>第 5 步：根据系统提示选择“Yes”重启示教，即可更改示教器语言为中文模式</td><td>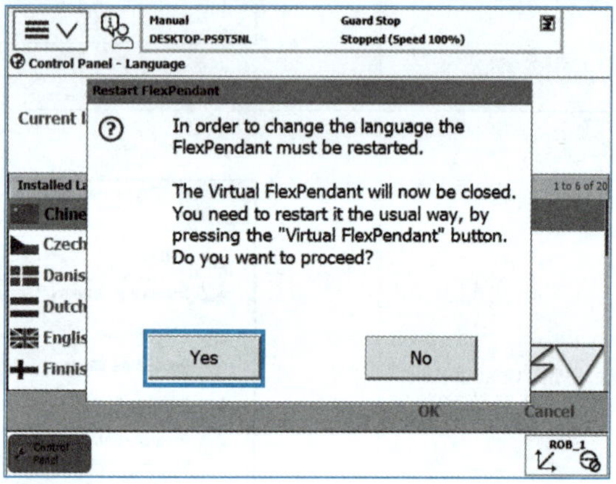
</td></tr>
<tr><td>第 6 步：示教器重新启动后，单击“主菜单”按钮，主菜单界面显示语言为中文</td><td>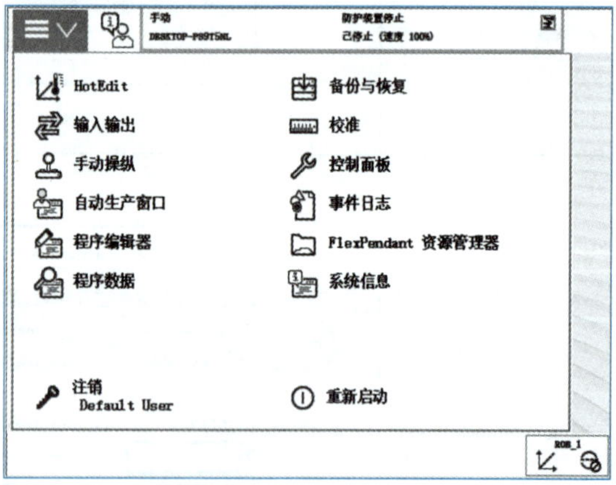
</td></tr>
</table>

二、设置示教器时间

系统时间用于日志和备份等记录的时间描述，通常在出厂时已设定为准确时间，一般情况下无须更改。如需修改可在示教器上完成设置，通过使用触摸屏用笔，在示教器上完成机器人系统时间的设置，操作步骤见表 1.2.2。

学习笔记

表 1.2.2　设置示教器时间操作步骤

操作步骤	示　意　图
第 1 步：在手动模式下，单击示教器主界面左上角“主菜单”按钮	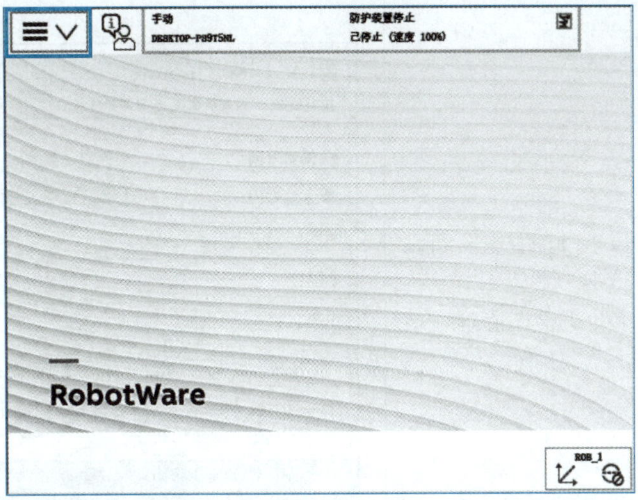
第 2 步：单击“控制面板”选项进入“控制面板”界面	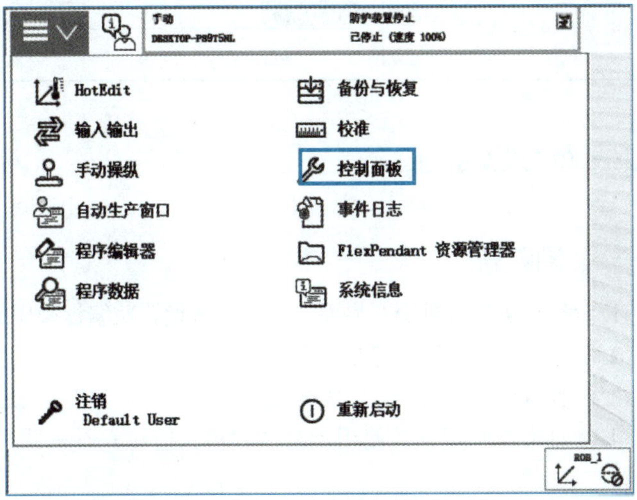
第 3 步：选择“控制器设置”选项，进行修改	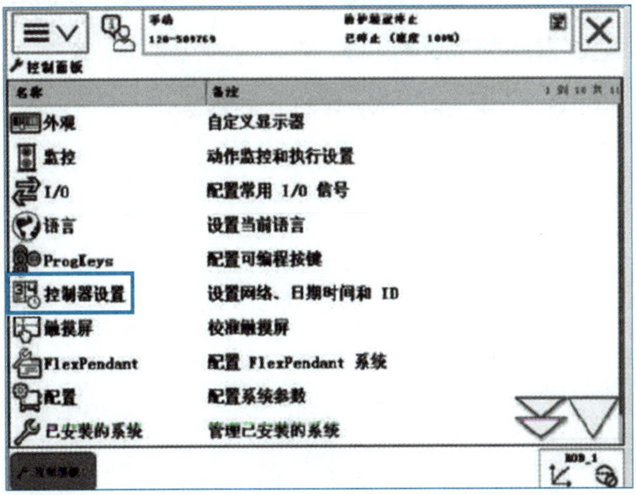

学习笔记

续上表

<table>
<tr><th>操作步骤</th><th>示 意 图</th></tr>
<tr><td>第 4 步：时区设置为“China”和“Asia/Shanghai”。单击“年”“月”“日”等参数下方的“+”“–”按钮设置为当前实际时间，完成后单击“确定”按钮</td><td>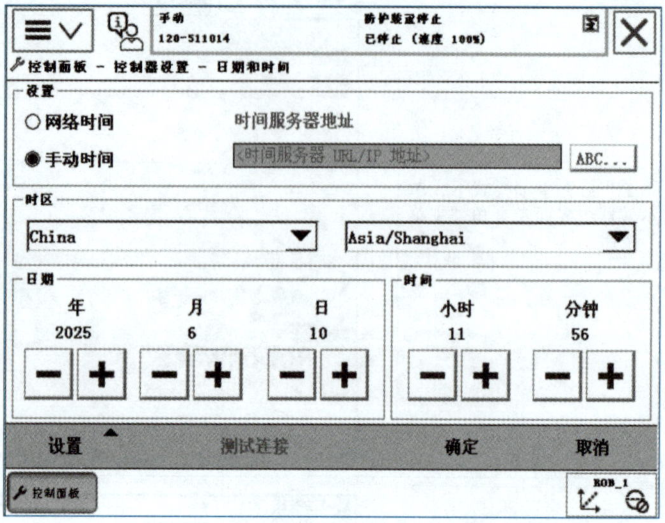
</td></tr>
</table>

习题与思考

一、判断题

1. 示教器包含人机交互界面，用于参数设置及编程操作的触摸屏。 (　　)

2. 示教器默认手持姿势是右手端握，左手操作。 (　　)

3. 示教器更改了语言后，需要重新启动示教器才能生效。 (　　)

4. 按日常维护规程，使用示教器之前，应该查看机器人系统的时间是否为本地时区时间。 (　　)

5. 示教器信息栏中显示电机开启状态，则示教器使能处于第 2 档按下状态。 (　　)

二、素质养成训练

小组讨论：谈一谈团队合作的重要性。

学习笔记

任务3 手动操纵工业机器人对齐笔筒

任务描述

本任务利用手动操纵工业机器人的方法，将绘图笔插入笔筒。工业机器人上安装有绘图笔工具，平台上摆放有笔筒模型，手动操纵工业机器人移动，使绘图笔工具进入笔筒，如图 1.3.1 所示。工业机器人手动操纵运动模式有多种，可以在各运动模式下设置不同的运行速度手动操纵工业机器人，手动操纵工业机器人主要有三种运行模式：单轴运动、线性运动和重定位运动。在进行示教操作时，需要手动操作工业机器人达到某一种姿态，保证机器人按要求完成任务。

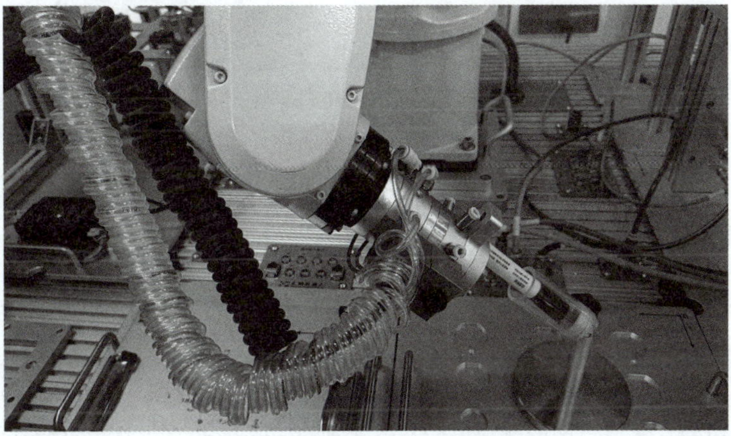

图 1.3.1 绘图笔放入笔筒

知识链接

视频

工业机器人的坐标系

一、机器人的坐标系

坐标系是从一个称为原点的固定点通过轴定义的平面或空间。机器人目标和位置是通过沿坐标系轴的测量来定位的。在机器人系统中可使用若干坐标系，每一坐标系都适用于特定类型的控制或编程。机器人系统常用的坐标系有大地坐标系、基坐标系、工具坐标系和工件坐标系，它们均属于笛卡儿坐标系。

1. 大地坐标系

大地坐标系在机器人的固定位置有其相应的零点，是机器人出厂默认的，一般情况下，位于机器人底座上。大地坐标系有助于处理多个机器人或由外轴移动的机器人。大地坐标系是系统的绝对坐标系，是工业机器人插补动作的基准，其余所有的坐标系都是在它的基础上变换得到。如图 1.3.2 所示，两台机器人协同工作，A 坐标系为机器人 1 的基坐标系，C 坐标系为机器人 2 的基坐标系，B 为两台机器人的大地坐标系。两台机器人的基坐标位置不同，采用共同的大地坐标系，可使该工作单元的两台机器人有一个固定的零点。

学习笔记

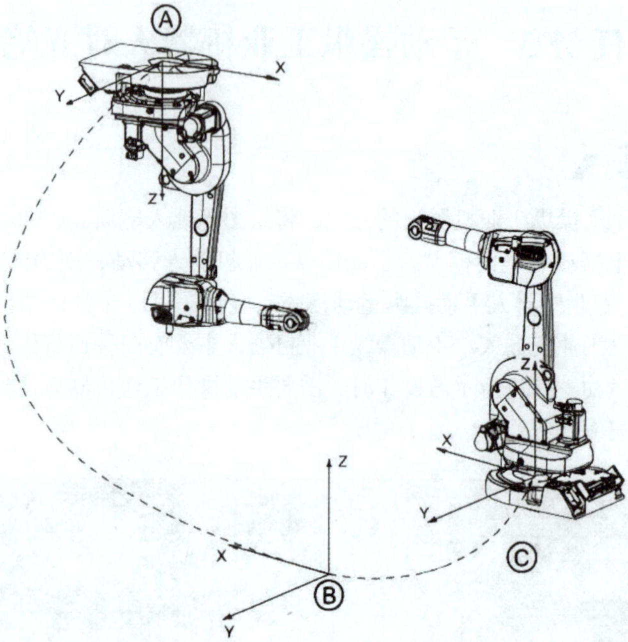

图 1.3.2　大地坐标系

2. 基坐标系

基坐标系一般位于机器人基座，是便于机器人本体从一个位置移动到另一个位置的坐标系（常应用于机器人扩展轴）。在默认情况下，大地坐标系与基坐标系是一致的。一般地，当操作人员正向面对机器人并在基坐标系下进行线性运动时，操纵杆向前和向后使机器人沿 X 轴移动；操纵杆向两侧使机器人沿 Y 轴移动；旋转操纵杆使机器人沿 Z 轴移动。基坐标系如图 1.3.3 所示，坐标轴方向满足右手法则，如图 1.3.4 所示，手指指向为正方向。

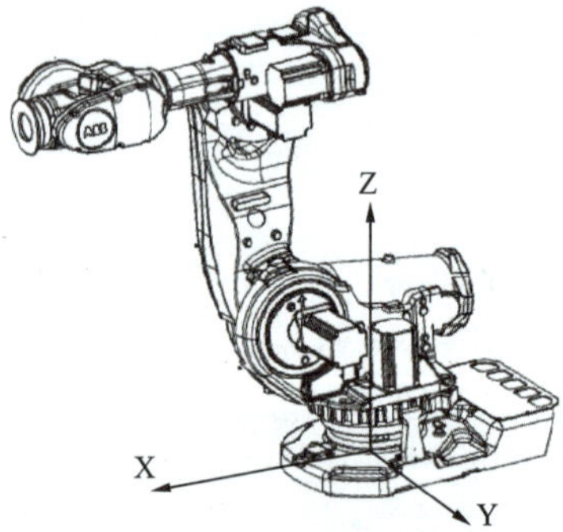

图 1.3.3　基坐标系

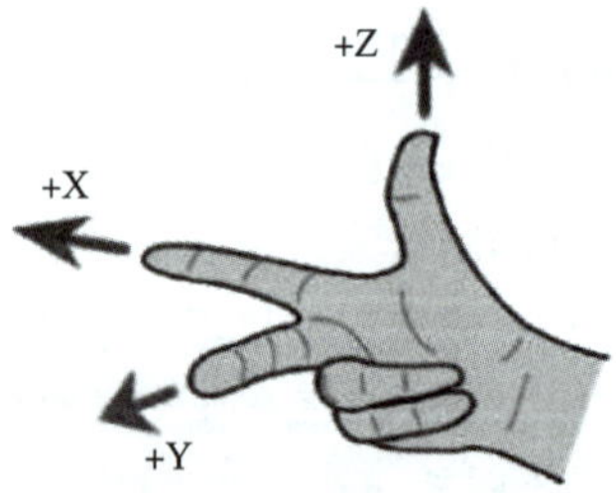

图 1.3.4　右手法则

3. 工具坐标系

工具坐标系（tool center point frame，TCPF）将机器人第六轴法兰盘上携带工具的参照中心点设为坐标系原点，创建一个坐标系，该参照点称为工具中心点（tool center point，TCP）。TCP 与机器人所携带的工具有关，机器人出厂时末端未携带工具，此时机器人默认的 TCP 为第六轴法兰盘中心点。

工具坐标系的方向也与机器人所携带的工具有关，一般定义为，坐标系的 X 轴与工

学习笔记

具的工作方向一致。机器人出厂时末端未携带工具，机器人出厂默认的工具坐标系如图 1.3.5 所示，新工具坐标系的位置是默认工具坐标系的偏移值。

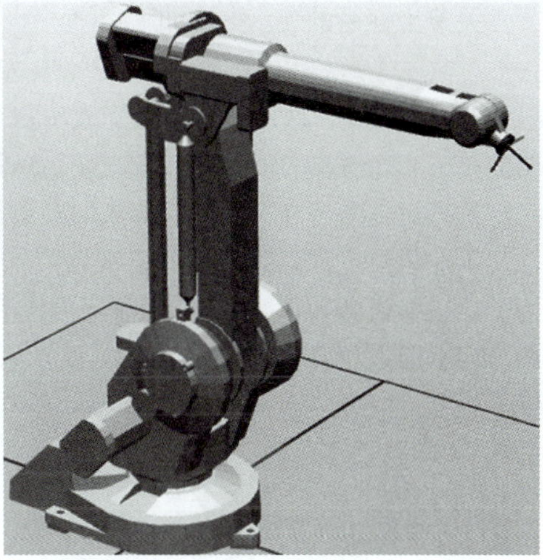

图 1.3.5　机器人出厂默认的工具坐标系

4. 工件坐标系

工件坐标是工件相对于大地坐标或其他坐标的位置。工业机器人可以拥有若干工件坐标系，或者表示不同工件，或者表示同一工件在不同位置的若干副本。工业机器人进行编程时就是在工件坐标中创建目标和路径。利用工件坐标系进行编程，重新定位工作站中的工件时，只需要更改工件坐标的位置，所有路径即刻随之更新；允许操作以外轴或传送导轨移动的工件，因为整个工件可连同其路径一起移动。

除此以外，机器人还有关节坐标系和用户坐标系，关节坐标系是设定在机器人关节中的坐标系，它是每个轴相对其原点位置的绝对角度。用户坐标系是用户对每个作业空间进行自定义的直角坐标系，它用于位置寄存器的示教和执行、位置补偿指令的执行等。在没有定义的时候，将由大地坐标系来替代该坐标系。

二、工业机器人的机械原点位置

工业机器人的原点位置可以理解为是在关节坐标系下的位置，工业机器人关节坐标系用来描述机器人每一个独立关节的运动，每一个关节具有一个自由度，一般由一个伺服电机控制，如图 1.3.6 所示。

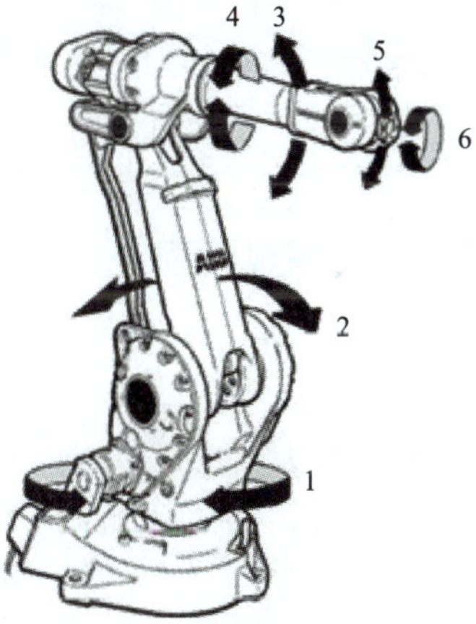

图 1.3.6　机器人六个轴示意图

机器人的关节与 0° 刻度标记位置对齐时，为该关节的 0° 位置，仔细观察机器人每个关节，均有 0° 刻度标记位置，如图 1.3.7 所示。

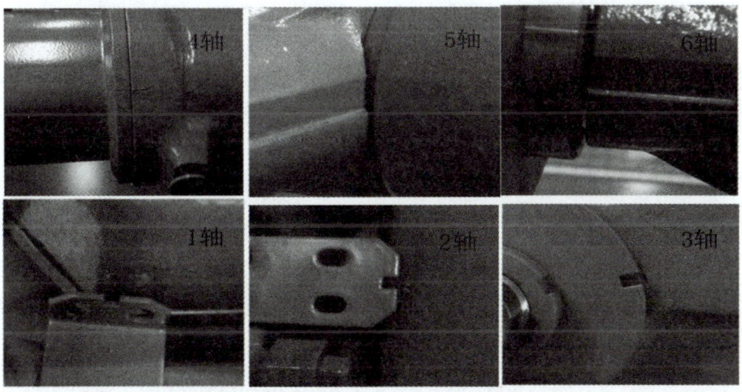

图 1.3.7　工业机器人六个轴的机械零点

学习笔记

关节坐标系的表示方法如下：

$$P=(J1, J2, J3, J4, J5, J6)$$

$J1$，$J2$，$J3$，$J4$，$J5$，$J6$ 分别表示六个关节的角度位置，单位为度（°）。此处需要说明的是，六个关节的角度并非都是 0°~360°，不同的机器人型号，每个关节的运动范围是一定的，可以参考相关型号机器人的参数。

工业机器人原点位置一般定义为关节坐标系，原点位置为：$P1$=(0°, 0°, 0°, 0°, 90°, 0°)。为了让工业机器人重心居中，机器人原点位置也可以定义为：$P2$=(0°, –20°, 20°, 0°, 90°, 0°)。$P1$ 和 $P2$ 原点位置示意图如图 1.3.8 所示。

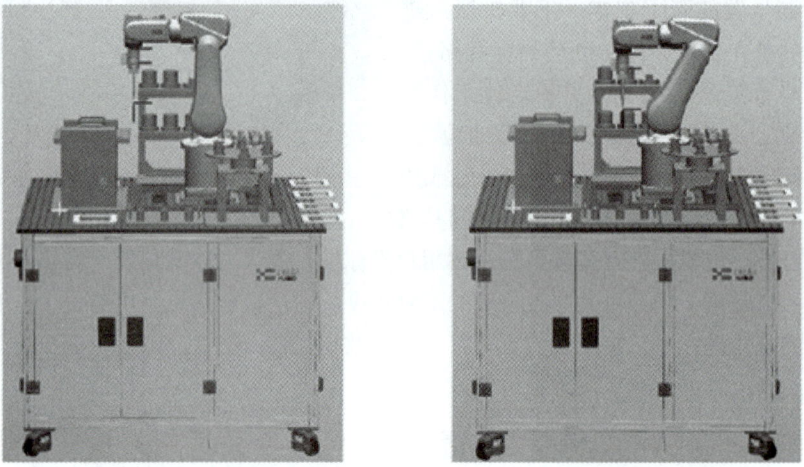

（a）$P1$ 原点位置　　（b）$P2$ 原点位置

图 1.3.8　工业机器人原点位置

三、手动操纵界面

手动操纵界面是手动模式下动作参数及状态的设定、显示窗口，如图 1.3.9 所示。在手动操纵界面左侧为动作参数设定，可在“动作模式”栏切换动作模式。工业机器人系统关节动作模式分为：轴 1-3 和轴 4-6 两种模式。轴 1-3 模式下，操作者可以通过操作杆控制工业机器人轴 1、2、3 的运动；轴 4-6 模式下，操作者可以通过操作杆控制工业机器人轴 4、5、6 的运动。

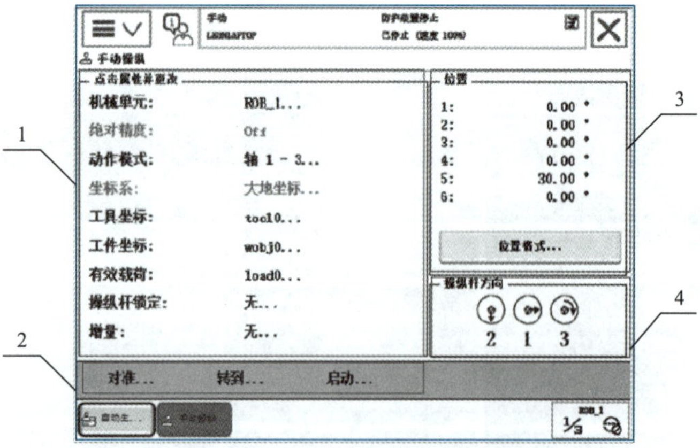

1—属性修改区；2—参数设定区；3—位置显示区；4—当前操作杆方向显示区。

图 1.3.9　手动操纵页面

学习笔记

手动操纵界面右上方“位置”栏显示当前各轴角度，按照 1 ～ 6 轴的顺序排列。右下方为轴动作方向指示，箭头方向为正方向。

四、运行速度

工业机器人运行速度可分为两部分，全局速度及微动增量速度。

1. 全局速度

全局速度对应工业机器人的运动速度上限，手动、自动模式下均有效，只是在不同模式下的上限速度不同。全局速度在示教器界面的上方显示，如图 1.3.10（a）所示，工业机器人当前全局速度为 80%。全局速度的设置界面如图 1.3.10（b）所示。

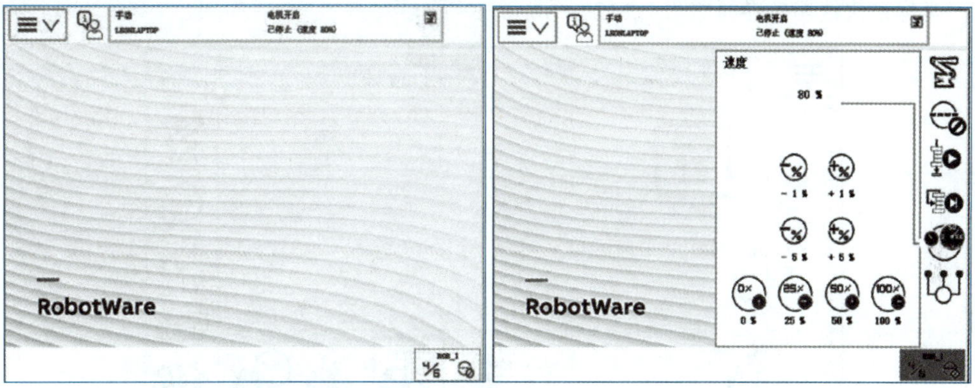

（a）全局速度　　（b）全局速度设置界面

图 1.3.10　全局速度

2. 动作模式快捷按键

除了在手动操作界面下的动作模式设定，还可以使用示教器上的快捷按键切换动作模式。图 1.3.11（a）的按键可实现坐标系动作模式下线性与重定位动作的切换，图 1.3.11（b）的按键可实现关节动作模式下 1-3 轴与 4-6 轴的切换。

如果当前动作模式与按下的按键不一致，则会切换到对应按键的默认工作模式。例如，在关节动作模式下按下坐标系动作按钮则切换为线件动作方式，反之则切换为轴 1-3 动作。

（a）线性与重定位动作切换按键　　（b）1-3 轴与 4-6 轴的切换按键

图 1.3.11　动作模式快捷按键

工业机器人系统当前动作模式可以在示教器的右下角查看，见表 1.3.1。

学习笔记

表 1.3.1 动作模式图示

状态图示	代表的动作模式	状态图示	代表的动作模式
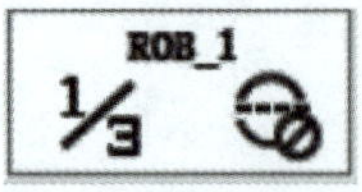	轴 1-3	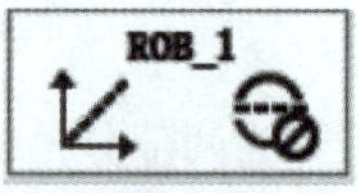	线性
	轴 4-6		重定位

3. 坐标系快速切换设置

坐标系快速切换界面如图 1.3.12 所示。

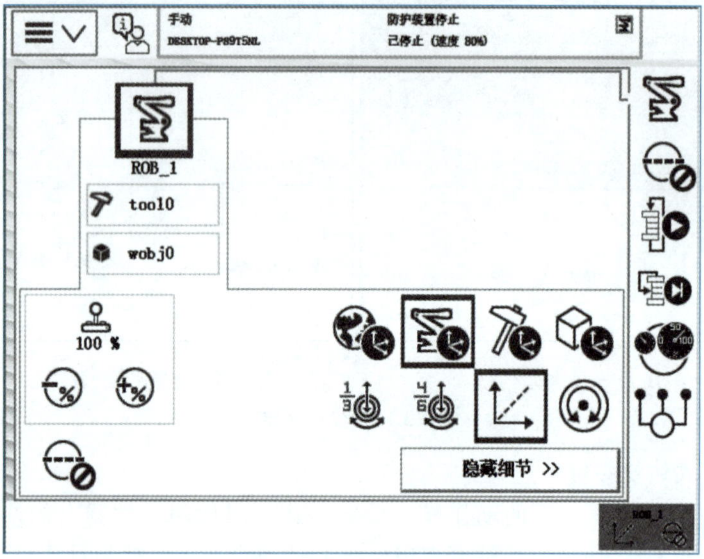

图 1.3.12 坐标系快速切换界面

坐标系快速切换常用的图标及其功能见表 1.3.2。

表 1.3.2 坐标切换图示

图　标	功　能	图　标	功　能
	动作模式：轴 1-3		坐标系：大地坐标系
	动作模式：轴 4-6		坐标系：基坐标系
	动作模式：线性		坐标系：工具坐标系
	动作模式：重定位		坐标系：工件坐标系

学习笔记

任务实施

一、手动单轴操纵

机器人手动单轴操纵是指通过手动操作控制机器人各轴运动，可用于调试、维修、手动灵敏操作等场合。在进行机器人单轴手动操纵时，需认真阅读操作手册，了解机器人各轴特点和限制，保证操作的安全和有效。手动单轴操纵步骤见表 1.3.3。

视频

单轴运动的手动操作

表 1.3.3　手动单轴操纵步骤

操作步骤	示　意　图
第 1 步：工业机器人开机完成后，将控制柜模式开关打到“手动模式”	
第 2 步：操作者手持示教器，按住使能按键，直到示教器状态栏显示“电机开启”	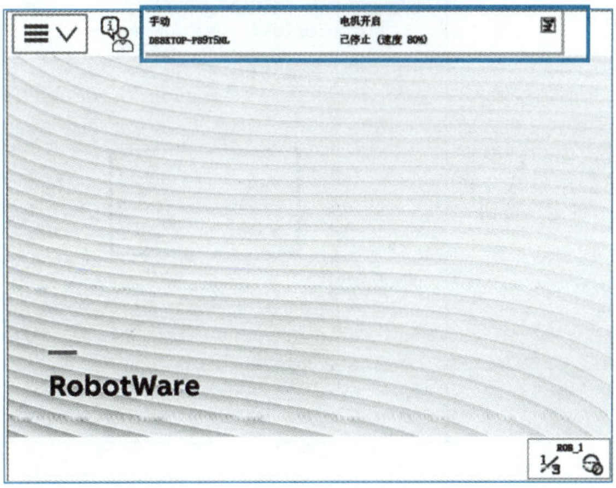
第 3 步：单击示教器显示屏左上角菜单按钮打开主菜单，选中“手动操纵”选项进入界面	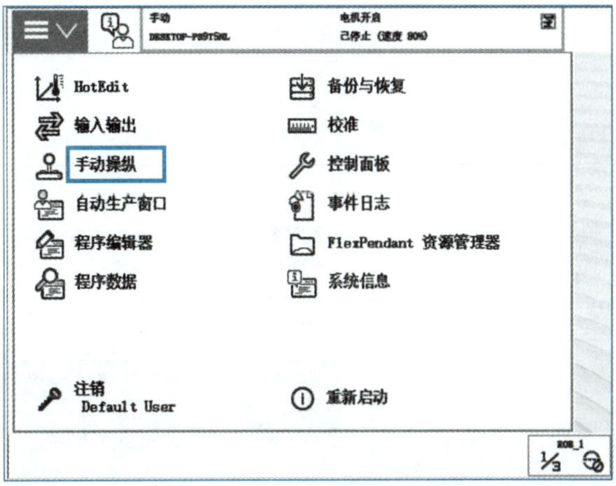

学习笔记

续上表

<table>
<tr><th>操作步骤</th><th>示 意 图</th></tr>
<tr><td>第 4 步：确认动作模式为“轴 1-3”</td><td>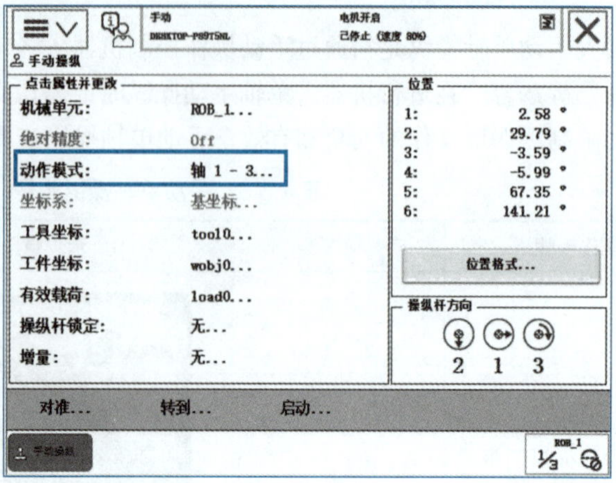
</td></tr>
<tr><td>第 5 步：更改动作模式，选中“动作模式”进入动作模式设定窗口，根据需要选择动作模式，完成后单击“确定”按钮</td><td>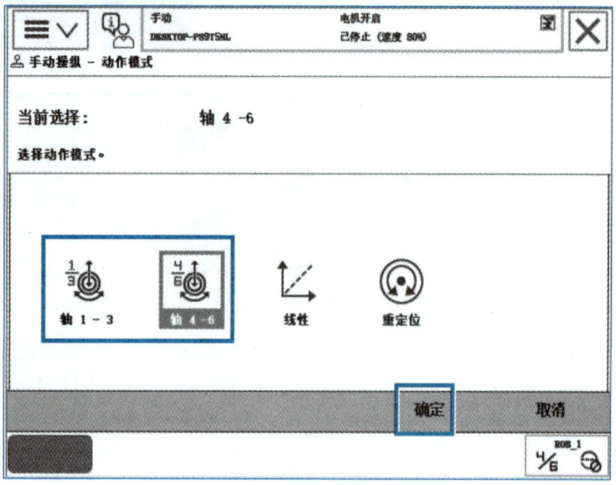
</td></tr>
<tr><td>第 6 步：摇动操作杆，左右运动控制轴 1，上下运动控制轴 2，旋转运动控制轴 3，其中，箭头方向指向各轴运动的正方向。分别将工业机器人的轴 1、2、3 移动到 90°、-20°、20°</td><td>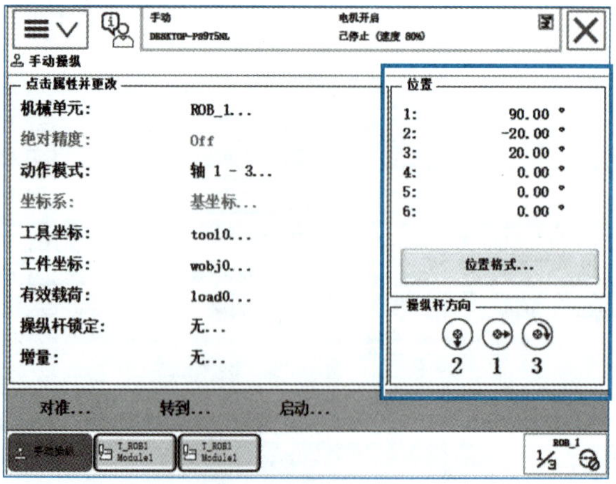
</td></tr>
</table>

学习笔记

续上表

操作步骤	示　意　图
第 7 步：图所示为工业机器人的轴 1、2、3 移动到 90°、-20°、20° 姿态	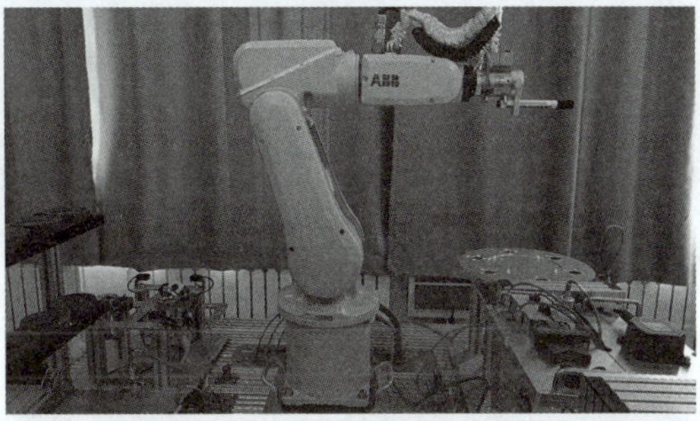
第 8 步：同样的方法，更改动作模式为“轴 4-6”，摇动操作杆，左右运动控制轴 4，上下运动控制轴 5，旋转运动控制轴 6，其中，箭头方向指向各轴运动的正方向。如图所示为工业机器人的轴 4、5、6 移动到 -90°、0°、0° 姿态	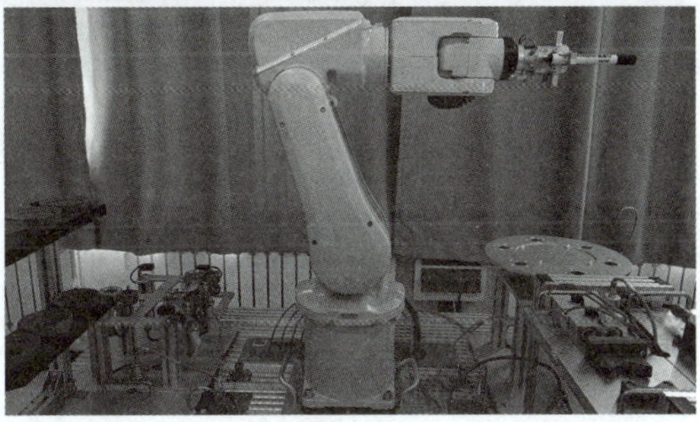

二、手动线性操纵

机器人手动线性操纵用于控制机器人在对应坐标系空间中进行直线运动，便于操作者定位。手动单轴操纵步骤见表 1.3.4。

表 1.3.4　手动线性运动操作步骤

操作步骤	示　意　图
第 1 步：工业机器人开机完成后，将控制柜模式开关打到“手动模式”	
第 2 步：打开示教器的“手动操纵”界面。工具坐标选择默认的“tool0”，工件坐标选择默认的“wobj0”	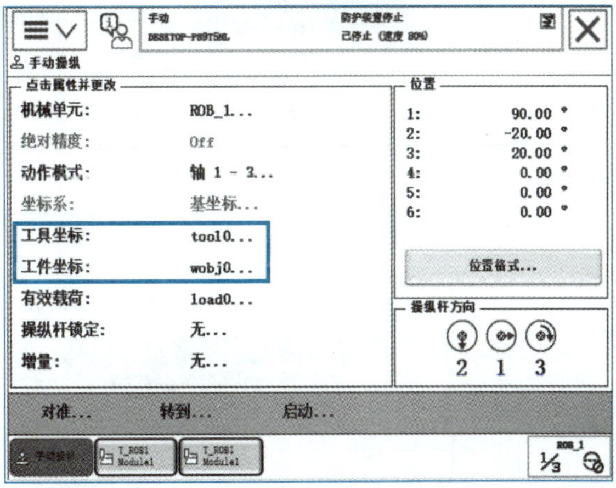

学习笔记

续上表

<table>
<tr><th>操作步骤</th><th>示 意 图</th></tr>
<tr><td>第 3 步：将动作模式切换为“线性”</td><td>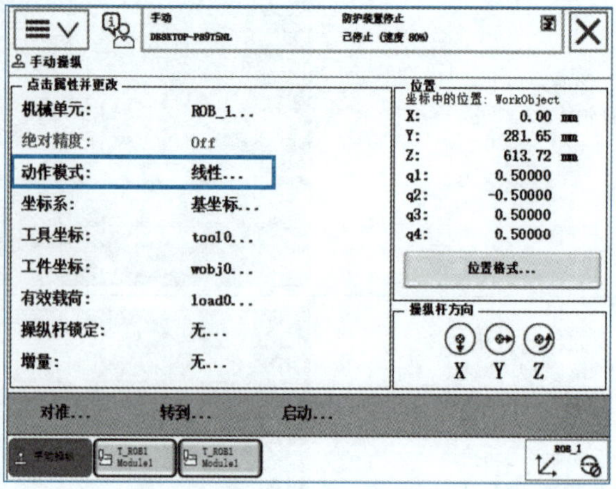
</td></tr>
<tr><td>第 4 步：单击坐标系栏“基坐标系”进入坐标系设定窗口，选择“大地坐标系”，完成后单击“确定”按钮</td><td>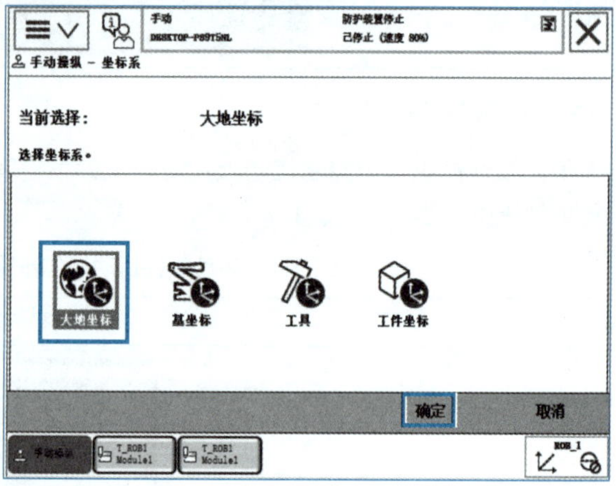
</td></tr>
<tr><td>第 5 步：单击示教器屏幕右下角的“快速设置”按钮，在弹出的菜单中单击“速度设置”按钮</td><td>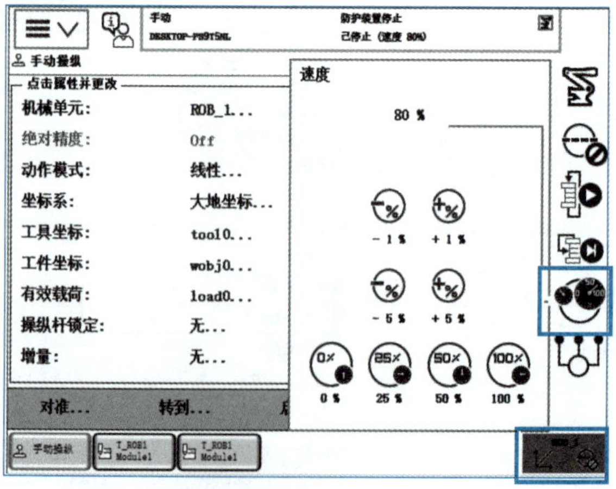
</td></tr>
</table>

续上表　学习笔记

操作步骤	示 意 图
第 6 步：先单击“25%”，再单击“-5%”，将全局速度设为 20%	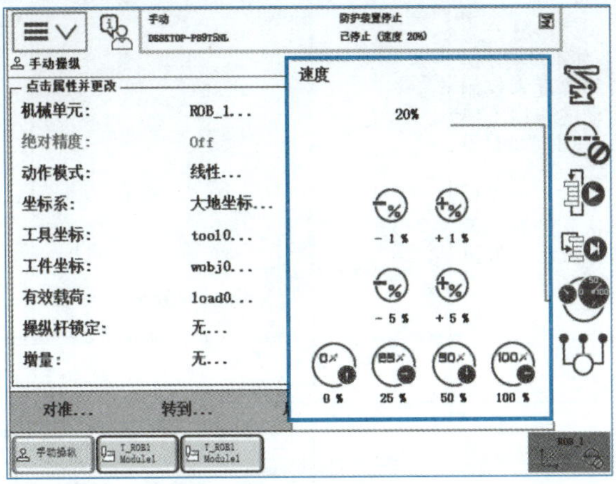
第 7 步：使用操作杆移动工业机器人，操纵杆左右移动控制 Y 轴运动方向，上下移动控制 X 轴运动方向，旋转移动控制 Z 轴运动方向，其中，箭头方向指向各轴运动的正方向。在大地坐标系下分别沿 X、Y、Z 轴方向运动，使工业机器人当前位置的值接近 240 mm、120 mm、540 mm	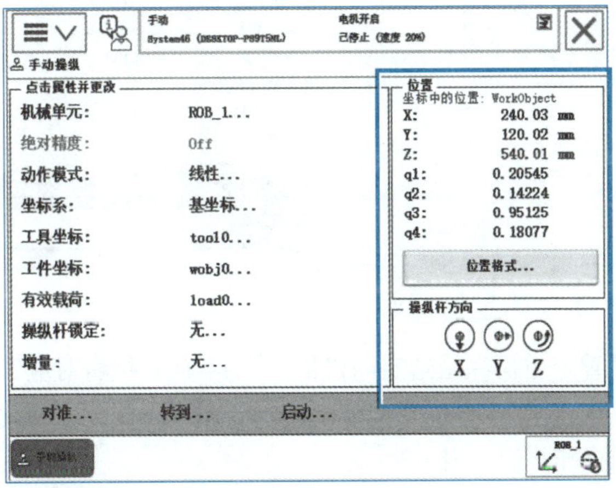
第 8 步：此时工业机器人姿态如图所示	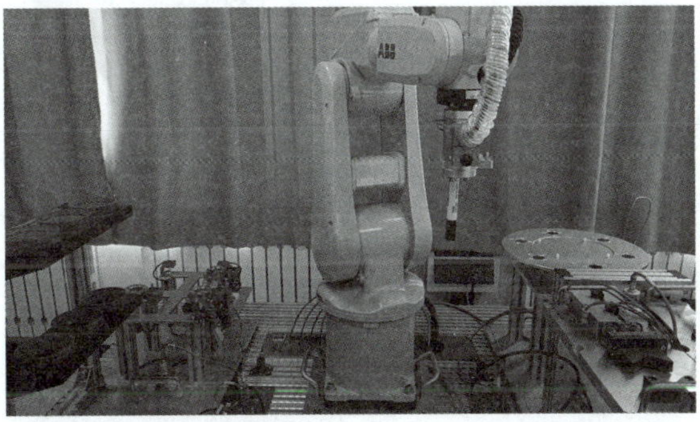

学习笔记

续上表

操作步骤	示 意 图
第 9 步：如果对使用操纵杆按位移幅度来控制机器人运动的速度不熟练，还可以使用“增量模式”来控制机器人运动，在增量模式下，操纵杆每位移一次，机器人就移动一步。微动增量速度设为“小”	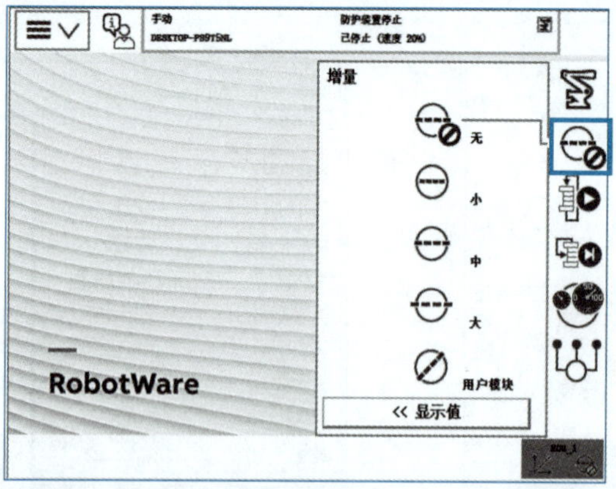
第 10 步：再次操作操作杆沿 X、Y、Z 轴方向运动，使工业机器人当前位置各轴的值精确到 240.00 mm、120.00 mm、540.00 mm	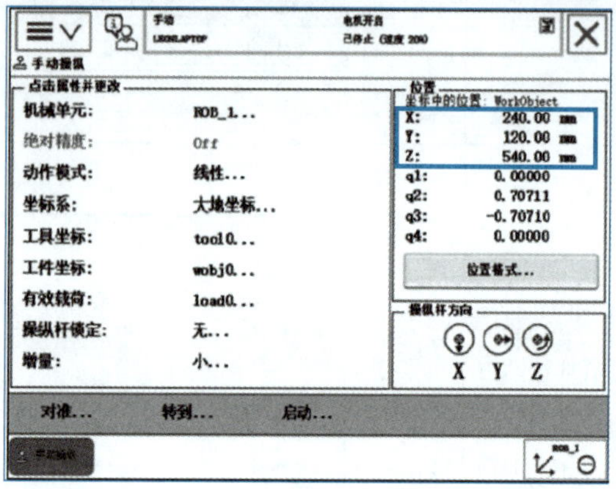

三、手动重定位操纵

手动重定位操纵是选定的机器人工具 TCP 绕着对应工具坐标系进行旋转运动，在运动时机器人工具 TCP 位置保持不变，姿态发生变化，因此用于对机器人姿态的调整，手动重定位操作步骤见表 1.3.5。

表 1.3.5 手动重定位运动操作步骤

操作步骤	示 意 图
第 1 步：打开坐标系快速切换界面，单击显示详情展开设置菜单	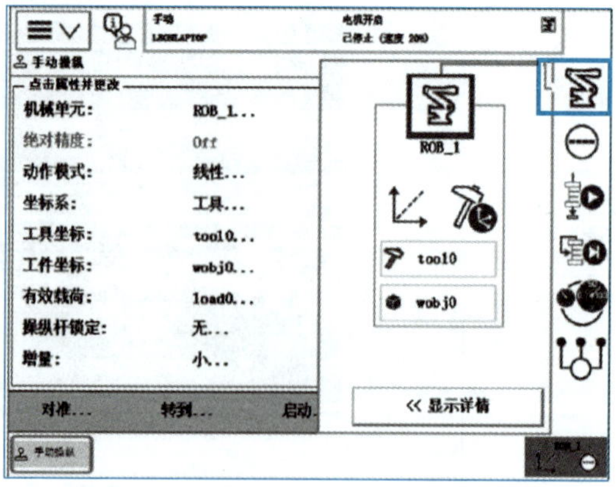

学习笔记

续上表

操作步骤	示意图
第 2 步：坐标系快速切换界面中，动作模式选择“重定位”，坐标系选择“工具坐标”	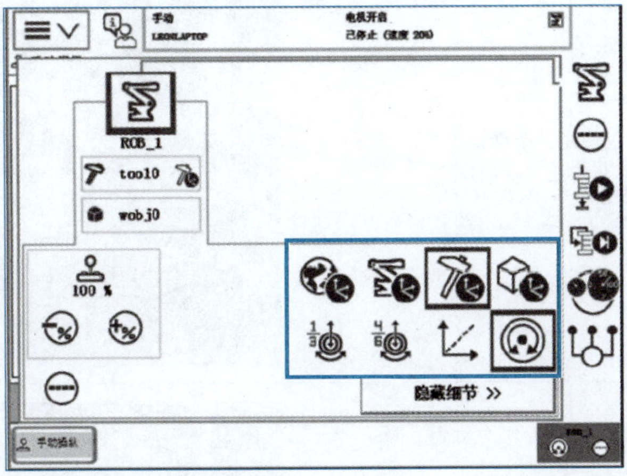
第 3 步：选择工具“hui tubi”，如图所示。工具“hui tubi”已经标定完成，且预置在工业机器人系统中	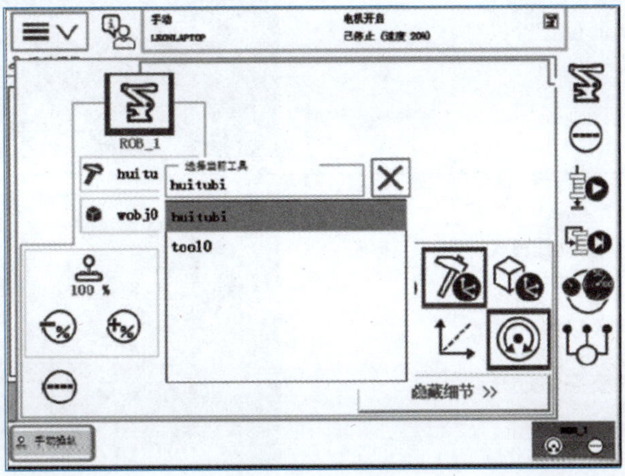
第 4 步：移动操作杆，机器人 TCP 点在空间中绕着坐标轴旋转的运动，所以适合机器人在某一平面进行机器人的姿态调整时使用	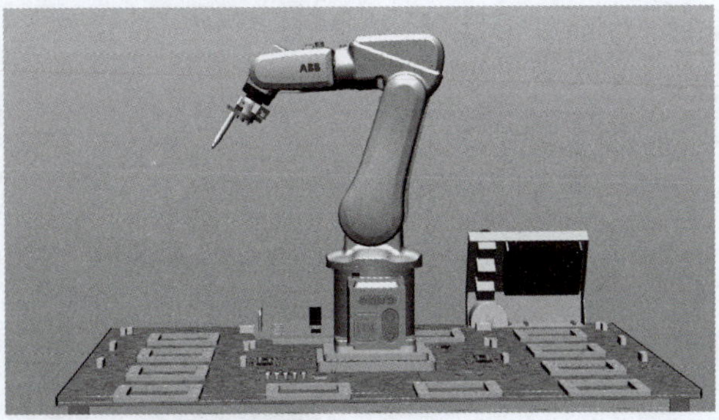

四、手动操纵工业机器人绘图笔对齐笔筒

利用单轴、线性、重定位手动操纵的方法，操纵工业机器人移动使绘图笔工具插入笔筒中，操作步骤见表 1.3.6。

学习笔记

表 1.3.6 手动操纵工业机器人绘图笔示教对齐笔筒操作步骤

操作步骤	示 意 图
第 1 步：使用关节动作模式将工业机器人调整到各轴角度为 0，0，0，0，90，0 位置	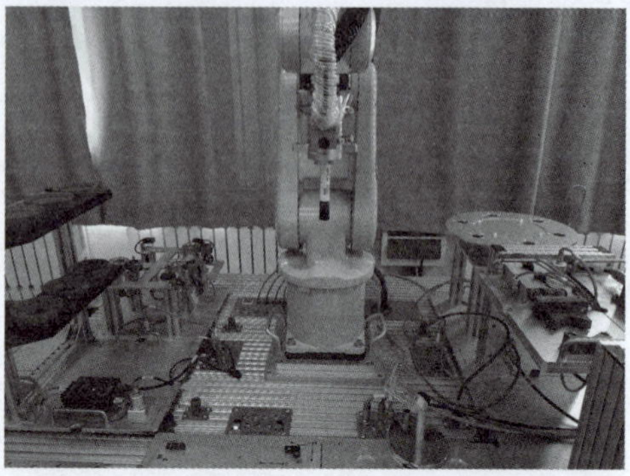
第 2 步：手动操作工业机器人使用重定位功能，将绘图笔的位置近似对齐笔筒开口	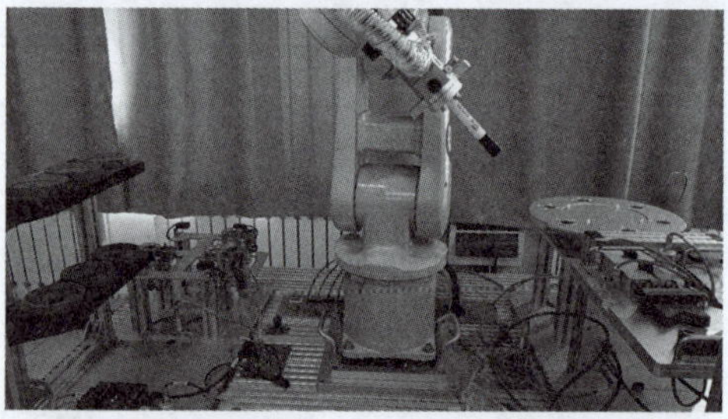
第 3 步：将动作模式切换为线性，坐标系切换为大地坐标系。手动操作工业机器人以线性方式移动，使绘图笔以近似对齐笔筒的姿态靠近开口位置	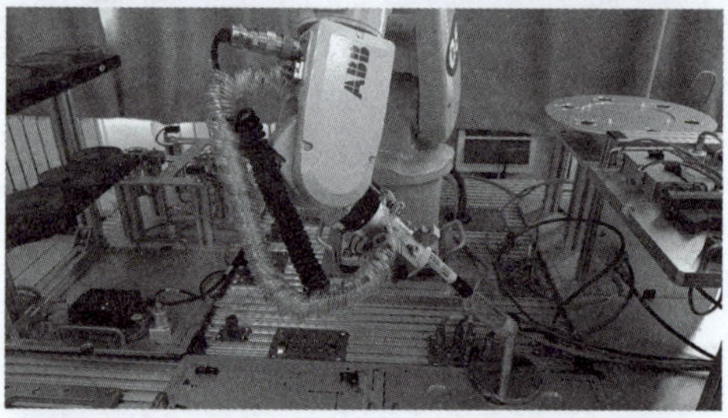
第 4 步：再次将坐标系切换到工具坐标系，并在重定位动作模式下，调整绘图笔工具的姿态，使绘图笔的笔杆方向和笔筒的中心轴线方向保持平行	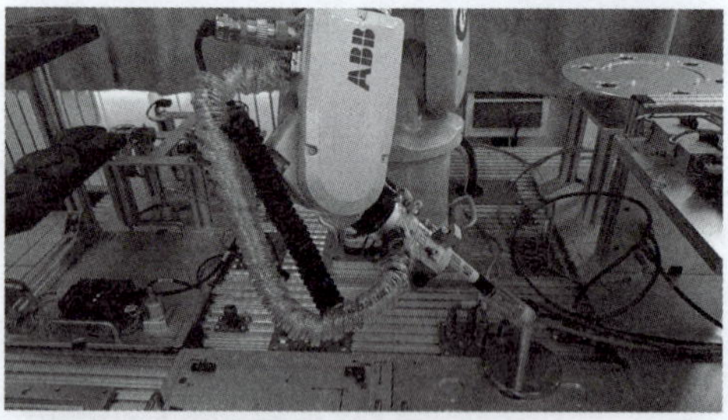
第 5 步：将动作模式切换到线性，单独使用 Z 轴动作，将绘图笔工具插入笔筒	

学习笔记

习题与思考

一、填空题

1.（　　）是人与工业机器人交互的平台，用于执行与操作工业机器人系统有关的许多任务。

2. 工业机器人示教器可以完成多个任务，主要包括：（　　）、运行程序、修改程序、（　　）、（　　）、（　　）监控工业机器人状态等。

3. 工业机器人操作时通常是手持示教器，（　　）手进行操作。

4. 操作杆可以进行（　　）、（　　）（　　）、（　　）、（　　）等操作，共 10 个方向。斜角操作相当于相邻的两个方向的合成动作。

5. 工业机器人上的坐标系包括六种：（　　）、（　　）、（　　）、（　　）、（　　）（　　）。

6. 工业机器人运行速度可分为两部分：（　　）和（　　）。

7. 六轴工业机器人的手动操作有单轴、（　　）、重定位三种运动模式。

8. 手动限速模式下，ABB 的运行速度为（　　）。

9. 工业机器人坐标系主要有基坐标系、（　　）、（　　）工具坐标系和工件坐标系。

二、选择题

1. 重复定位精度是指对（　　）的多次重复测量的结果。

A. 某一测量点　B. 某一弧面　C. 某一指定点　D. 某一平面

2. 校准机器人原点位置时，使用（　　）动作模式操作机器人合适。

A. 重定位运动　B. 线性运动　C. 单轴运动　D. 以上都是

3. 一般机器人操作机中，决定姿态的机构是（　　）。

A. 端拾器　B. 手臂　C. 基座　D. 腕部

4. 操作机手持粉笔在黑板上写字，在（　　）方向只有力的约束而无速度约束。

A. X 轴　B. Y 轴　C. Z 轴　D. R 轴

5. 机器人的（　　）是指机械接口中心或工具中心点在单位时间内所移动的距离或转动的角度。

A. 工作速度　B. 运动速度

C. 最大工作速度　D. 最小工作速度

三、素质养成训练

小组讨论：通过手动操纵工业机器人完成任务，谈一谈对坚持不懈、克服困难的理解。

学习笔记

任务4 关闭工业机器人系统

任务描述

工业机器人完成任务以后，也需要休息，并定期进行维护保养，从而延长其使用寿命。工业机器人没有工作任务时，通常要进行关闭。关闭工业机器人要按照操作步骤完成，切不可直接切断总电源，防止发生故障。本任务主要学习关闭工业机器人系统的流程方法和注意事项。

知识链接

一、示教器主菜单界面的功能

机器人开机后的示教器默认界面如图 1.4.1 所示，单击左上角的“主菜单”按钮，示教器界面切换为主菜单操作界面。操作界面比较常用的选项包括输入输出、手动操纵、程序编辑器、程序数据、校准和控制面板，操作界面各选项功能说明见表 1.4.1。

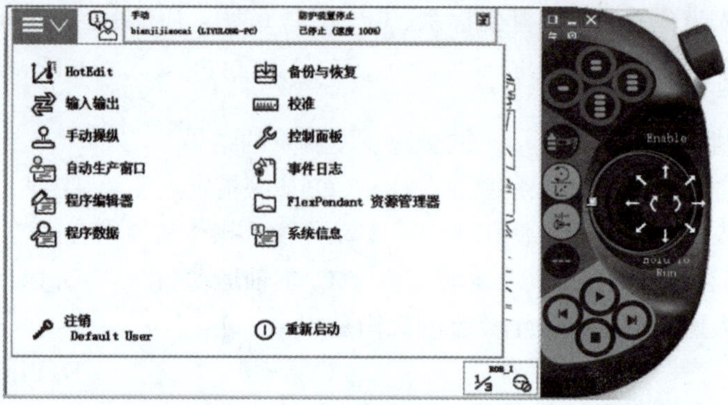

图 1.4.1　示教器默认界面

表 1.4.1　示教器主界面功能

选项名称	说　明
HotEdit	程序模块下轨迹点位置的补偿设置窗口
输入输出	设置及查看 I/O 视图窗口
手动操纵	动作模式设置、坐标系选择、操纵杆锁定及载荷属性的更改窗口，也可显示实际位置
自动生产窗口	在自动模式下，可直接调试程序并运行
程序编辑器	建立程序模块及例行程序的窗口
程序数据	选择编程时所需程序数据的窗口
备份与恢复	可备份和恢复系统
校准	进行转数计数器和电机校准的窗口
控制面板	进行示教器的相关设定
事件日志	查看系统出现的各种提示信息
FlexPendant 资源管理器	查看当前系统的系统文件
系统信息	查看控制器及当前系统的相关信息

二、示教器的重启方式

学习笔记

重新启动机器人系统的情况有很多，有时为了解决软件问题，有时为了让配置的参数生效，有时为了有个干净的系统环境。关于 ABB 机器人控制体系，进行诸如装备 I/O、修正体系默认工作语言等操作，都会被要求重启控制体系。示教器的重启列表有许多重启类型，如图 1.4.2 所示。

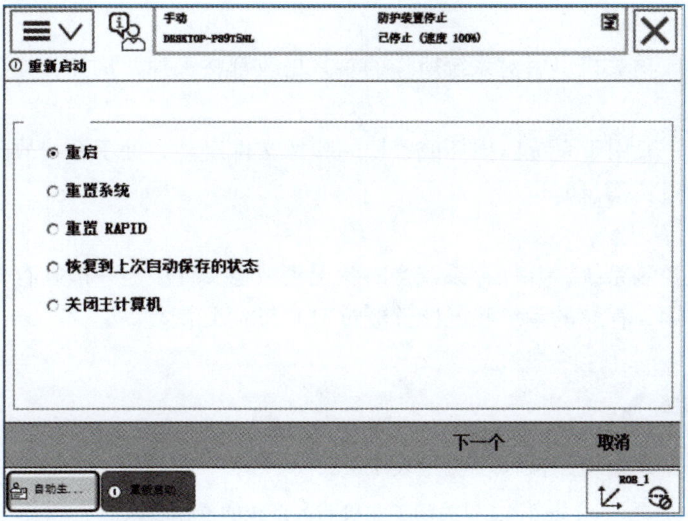

图 1.4.2　示教器重启方式

1. 重启

重启又称热启动，重启动并运用当时系统。

（1）当时系统将中止运行；

（2）所有系统参数和程序将保存到一个映像文件中；

（3）重启过程中系统状况将得到恢复，程序可从中止点启动；

（4）以此方法重启会激活所有的装备更改。热启动一般在更改系统装备文件后，需要让系统装备修正立即生效时运用。一般用于配置好系统参数、信号、I/O 板时，重启让配置生效。

2. 重置系统

重置系统又称 I 启动，运用原始装置设置从头启动。

（1）所有的系统装备将会还原成出厂设置；

（2）所有的 RAPID 程序将会删去；

（3）以此方法重启，系统将返回到出厂时的原始状况；

（4）重置系统一般用于将原有的机器人工作站改造升级时，新的机器人工作站系统需求从头装备、RAPID 程序需求从头编写。

3. 重置 RAPID

重置 RAPID 又称 P 启动，会清除所有的 RAPID 程序的重启。

（1）控制器内的所有的 RAPID 程序被删去；

（2）静态和半静态的任务将会从头执行，而不是从系统中止时的状况执行；

（3）系统参数不受影响；

学习笔记

（4）P 启动一般用于需求彻底从头编写 RAPID 程序时，以此方法重启能够快速地删去所有的 RAPID 程序。

4. 恢复到上次自动保存的状态

恢复到上次自动保存的状态又称 B 启动，从头启动之后，系统将运用前次成功关机的映像文件的备份。关机之后对系统所作的参数更改都将消失。

（1）在控制器没有由于映像文件损坏而处于系统故障模式时，运用 B 启动与正常的热启动相同；

（2）自前次成功关机以后对系统所作的参数更改都将丢掉，例如，修正过的位置和对系统参数的更改；

（3）B 启动一般用于系统以损坏或丢掉的映像文件启动，处于系统故障模式，并且在事件日志中显示过错信息时运用。

5. 关闭主计算机

关闭机器人控制系统，并保存系统当时状况到映像文件中。一般在存储当时系统状况到映像文件时运用，存储的系统状况能够经过 B 启动得到恢复。

任务实施

关闭工业机器人系统的操作步骤见表 1.4.2。

表 1.4.2 关闭工业机器人系统的操作步骤

操作步骤	示 意 图
第 1 步：将工业机器人控制柜模式开关切换到手动操作	
第 2 步：手动操作机器人返回到原点位置	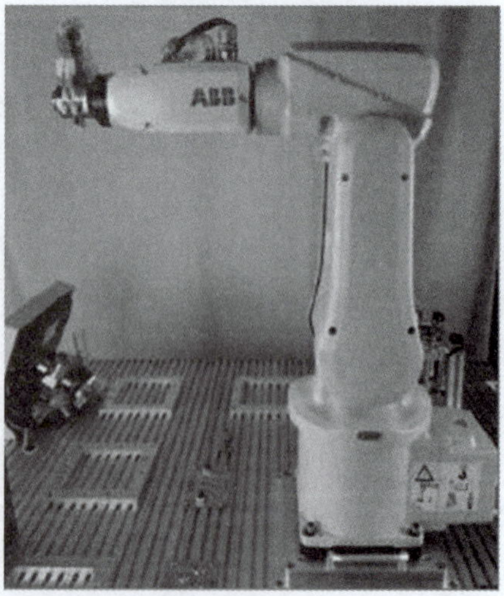

续上表

学习笔记

<table>
<tr><th>操作步骤</th><th>示　意　图</th></tr>
<tr><td>第 3 步：拆下工业机器人末端工具，防止断电后掉落</td><td>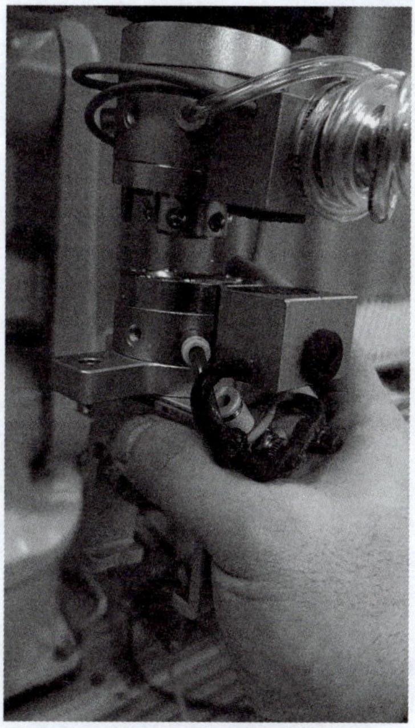</td></tr>
<tr><td>第 4 步：单击主菜单下“重新启动”按钮</td><td>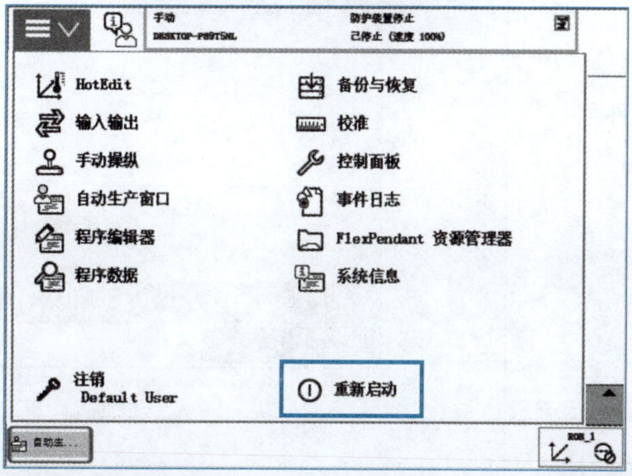
</td></tr>
<tr><td>第 5 步：示教器弹出页面后，单击左下角“高级”按钮</td><td>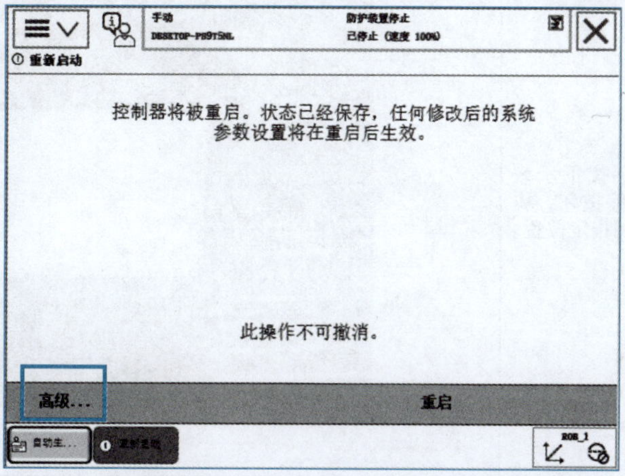
</td></tr>
</table>

学习笔记

续上表

操作步骤	示 意 图
第 6 步：单击“关闭主计算机”单选按钮，单击“下一个”按钮	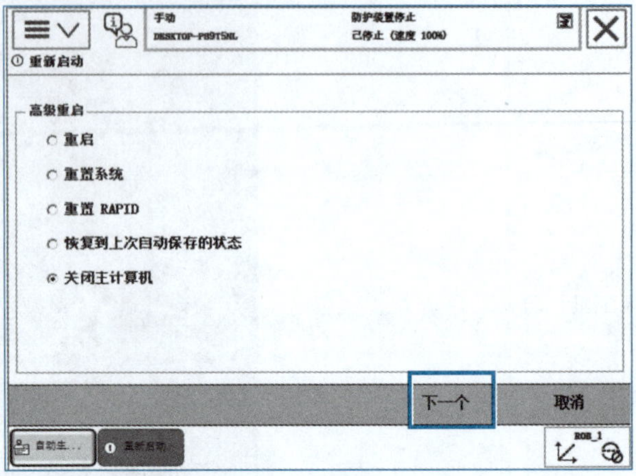
第 7 步：再单击“关闭主计算机”选项等待屏幕关闭	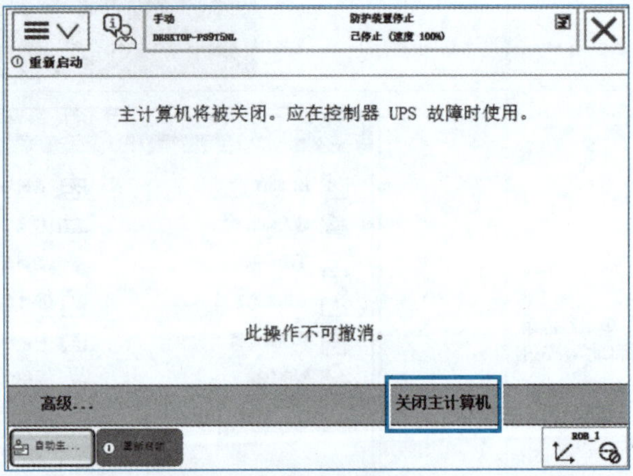
第 8 步：按下示教器上的急停按钮，将示教器放到指定位置	

学习笔记

续上表

操作步骤	示　意　图
第 9 步：按下控制柜上的急停按钮	
第 10 步：关闭控制柜上的电源开关	
第 11 步：关闭气泵开关和供气阀门	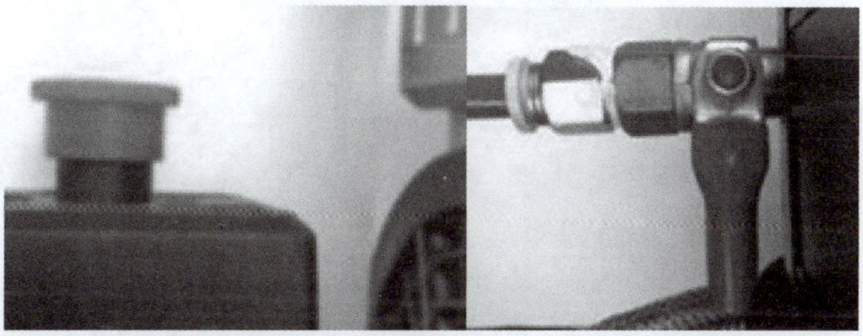
第 12 步：拔掉实训平台电源开关	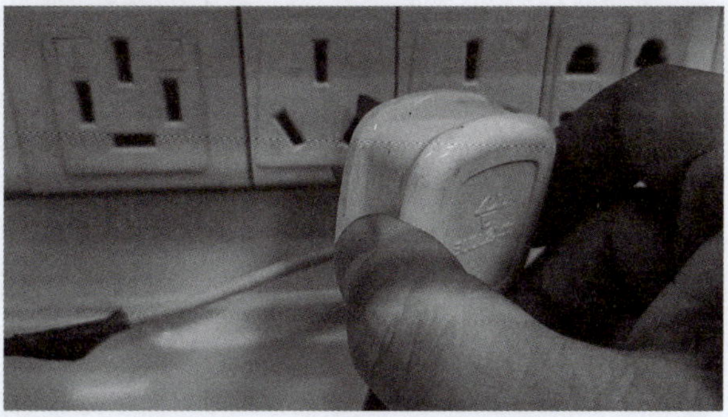
第 13 步：整理机器人系统周边设备、电缆、工件等物品	

学习笔记

习题与思考

一、填空题

1. 示教器界面控制面板的功能是（　　）。
2. 示教器界面手动操纵的功能是（　　）。
3. 示教器界面程序编辑器的功能是（　　）。
4. 示教器界面输入输出的功能是（　　）。
5. 示教器的重启方式主要有（　　）、（　　）、（　　）、（　　）、（　　）。

二、素质养成训练

小组讨论：关闭工业机器人系统是有步骤的，谈一谈对做事有规划的理解。

项目二

工业机器人 I/O 通信

学习笔记

【项目导入】

工业机器人 I/O 系统在工业机器人系统中占有重要的位置，它是机器人与周边外围设备完成信息交互主要渠道，在一个机器人工作站中，要实现相关功能的控制，就需要有相应的输入输出部件完成相应的功能。本项目以 ABB 工业机器人为例，认识工业机器人 I/O 通信的种类、常用 ABB 标准 I/O 板、配置 ABB 标准 I/O 板 DSQC651 板的方法，I/O 信号的监控与操作的方法和定义可编程按键的方法。

【学习目标】

知识目标

1. 了解工业机器人 I/O 通信的种类；
2. 掌握常用 ABB 标准 I/O 板；
3. 了解配置 ABB 标准 I/O 板 DSQC651 板的方法；
4. 掌握 I/O 信号的监控与操作的方法；
5. 了解定义可编程按键的方法。

能力目标：

1. 能够正确配置 ABB 标准 I/O 板 DSQC651 板和 DSQC652 板；
2. 能够正确配置数字量输入信号和输出信号；
3. 能够正确配置数字量输入组信号和输出组信号；
4. 能够监控 I/O 信号；
5. 能够正确定义可编程按键。

素质目标：

1. 具有优良的职业道德和职业素养；
2. 具有科学的创新精神；
3. 具有研究性学习的能力；
4. 具有工程资料查找及应用的能力；
5. 具有独立思考的能力。

学习笔记

【项目实施】

视频
工业机器人I/O通信的种类

视频
认识常用ABB标准I/O板

任务 1 配置 ABB 标准 I/O 板

任务描述

本任务主要学习配置 ABB 标准 I/O 板的方法和注意事项，机器人上通信硬件安装完成后，需要在示教器内配置对应的 I/O 板、信号后，才可以使用。机器人拥有丰富的 I/O 通信接口，可以轻松地与周边设备进行通信，具备的通信方式见表 2.1.1，其中 RS-232 通信、OPC server、Socket Message 是与 PC 通信时的通信协议，与 PC 通信时需在 PC 端下载 PC SDK，添加“PC-INTERFACE”选项方可使用；DeviceNet、Profibus、Profibus-DP、Profinet、EtherNet IP 则是不同厂商推出的现场总线协议，根据需求进行选配使用合适的现场总线；如果使用机器人标准 I/O 板，就必须有 DeviceNet 的总线。

表 2.1.1 通信方式

PC	现场总线	机器人标准
RS-232 通信（串口外接条行码读取及视觉捕捉等） OPC server Socket Message（网口）	Device Net Profibus Profibus-DP Profinet EtherNet IP	标准 I/O 板 PLC …… …… ……

知识链接

标准 I/O 板提供的常用信号处理有数字输入 DI、数字输出 DO、模拟输入 AI、模拟输出 AO，以及输送链跟踪，常用的标准 I/O 板有 DSQC651 和 DSQC652。机器人可以选配标准的 PLC，省去了与外部 PLC 进行通信设置的麻烦，并且可以在机器人的示教器上实现与 PLC 相关的操作。

标准 I/O 板是挂在 DeviceNet 网络上的，所以要设定模块在网络中的地址。常用的标准 I/O 板，见表 2.1.2。

表 2.1.2 常用的标准 I/O 板

型 号	说 明
DSQC651	分布式 I/O 模块 DI8\DO8 AO2
DSQC652	分布式 I/O 模块 DI16\DO16
DSQC653	分布式 I/O 模块 DI8\DO8 带继电器
DSQC355A	分布式 I/O 模块 AI4\AO4
DSQC377A	输送链跟踪单元

一、ABB 标准 I/O 板 DSQC651

DSQC651 板主要提供八个数字输入信号、八个数字输出信号和两个模拟输出信号的处理。DSQC651 板如图 2.1.1 所示。各部分结构见表 2.1.3，包括数字信号输出指示灯、X1 数字输出接口、X3 数字输入接口、X5 DeviceNet 接口、X6 模拟输出接口、模块状态

学习笔记

指示灯和数字输入信号指示灯。DSQC651 板实物图如图 2.1.2 所示。

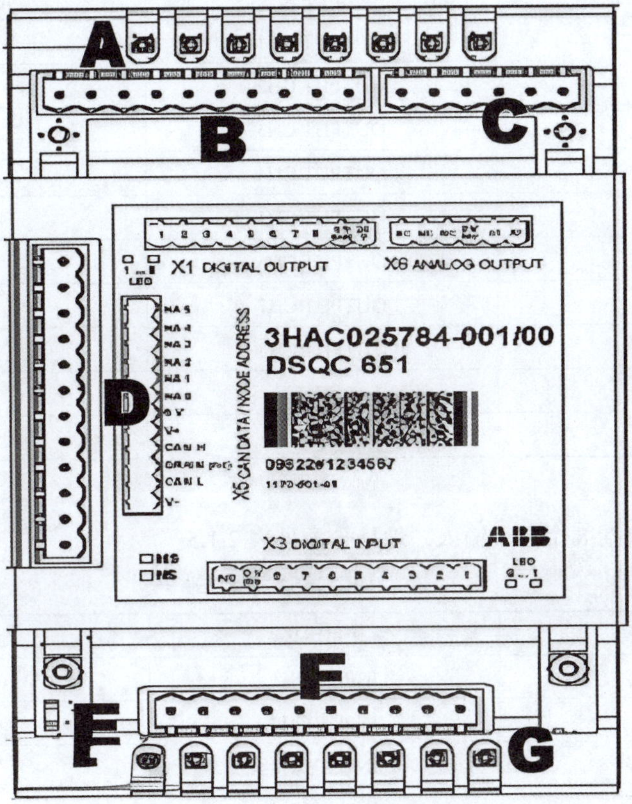

图 2.1.1　DSQC651 板

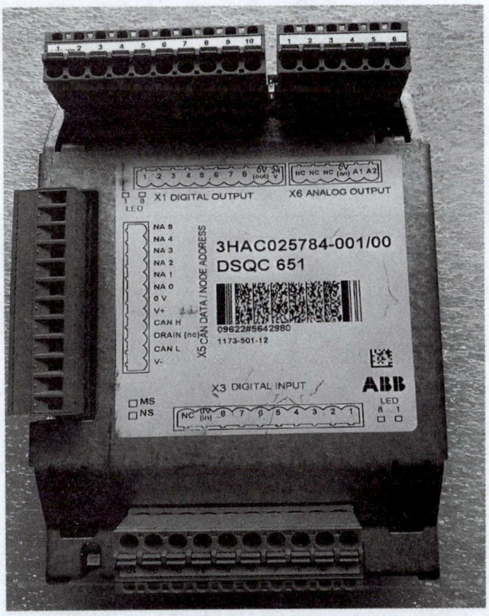

图 2.1.2　DSQC651 板实物图

表 2.1.3　DSQC651 板接口说明

标　号	说　明
A	数字输出信号指示灯
B	X1 数字输出接口
C	X6 模拟输出接口
D	X5 是 DeviceNet 接口
E	模块状态指示灯
F	X3 数字输入接口
G	数字输入信号指示灯

DSQC651 板各模块接口连接说明：

1. X1 端子

X1 端子接口包括 8 个数字输出，地址分配见表 2.1.4。

学习笔记

表 2.1.4 DSQC651 板 X1 端子

X1 端子编号	使用定义	地址分配
1	OUTPUT CH1	32
2	OUTPUT CH2	33
3	OUTPUT CH3	34
4	OUTPUT CH4	35
5	OUTPUT CH5	36
6	OUTPUT CH6	37
7	OUTPUT CH7	38
8	OUTPUT CH8	39
9	0 V	—
10	24 V	—

2. X3 端子

X3 端子接口包括 8 个数字输入，地址分配见表 2.1.5。

表 2.1.5 DSQC651 板 X3 端子

X3 端子编号	使用定义	地址分配
1	INPUT CH1	0
2	INPUT CH2	1
3	INPUT CH3	2
4	INPUT CH4	3
5	INPUT CH5	4
6	INPUT CH6	5
7	INPUT CH7	6
8	INPUT CH8	7
9	0 V	—
10	未使用	—

3. X5 端子

X5 端子是 DeviceNet 总线接口，端子使用定义见表 2.1.6。其上的编号 6 ～ 12 跳线用来决定模块（I/O 板）在总线中的地址，可用范围为 10 ～ 63。

表 2.1.6 DSQC651 板 X5 端子

X5 端子编号	使用定义	X5 端子编号	使用定义
1	0 V BLACK	7	模块 ID bit0（LSB）
2	CAN 信号线 low BLUE	8	模块 ID bit1（LSB）
3	屏蔽线	9	模块 ID bit2（LSB）
4	CAN 信号线 high WHITE	10	模块 ID bit3（LSB）
5	24 V RED	11	模块 ID bit4（LSB）
6	GND 地址选择公共端	12	模块 ID bit5（LSB）

学习笔记

如果想要获得 10 的地址，可将第 8 脚和第 10 脚的跳线剪去，如图 2.1.3 所示，2+8=10 就可以获得 10 的地址。

4.X6 端子

X6 端子接口包括 2 个模拟输出，地址分配见表 2.1.7。

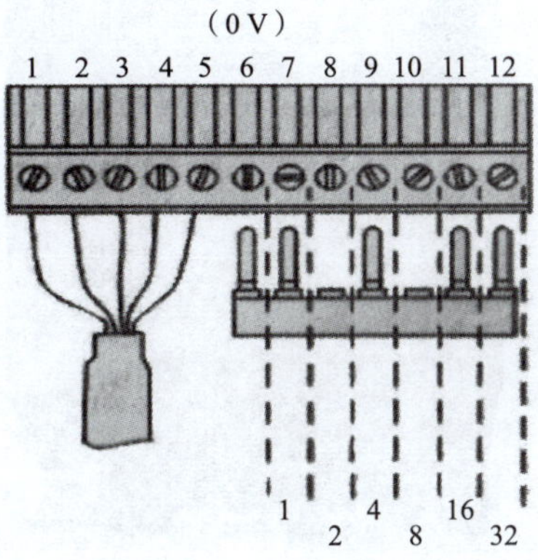

图 2.1.3　跳线帽

表 2.1.7　DSQC651 板 X6 端子

X6 端子编号	使用定义	地址分配
1	未使用	—
2	未使用	—
3	未使用	—
4	0 V	—
5	模拟输出 ao1	0 ～ 15
6	模拟输出 ao2	16 ～ 31

二、ABB 标准 I/O 板 DSQC652

DSQC652 板，主要提供 16 个数字输入信号和 16 个数字输出信号的处理，DSQC652 板如图 2.1.4 所示，接口说明见表 2.1.8，实物图如图 2.1.5 所示。

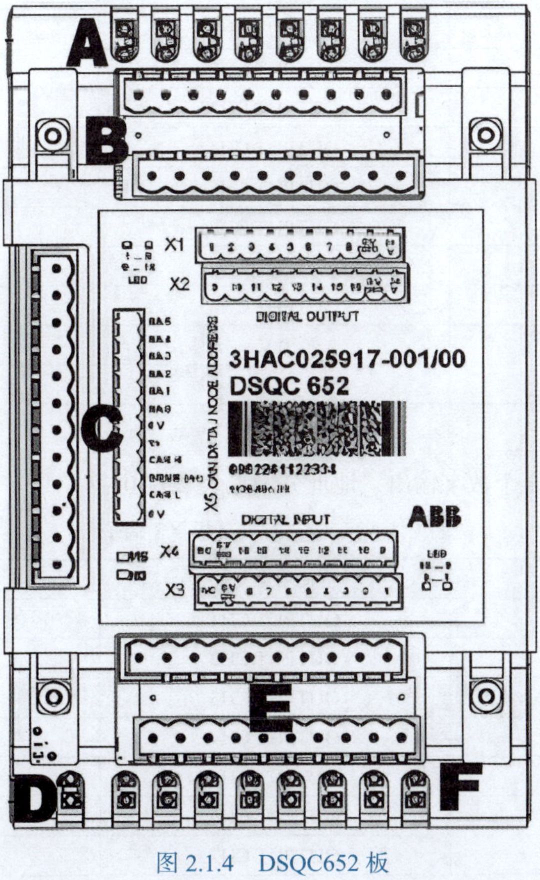

图 2.1.4　DSQC652 板

表 2.1.8 DSQC652 板接口说明

标　　号	说　　明
A	数字输出信号指示灯
B	X1、X2 数字输出接口
C	X5 是 DeviceNet 接口
D	模块状态指示灯
E	X3、X4 数字输入接口
F	数字输入信号指示灯

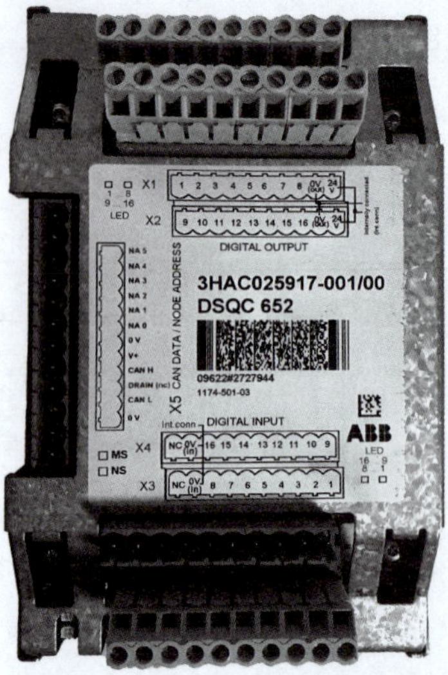

图 2.1.5 DSQC652 板实物图

1. X1 端子

X1 端子接口包括 8 个数字输出，地址分配见表 2.1.9。

表 2.1.9 DSQC652 板 X1 端子

X1 端子编号	使用定义	地址分配
1	OUTPUT CH1	0
2	OUTPUT CH2	1
3	OUTPUT CH3	2
4	OUTPUT CH4	3
5	OUTPUT CH5	4
6	OUTPUT CH6	5
7	OUTPUT CH7	6
8	OUTPUT CH8	7
9	0 V	—
10	24 V	—

2. X2 端子

X2 端子接口包括 8 个数字输出，地址分配见表 2.1.10。

表 2.1.10 DSQC652 板 X2 端子

X2 端子编号	使用定义	地址分配
1	OUTPUT CH1	8
2	OUTPUT CH2	9
3	OUTPUT CH3	10
4	OUTPUT CH4	11
5	OUTPUT CH5	12
6	OUTPUT CH6	13
7	OUTPUT CH7	14

续上表

X2 端子编号	使用定义	地址分配
8	OUTPUT CH8	15
9	0 V	—
10	24 V	—

3. X4 端子

X4 端子接口包括 8 个数字输入，地址分配见表 2.1.11。

表 2.1.11　DSQC652 板 X4 端子

X4 端子编号	使用定义	地址分配
1	INPUT CH9	8
2	INPUT CH10	9
3	INPUT CH11	10
4	INPUT CH12	11
5	INPUT CH13	12
6	INPUT CH14	13
7	INPUT CH15	14
8	INPUT CH16	15
9	0 V	—
10	未使用	—

4. X5 端子

X5 端子是 DeviceNet 总线接口，其地址分配原理与 DSQC651 板一致。

三、ABB 标准 I/O 板 DSQC653

DSQC653 板主要提供 8 个数字输入信号和 8 个数字继电器输出信号的处理，如图 2.1.6 所示，接口说明见表 2.1.12。

图 2.1.6　DSQC653 板

学习笔记

表 2.1.12 DSQC653 板接口说明

标 号	说 明	标 号	说 明
A	数字继电器输出信号指示灯	D	模块状态指示灯
B	X1 数字继电器输出信号接口	E	X3 数字输入信号接口
C	X5 是 DeviceNet 接口	F	数字输入信号指示灯

X1 端子是数字继电器输出信号接口，其地址分配见表 2.1.13。

表 2.1.13 DSQC653 板 X1 端子

X1 端子编号	使用定义	地址分配
1	OUTPUT CH1A	0
2	OUTPUT CH1B	
3	OUTPUT CH2A	1
4	OUTPUT CH2B	
5	OUTPUT CH3A	2
6	OUTPUT CH3B	
7	OUTPUT CH4A	3
8	OUTPUT CH4B	
9	OUTPUT CH5A	4
10	OUTPUT CH5B	
11	OUTPUT CH6A	5
12	OUTPUT CH6B	
13	OUTPUT CH7A	6
14	OUTPUT CH7B	
15	OUTPUT CH8A	7
16	OUTPUT CH8B	

X3 端子是数字继电器输入信号接口，其地址分配见表 2.1.14。

表 2.1.14 DSQC653 板 X3 端子

X3 端子编号	使用定义	地址分配
1	INPUT CH1	0
2	INPUT CH2	1
3	INPUT CH3	2
4	INPUT CH4	3
5	INPUT CH5	4
6	INPUT CH6	5
7	INPUT CH7	6
8	INPUT CH8	7
9	0 V	—
10~16	未使用	—

学习笔记

四、ABB 标准 I/O 板 DSQC355A

DSQC355A 板主要提供 4 个模拟输入信号和 4 个模拟输出信号的处理，如图 2.1.7 所示。

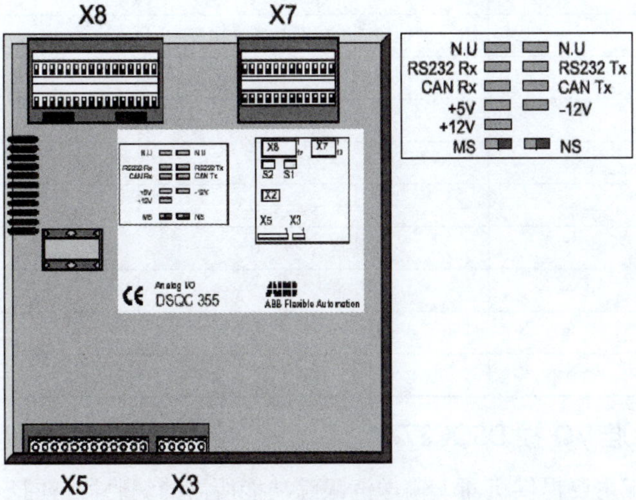

图 2.1.7　DSQC355 板

DSQC355A 板模块接口说明见表 2.1.15。

表 2.1.15　DSQC653 板接口说明

标　号	说　明	标　号	说　明
A	X8 模拟输入端口	C	X5 是 DeviceNet 接口
B	X7 模拟输出端口	D	X3 是供电电源

X5 端子同 DSQC651。

X7 接口说明见表 2.1.16，X8 接口说明见表 2.1.17。

表 2.1.16　DSQC355A 板 X7 端子

X7 端子编号	使用定义	地址分配
1	模拟输出 _1，−10 V/+10 V	0~15
2	模拟输出 _2，−10 V/+10 V	16~31
3	模拟输出 _3，−10 V/+10 V	32~47
4	模拟输出 _4，4~20 mA	48~63
5~18	未使用	—
19	模拟输出 _1，0 V	—
20	模拟输出 _2，0 V	—
21	模拟输出 _3，0 V	—
22	模拟输出 _4，0 V	—
23~24	未使用	—

学习笔记

表 2.1.17 DSQC355A 板 X8 端子

X8 端子编号	使用定义	地址分配
1	模拟输入 _1，−10 V/+10 V	0~15
2	模拟输入 _2，−10 V/+10 V	16~31
3	模拟输入 _3，−10 V/+10 V	32~47
4	模拟输入 _4，−10 V/+10 V	48~63
5~16	未使用	—
17~24	+24 V	—
25	模拟输入 _1，0 V	—
26	模拟输入 _2，0 V	—
27	模拟输入 _3，0 V	—
28	模拟输入 _4，0 V	—
29~32	0 V	—

五、ABB 标准 I/O 板 DSQC377A

DSQC377A 板主要提供机器人输送链跟踪功能所需的编码器与同步开关信号的处理，如图 2.1.8 所示。

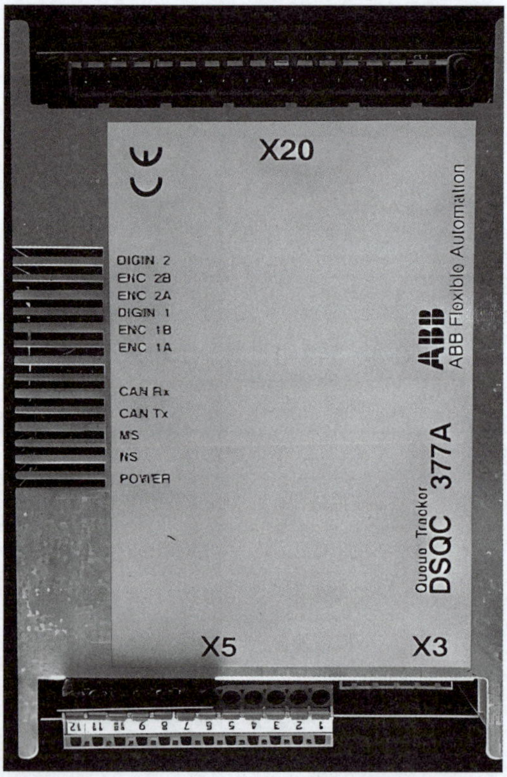

图 2.1.8 DSQC377A 实物图

X3 端子同 DSQC355A。

X5 端子同 DSQC651。

X20 接口说明见表 2.1.18。

表 2.1.18　DSQC377 板 X20 端子

X20 端子编号	使用定义	X20 端子编号	使用定义
1	24 V	6	编码器 1，B 相
2	0 V	7	数字输入信号 1，24 V
3	编码器 1，24 V	8	数字输入信号 1，0 V
4	编码器 1，0 V	9	数字输入信号 1，信号
5	编码器 1，A 相	10~16	未使用

六、工业机器人参数

机器人参数根据不同的类型可分为五个主题，如图 2.1.9 所示。同一主题中的所有参数都被存储在一个单独的配置文件中，配置文件是一份列出了系统参数值的 cfg 文件，不同主题参数的配置文件说明见表 2.1.19。在示教器控制面板选项下的配置选项中，可以查看各个类型的参数。

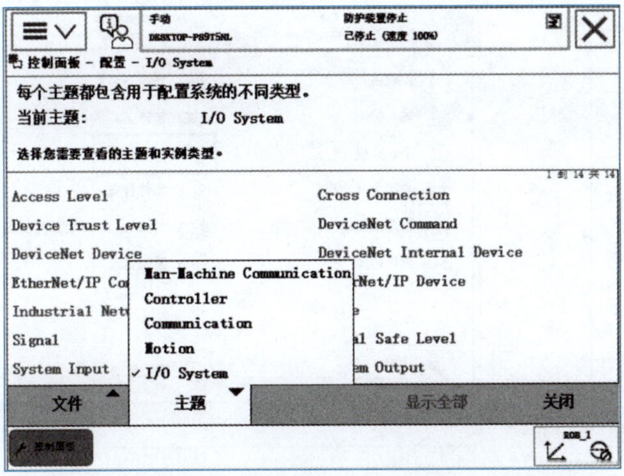

图 2.1.9　配置界面下的主题分类

表 2.1.19　不同主题参数的配置文件

主　　题	配置内容	配置文件
Communication	串行通道与文件传输层协议	SIO.cfg
Controller	安全性与 RAPID 专用函数	SYS.cfg
I/O System	I/O 板与信号	EIO.cfg
Man-Machine Communication	用于简化系统工作的函数	MMC.cfg
Motion	机器人与外轴	MOC.cfg

任务实施

ABB 标准 I/O 板 DSQC652 是比较常用的模块，下面以创建数字输入信号 di、数字输出信号 do、组输入信号 gi、组输出信号 go 为例进行详细介绍。

学习笔记

视 频

配置ABB标准I/O板DSQC652板

一、配置 ABB 标准 I/O 板 DSQC652

ABB 标准 I/O 板都是挂在 DeviceNet 现场总线上的设备，通过 X5 端子与 DeviceNet 现场总线进行通信。DSQC652 板总线连接的相关参数说明见表 2.1.20。

表 2.1.20 DSQC652 参数说明

参数名称	设 定 值
Name	board10
Type of Unit	DSQC652
Address	10

配置 ABB 标准 I/O 板 DSQC652 操作步骤见表 2.1.21。

表 2.1.21 配置 ABB 标准 I/O 板 DSQC652 操作步骤

操作步骤	示 意 图
第 1 步：在手动模式下进入 ABB 主菜单，选择“控制面板”选项	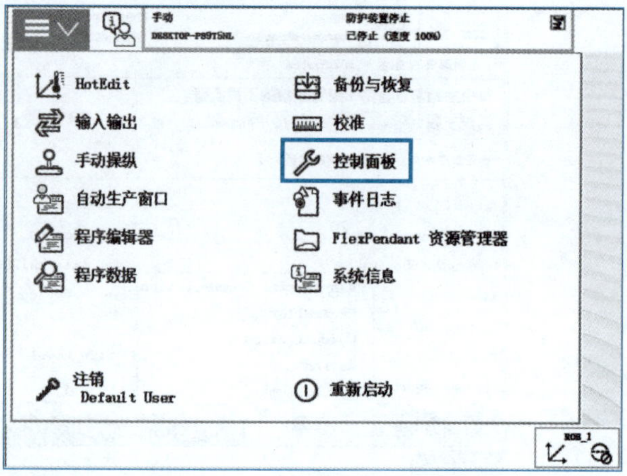
第 2 步：单击“配置”选项	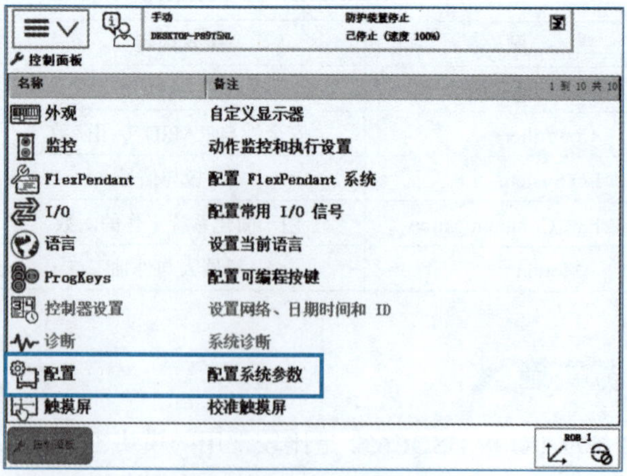

学习笔记

续上表

<table>
<tr><th>操作步骤</th><th>示 意 图</th></tr>
<tr><td>第3步：单击“DeviceNet Device”选项</td><td>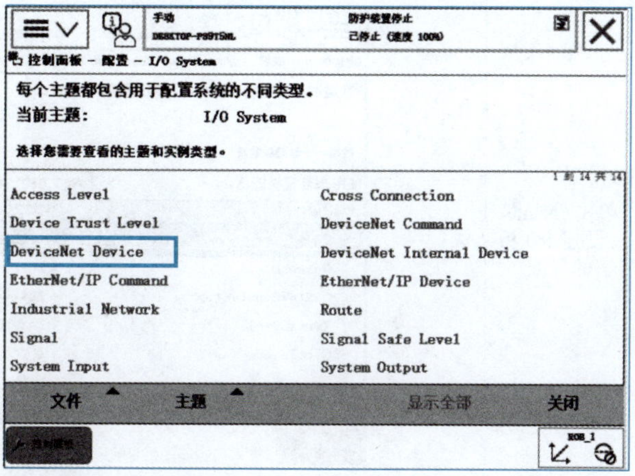
</td></tr>
<tr><td>第 4 步：单击“添加”按钮</td><td>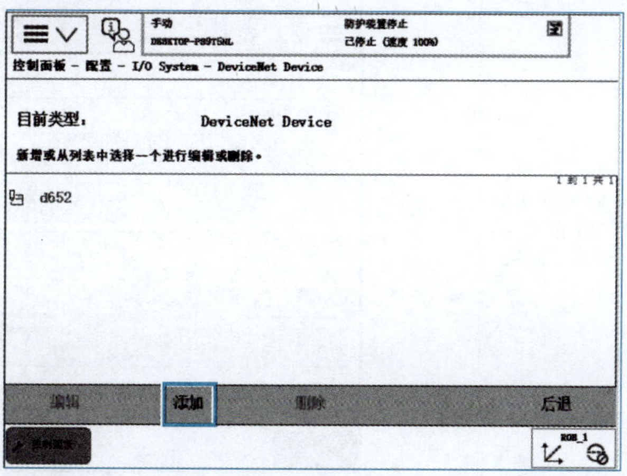
</td></tr>
<tr><td>第 5 步：在使用来自模板的值下拉列表中，选择所配置板卡的类型，本实例即选择“DSQC 652 24 VDC I/O Device”</td><td>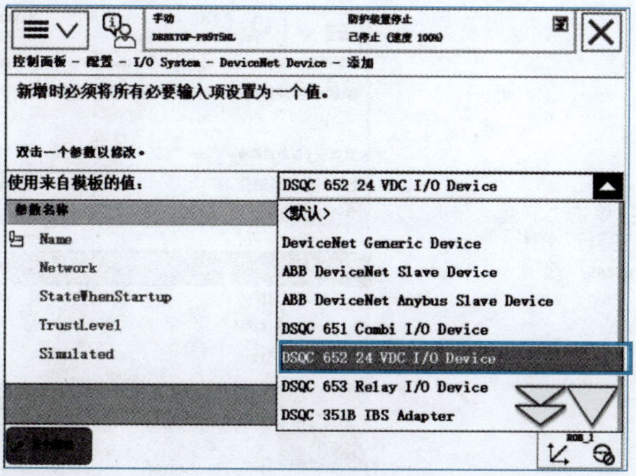
</td></tr>
</table>

学习笔记

续上表

操作步骤	示意图
第 6 步：单击“Name”参数，进入设定 I/O 板在系统中名字的界面	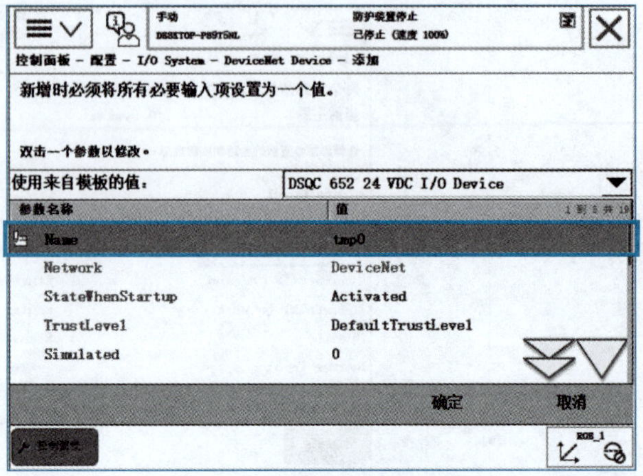
第 7 步：输入该实例所设定的 I/O 板名称“board10”，单击“确定”按钮	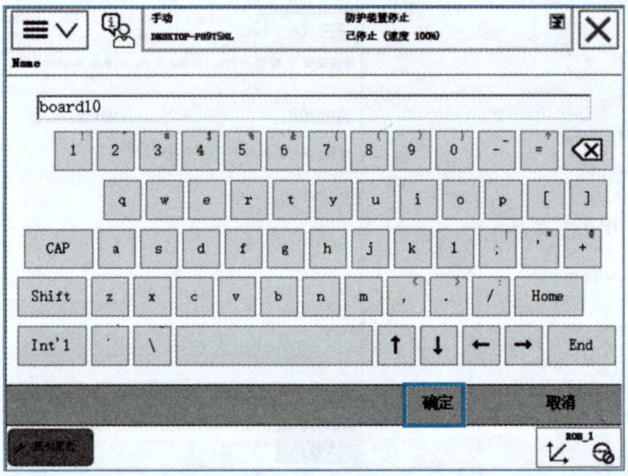
第 8 步：单击“下翻页”或“下翻行”图标，找到“Address”选项	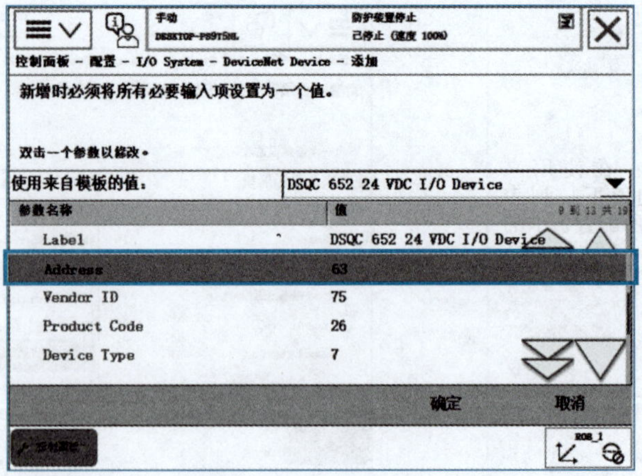

学习笔记

续上表

<table>
<tr><th>操作步骤</th><th>示　意　图</th></tr>
<tr><td>第 9 步：单击“Address”参数，进入设置 I/O 板地址的页面。输入地址 10，单击“确定”按钮，再单击下方“确定”按钮返回板卡配置界面</td><td>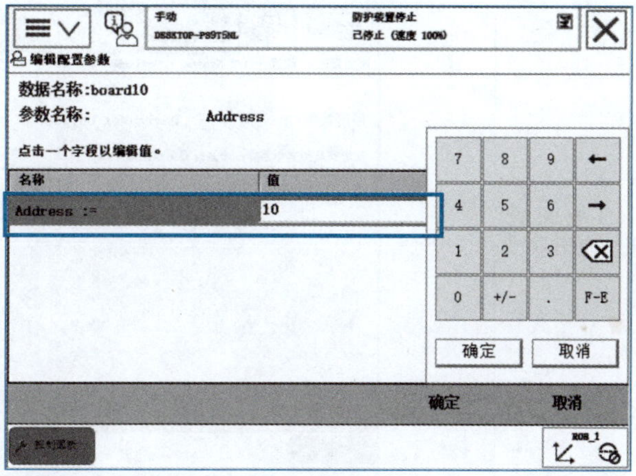
</td></tr>
<tr><td>第 10 步：参数设定完毕，单击“确定”按钮确认 I/O 板配置</td><td>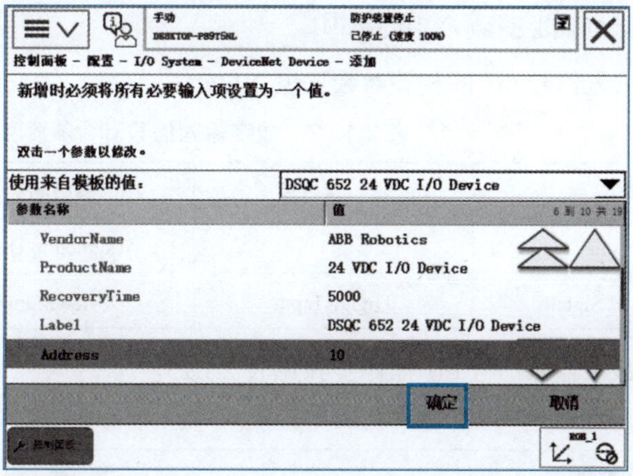
</td></tr>
<tr><td>第 11 步：单击“否”按钮暂时不重启</td><td>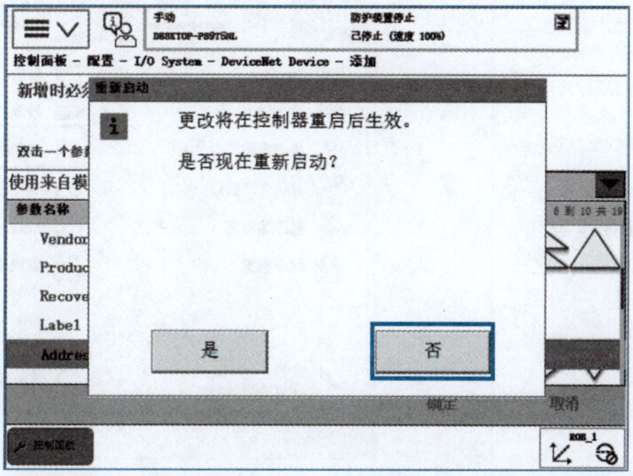
</td></tr>
</table>

学习笔记

续上表

操作步骤	示意图
第 12 步：I/O 板配置完成，可在界面中看到所配置的板卡	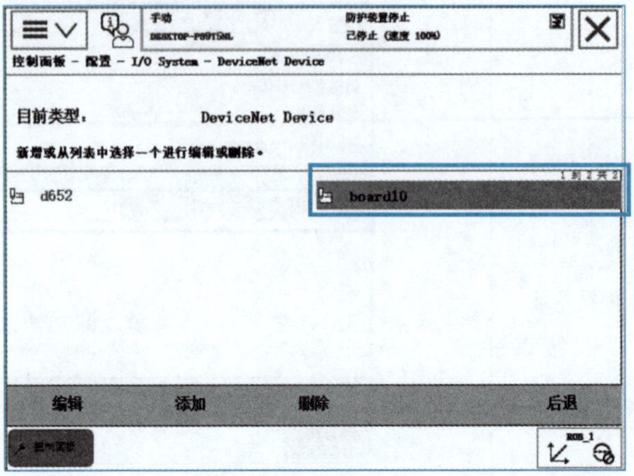

视频

配置数字量输入信号和数字量输出信号

二、配置数字输入信号 di1

数字输入信号 di1 的相关参数见表 2.1.22。

表 2.1.22　数字输入信号 di1 参数说明

参数名称	设定值	参数名称	设定值
Name	di1	Assigned to Device	board10
Type of Signal	Digital Input	Device Mapping	0

配置数字输入信号 di1 操作步骤见表 2.1.23。

表 2.1.23　配置数字输入信号 di1 操作步骤

操作步骤	示意图
第 1 步：在手动模式下进入 ABB 主菜单，选择“控制面板”选项	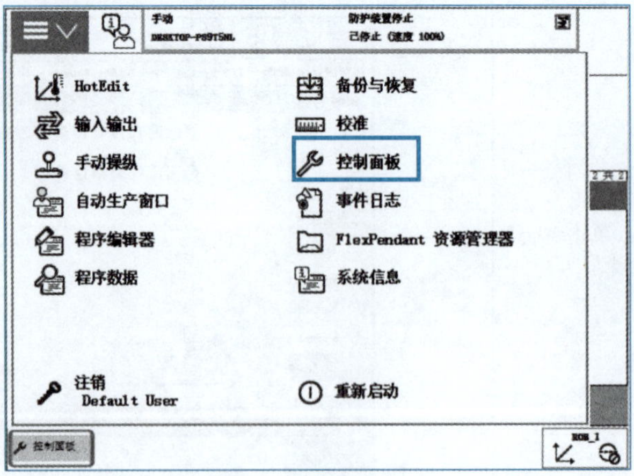

续上表

学习笔记

<table>
<tr><th>操作步骤</th><th>示 意 图</th></tr>
<tr><td>第 2 步：单击“配置”选项</td><td>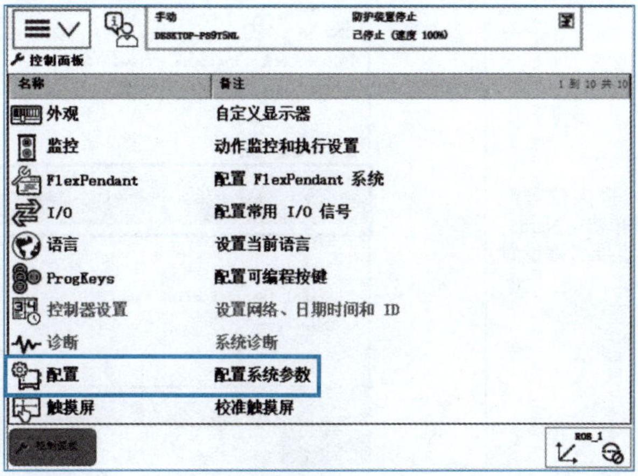
</td></tr>
<tr><td>第 3 步：单击“Signal”选项</td><td>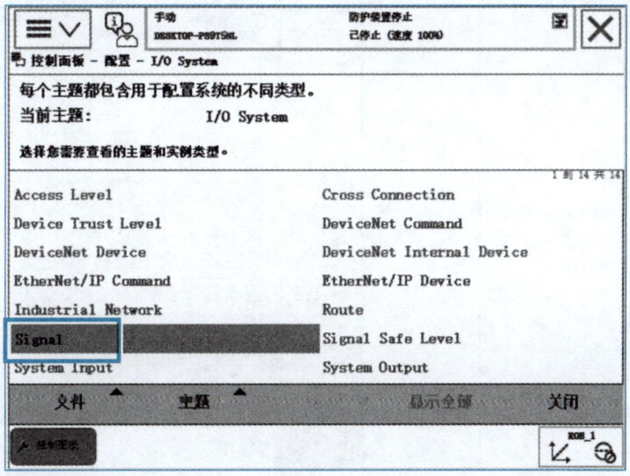
</td></tr>
<tr><td>第 4 步：单击“添加”按钮</td><td>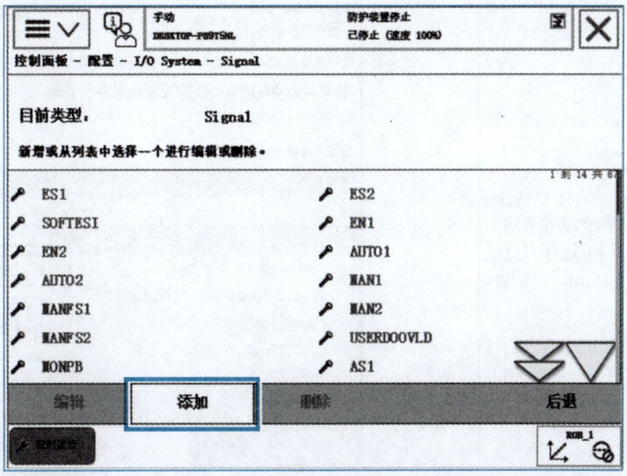
</td></tr>
</table>

学习笔记

续上表

操作步骤	示意图
第 5 步：进入信号配置界面后，单击“Name”参数进入信号名称设置界面	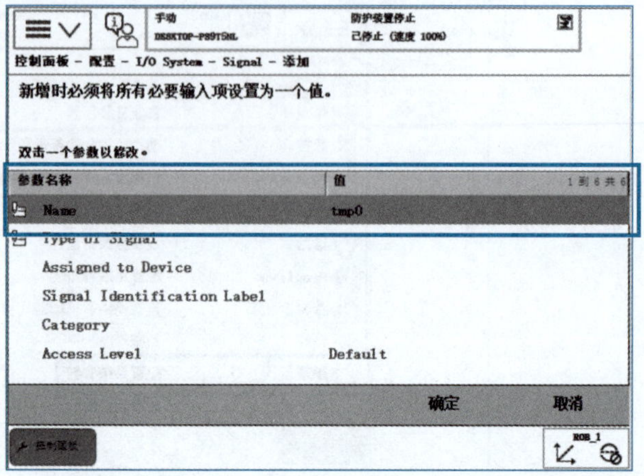
第 6 步：修改信号名称为“di1”并单击下面的“确定”按钮	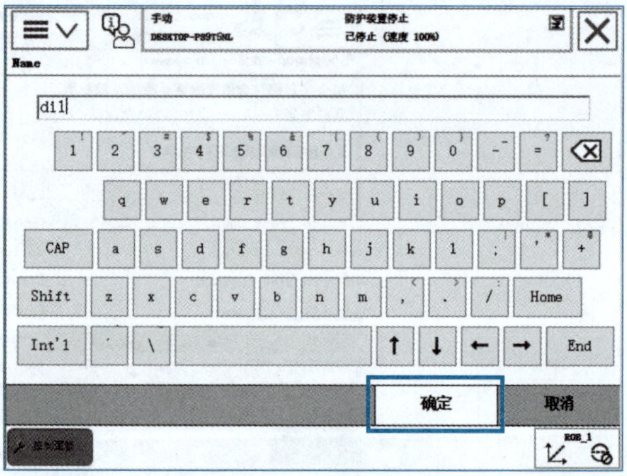
第 7 步：单击“Type of Signa”参数设置信号类型，在下拉菜单中选择“Digital Input”类型	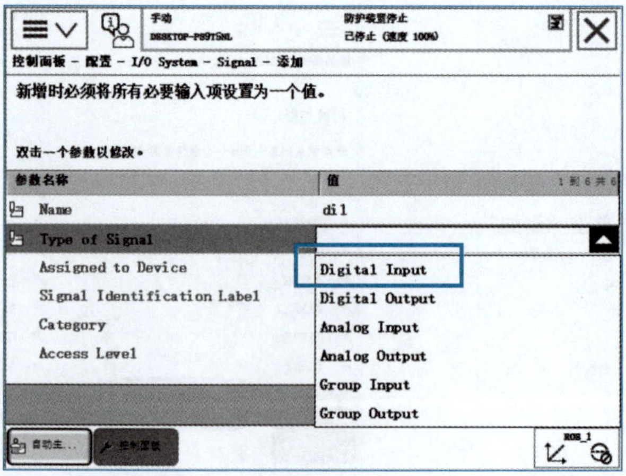

续上表

学习笔记

操作步骤	示意图
第 8 步：单击“Assigned to Device”参数设置信号所存在的 I/O 板名称，下拉菜单中选择“board10”选项	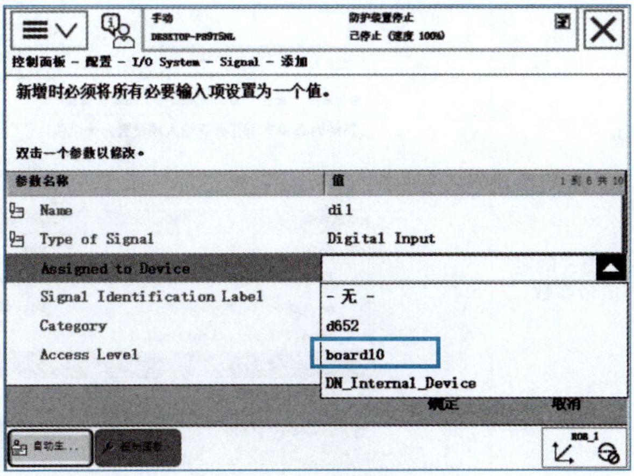
第 9 步：单击“Device Mapping”参数进入信号地址设置界面	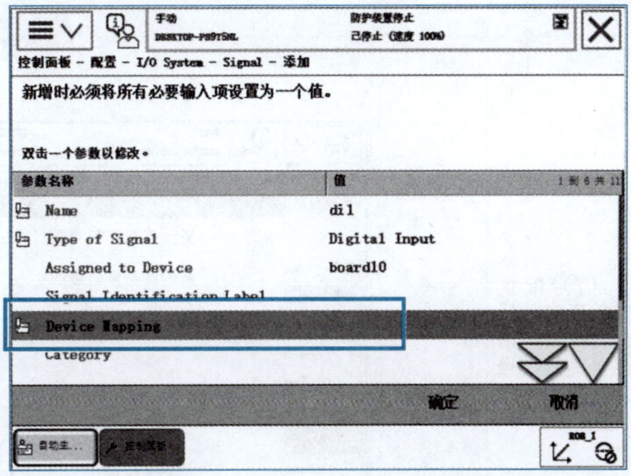
第 10 步：修改信号地址为“0”并单击下面的“确定”按钮	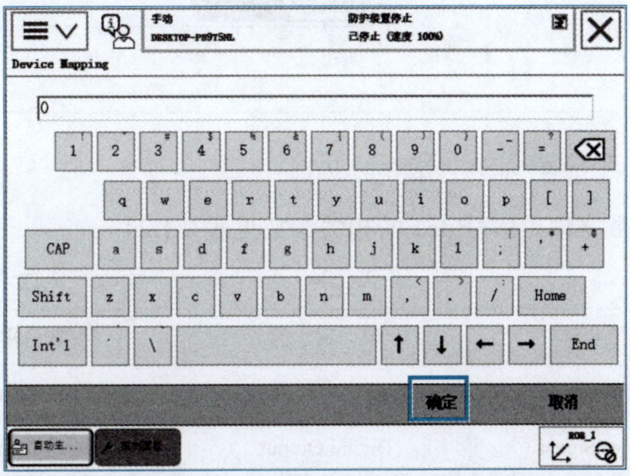

学习笔记

续上表

操作步骤	示 意 图
第 11 步：单击“确定”确认配置的信号参数	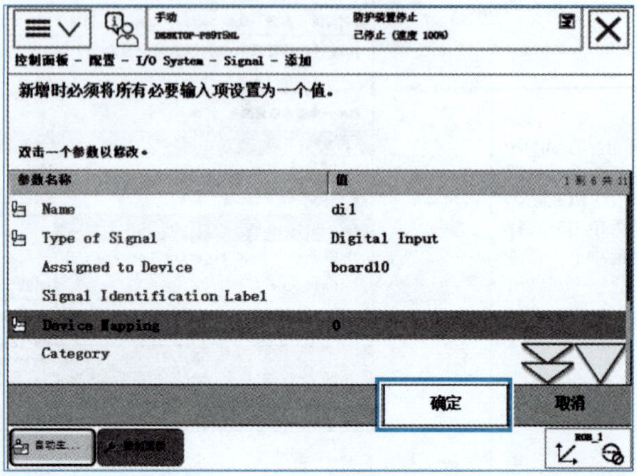
第 12 步：信号配置必须在系统重新启动后才能生效，会弹出对话框。如果还要进行信号配置，可以先单击“否”按钮暂时不重启	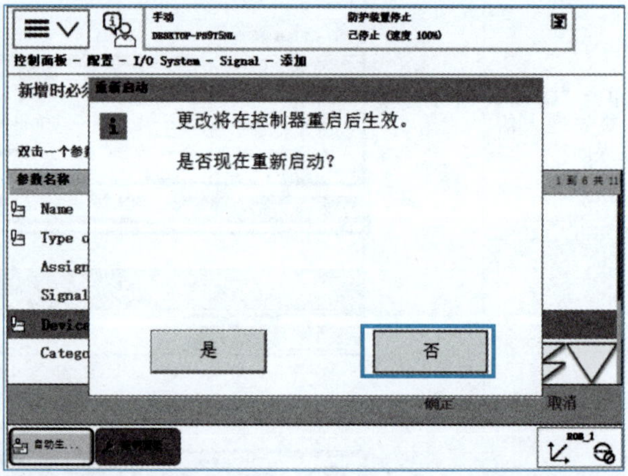

三、配置数字输出信号 do1

定义数字输出信号 do1 的相关参数见表 2.1.24。

表 2.1.24 数字输出信号 do1 参数说明

参数名称	设 定 值	参数名称	设 定 值
Name	do1	Assigned to Device	board10
Type of Signal	Digital Output	Device Mapping	0

配置定义数字输出信号 do1 操作步骤见表 2.1.25。

学习笔记

表 2.1.25　配置定义数字输出信号 do1 操作步骤

<table>
<tr><th>操作步骤</th><th>示　意　图</th></tr>
<tr><td>第 1 步：在手动模式下进入 ABB 主菜单，选择“控制面板”选项</td><td>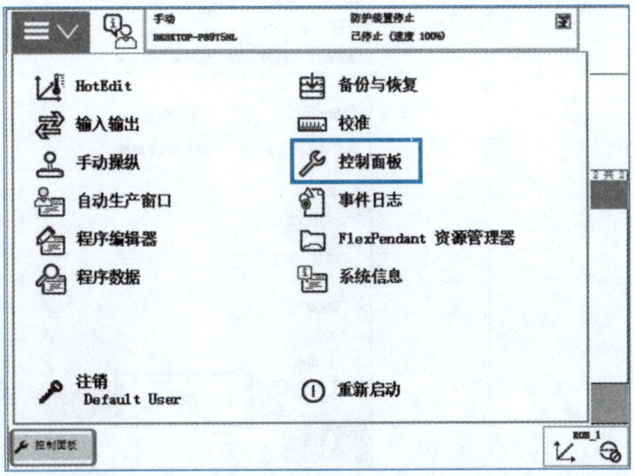
</td></tr>
<tr><td>第 2 步：单击“配置”选项</td><td>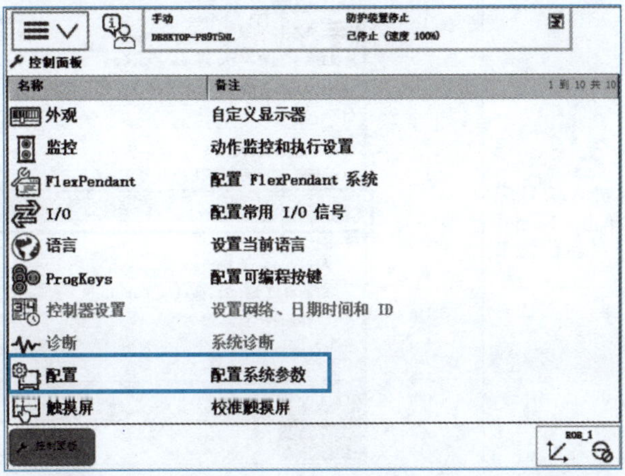
</td></tr>
<tr><td>第 3 步：单击“Signal”选项</td><td>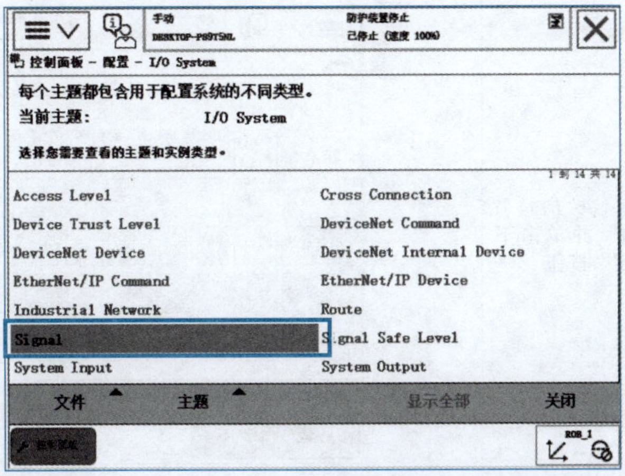
</td></tr>
</table>

学习笔记

续上表

操作步骤	示 意 图
第 4 步：单击“添加”按钮	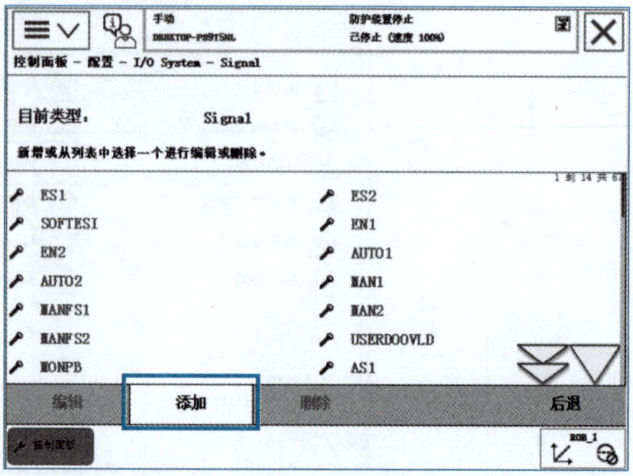
第 5 步：进入信号配置界面后，单击“Name”参数进入信号名称设置界面	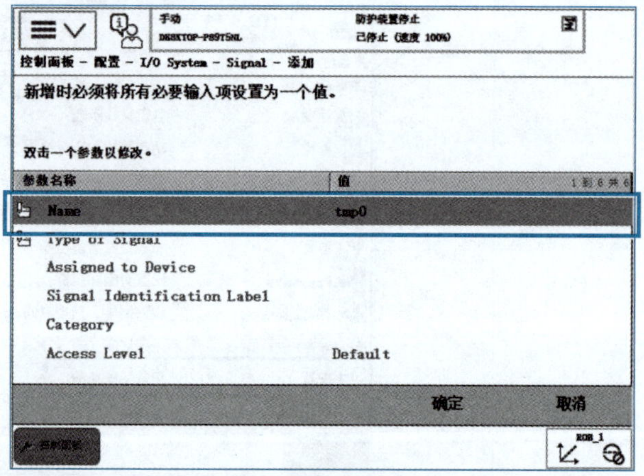
第 6 步：修改信号名称为“do1”并单击下面的“确定”按钮	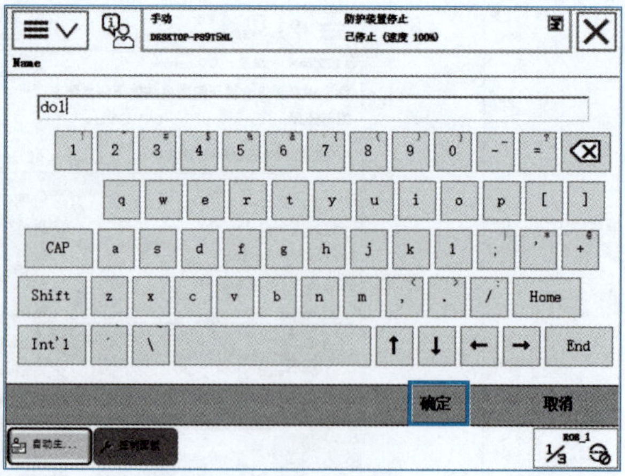

续上表

学习笔记

<table>
<tr><th>操作步骤</th><th>示 意 图</th></tr>
<tr><td>第7步：单击“Type of Signal”参数设置信号类型，在下拉菜单中选择“Digital Output”类型</td><td>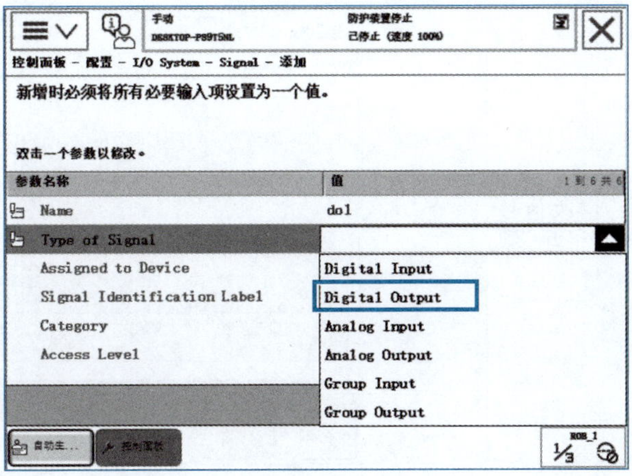
</td></tr>
<tr><td>第8步：单击“Assigned to Device”参数设置信号所存在的 I/O 板名称，下拉菜单中选择“board10”选项</td><td>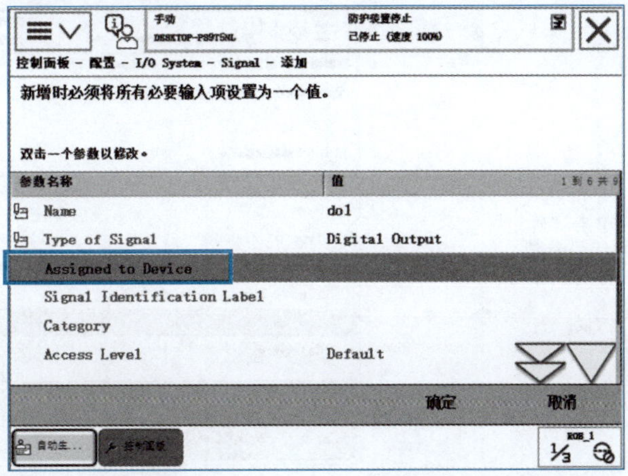
</td></tr>
<tr><td>第 9 步：单击“Device Mapping”参数进入信号地址设置界面</td><td>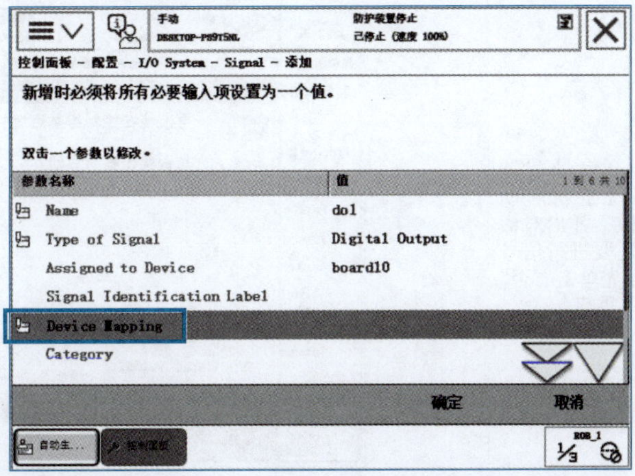
</td></tr>
</table>

学习笔记

续上表

操作步骤	示 意 图
第 10 步：修改信号地址为“0”并单击“确定”按钮	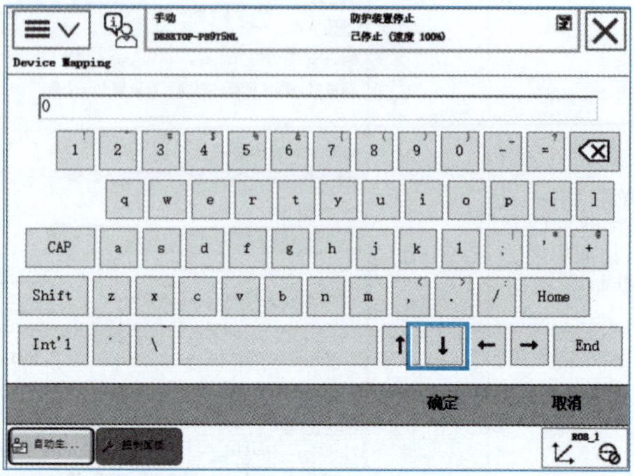
第 11 步：单击“确定”确认配置的信号参数	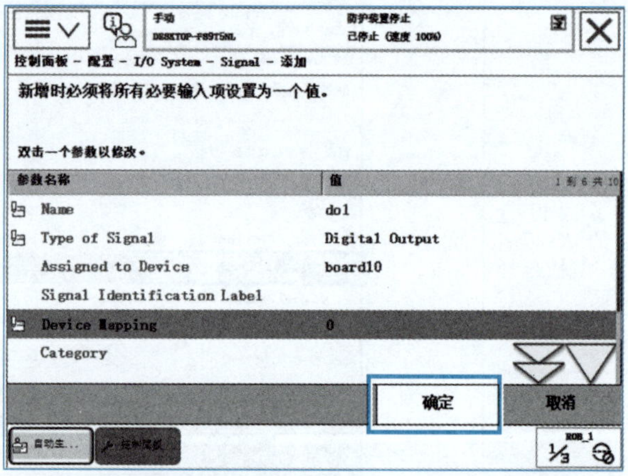
第 12 步：信号配置必须在系统重新启动后才能生效，弹出对话框。如果还要进行信号配置，可以先单击“否”按钮暂时不重启	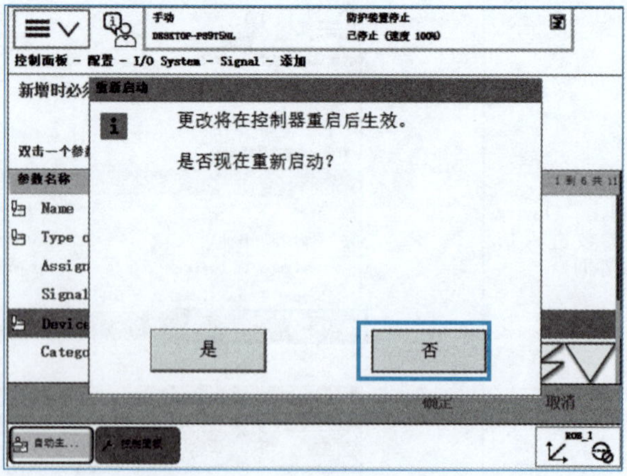

四、配置组输入信号 gi1

组输入信号就是将几个数字输入信号组合起来使用，用于接收外围设备的 BCD 编码的十进制数，组输入信号 gi1 的相关参数见表 2.1.26。

表 2.1.26　组输入信号 gi1 参数说明

参数名称	设　定　值	参数名称	设　定　值
Name	gi1	Assigned to Device	board10
Type of Signal	Group Input	Device Mapping	1-4

配置组输入信号 gi1 操纵步骤见表 2.1.27。

表 2.1.27　配置组输入信号 gi1 操纵步骤

操作步骤	示　意　图
第 1 步：在手动模式下进入 ABB 主菜单，选择“控制面板”选项	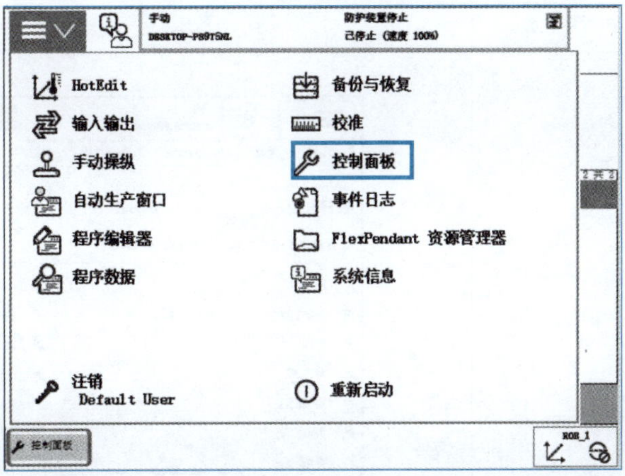
第 2 步：单击“配置”选项	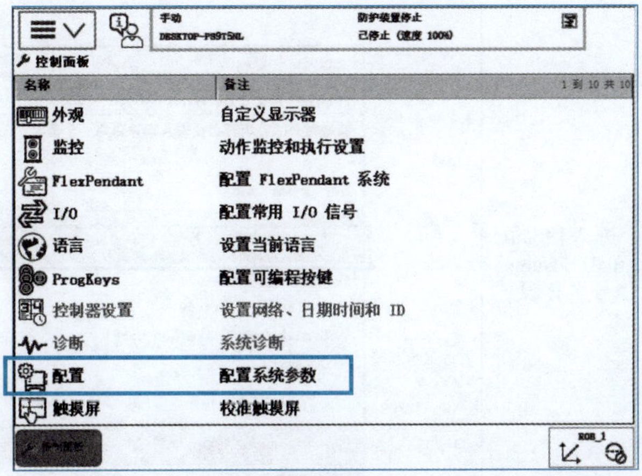

学习笔记

视频

配置组输入信号和组输出信号

学习笔记

续上表

<table>
<tr><th>操作步骤</th><th>示　意　图</th></tr>
<tr><td>第 3 步：单击“Signal”选项</td><td>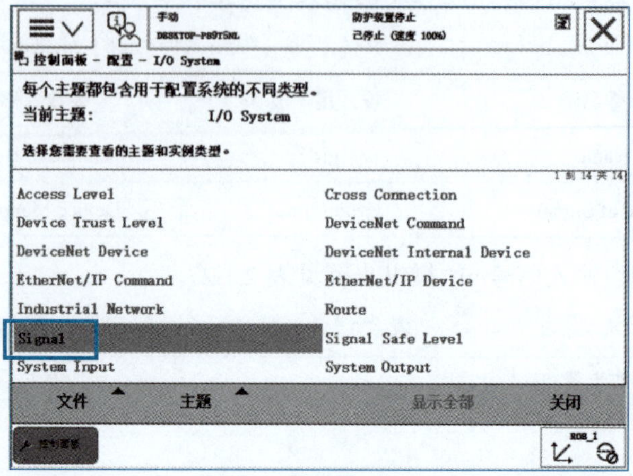
</td></tr>
<tr><td>第 4 步：单击“添加”按钮</td><td>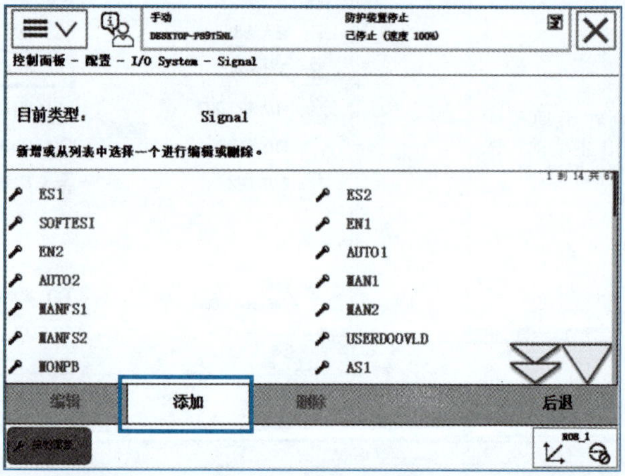
</td></tr>
<tr><td>第 5 步：进入信号配置界面后，单击“Name”参数进入信号名称设置界面</td><td>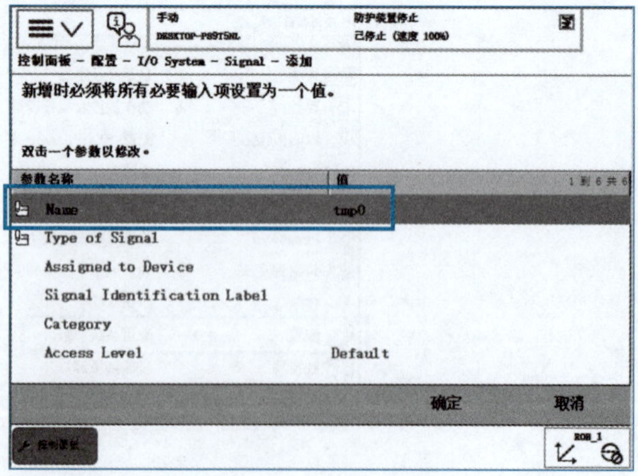
</td></tr>
</table>

学习笔记

续上表

<table>
<tr><th>操作步骤</th><th>示 意 图</th></tr>
<tr><td>第 6 步：修改信号名称为“gi1”并单击下面的“确定”按钮</td><td>
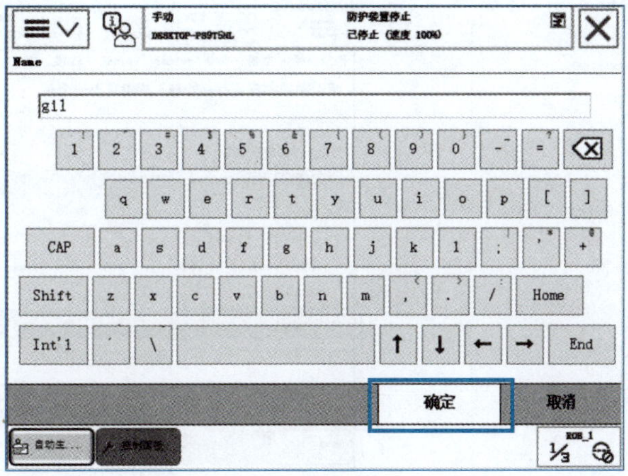

</td></tr>
<tr><td>第 7 步：单击“Type of Signal”参数设置信号类型，在下拉菜单中选择类型“Group Input”选项</td><td>
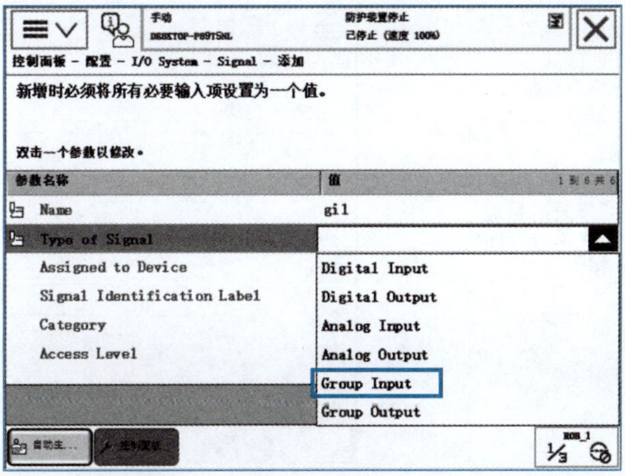

</td></tr>
<tr><td>第 8 步：单击“Assigned to Device”参数设置信号所存在的 I/O 板名称，下拉菜单中选择“board10”选项</td><td>
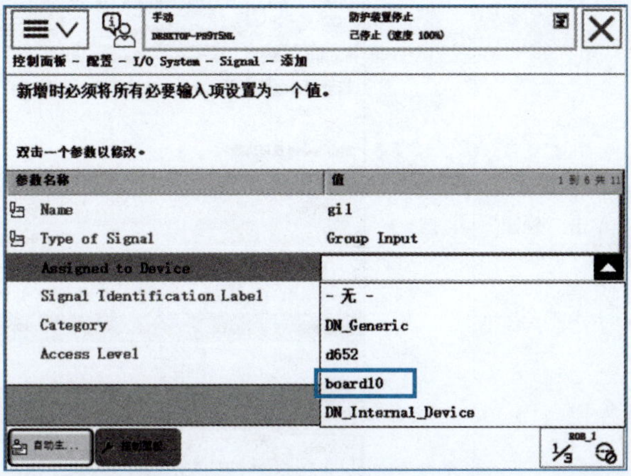

</td></tr>
</table>

学习笔记

续上表

<table>
<tr><th>操作步骤</th><th>示 意 图</th></tr>
<tr><td>第 9 步：单击“Device Mapping”参数进入信号地址设置界面</td><td>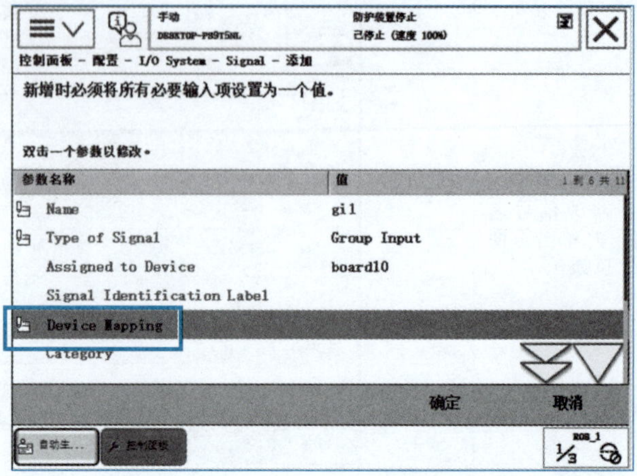
</td></tr>
<tr><td>第 10 步：修改信号地址为“1-4”并单击下面的“确定”按钮</td><td>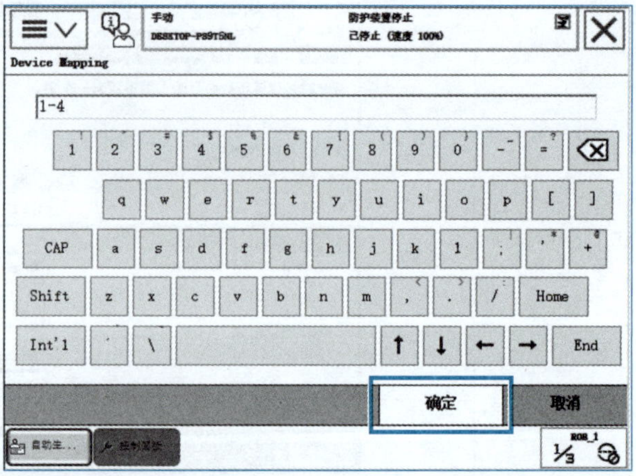
</td></tr>
<tr><td>第 11 步：单击“确定”确认配置的信号参数</td><td>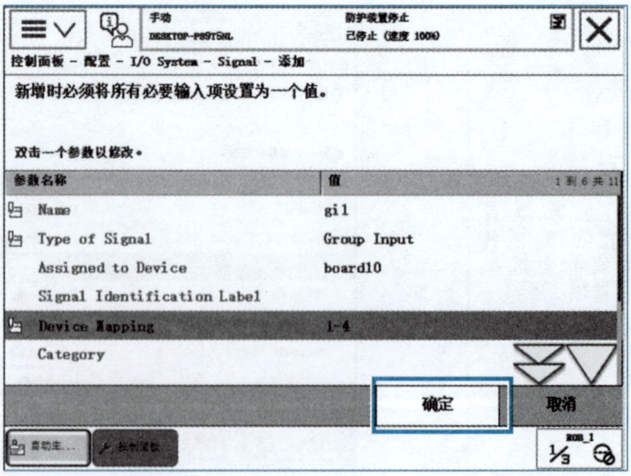
</td></tr>
</table>

学习笔记

续上表

操作步骤	示 意 图
第 12 步：信号配置必须在系统重新启动后才能生效，弹出对话框。如果还要进行信号配置，可以先单击“否”按钮暂时不重启	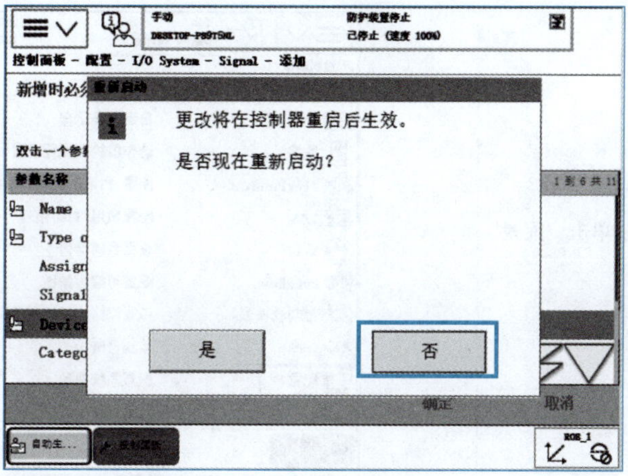

五、配置组输出信号 go1

组输出信号就是将几个数字输出信号组合起来使用，用于输出 BCD 编码的十进制数，组输出信号 go1 的相关参数见表 2.1.28。此例中，go1 占用地址 33-36 共 4 位。

表 2.1.28　组输出信号 go1 参数说明

参数名称	设 定 值	参数名称	设 定 值
Name	go1	Assigned to Device	board10
Type of Signal	Group Output	Device Mapping	33-36

配置组输出信号 go1 操作步骤见表 2.1.29。

表 2.1.29　配置组输出信号 go1 操作步骤

操作步骤	示 意 图
第 1 步：在手动模式下进入 ABB 主菜单，选择“控制面板”选项	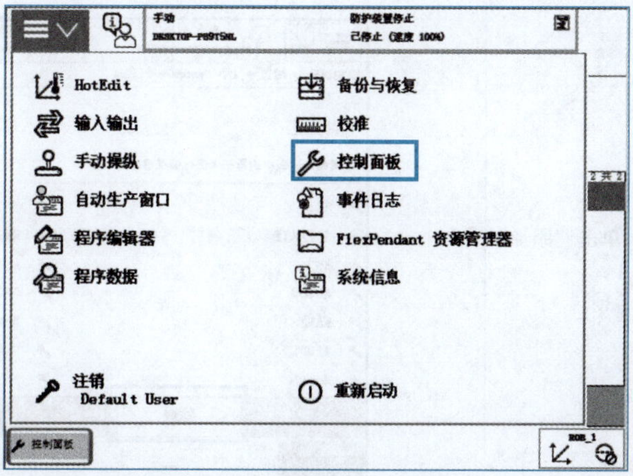

学习笔记

续上表

<table>
<tr><th>操作步骤</th><th>示 意 图</th></tr>
<tr><td>第 2 步：单击“配置”选项</td><td>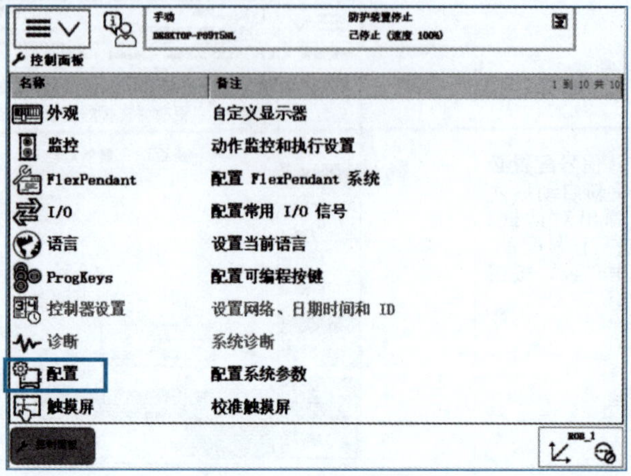
</td></tr>
<tr><td>第 3 步：单击“Signal”选项</td><td>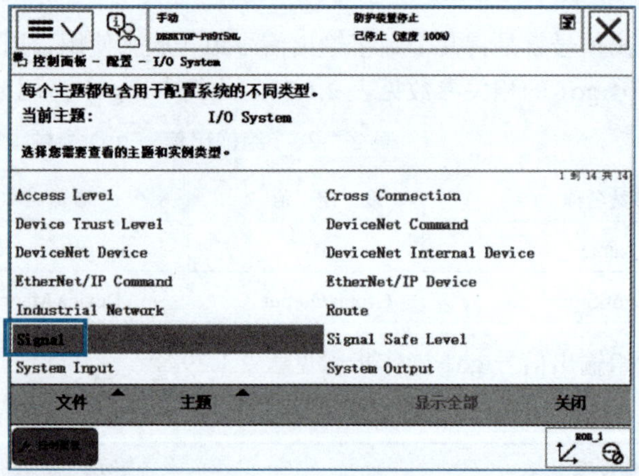
</td></tr>
<tr><td>第 4 步：单击“添加”按钮</td><td>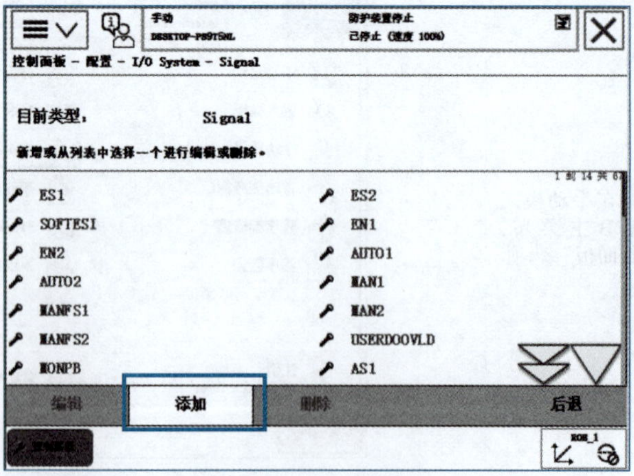
</td></tr>
</table>

学习笔记

续上表

<table>
<tr><th>操作步骤</th><th>示 意 图</th></tr>
<tr><td>第 5 步：进入信号配置界面后，单击“Name”参数进入信号名称设置界面</td><td>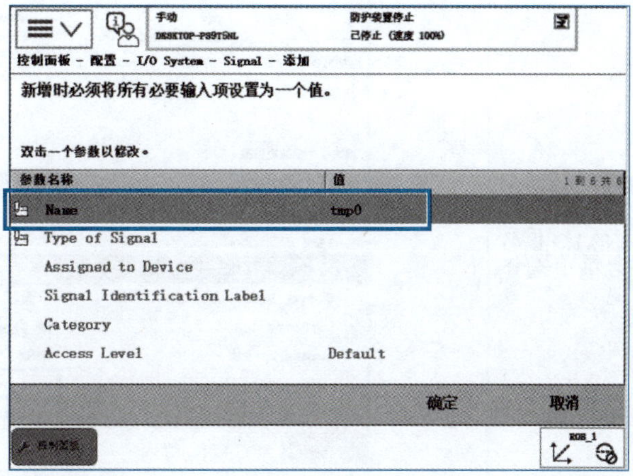
</td></tr>
<tr><td>第 6 步：修改信号名称为“go1”并单击下面的“确定”按钮</td><td>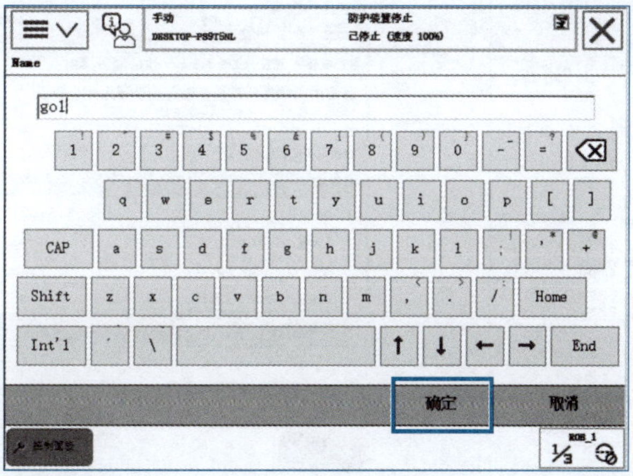
</td></tr>
<tr><td>第 7 步：单击“Type of Signal”参数设定信号类型，在下拉菜单中选择类型“Group Output”选项</td><td>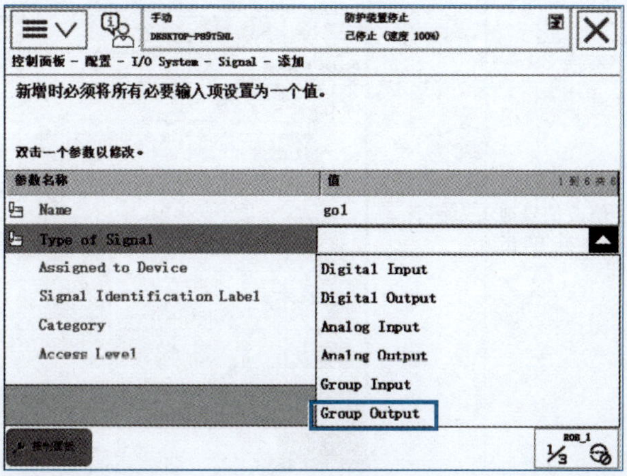
</td></tr>
</table>

学习笔记

续上表

操作步骤	示 意 图
第 8 步：单击“Assigned to Device”参数设置信号所存在的 I/O 板名称，下拉菜单中选择“board10”选项	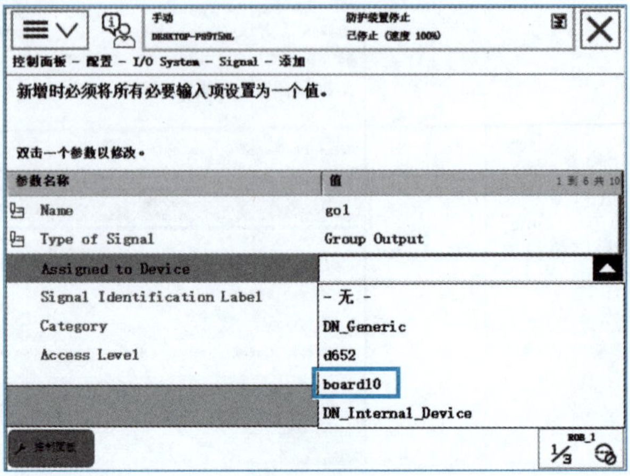
第 9 步：单击“Device Mapping”参数进入信号地址设置界面	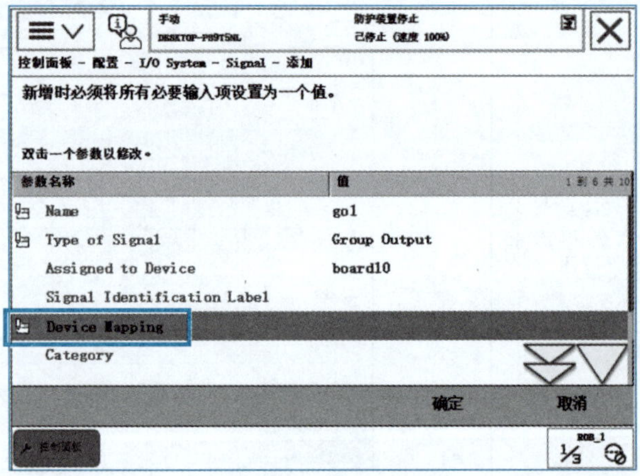
第 10 步：修改信号地址为“33-36”并单击“确定”按钮	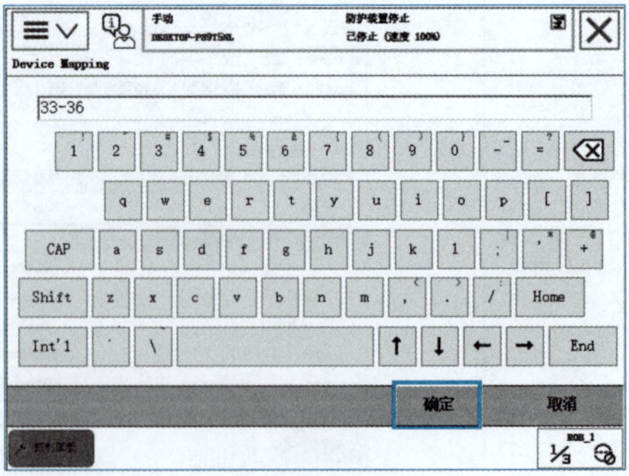

学习笔记

续上表

<table>
<tr><th>操作步骤</th><th>示 意 图</th></tr>
<tr><td>第 11 步：单击“确定”确认配置的信号参数</td><td>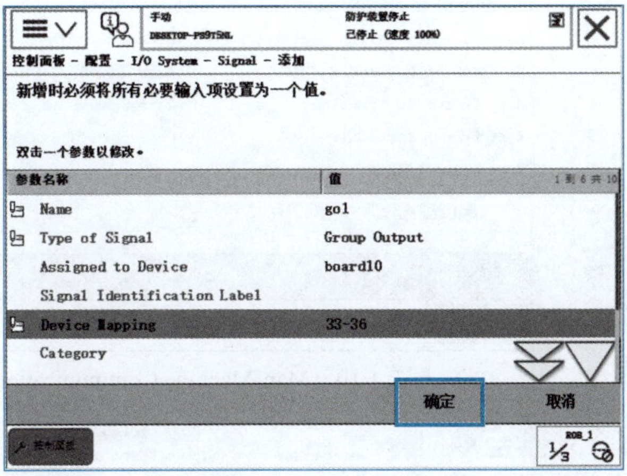
</td></tr>
<tr><td>第 12 步：信号配置必须在系统重新启动后才能生效，弹出对话框。如果还要进行信号配置，单击“是”按钮进行重启</td><td>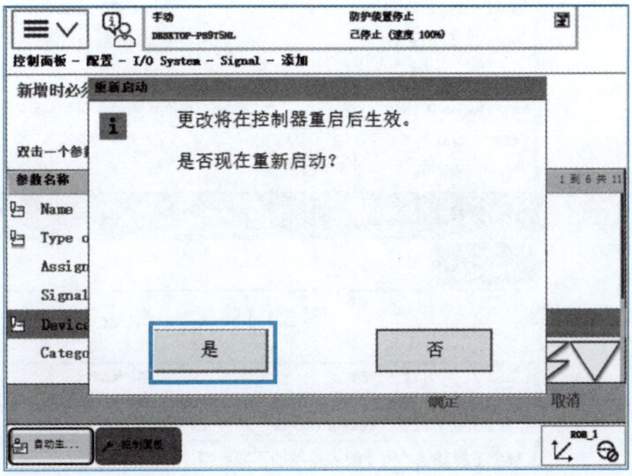
</td></tr>
</table>

六、查看工业机器人参数

在“主题”菜单下单击“Man-Machine Communication”命令，可以查看这一主题中的所有参数，如图 2.1.10 所示；单击“Controller”命令，可以查看这一主题中的所有参数，如图 2.1.11 所示；单击“Communication”命令，可以查看这一主题中的所有参数，如图 2.1.12 所示；单击“Motion”命令，可以查看这一主题中的所有参数，如图 2.1.13 所示。如需进入某个具体参数进行查看和修改，只要选择对应的参数后，单击显示全部，便可查看到参数，选择对应的选项，便可以对参数的配置进行编辑和添加等。

学习笔记

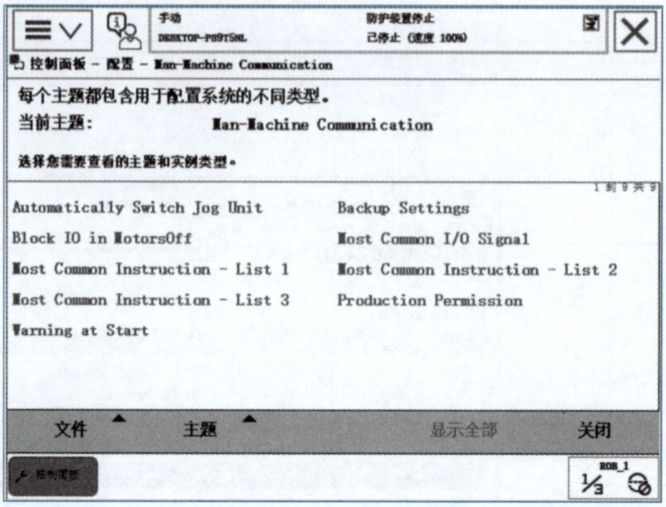

图 2.1.10 Man-Machine Communication 界面

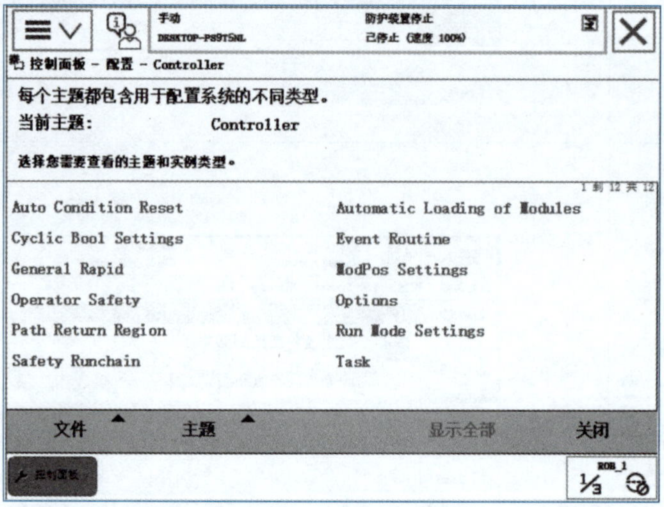

图 2.1.11 Controller 界面

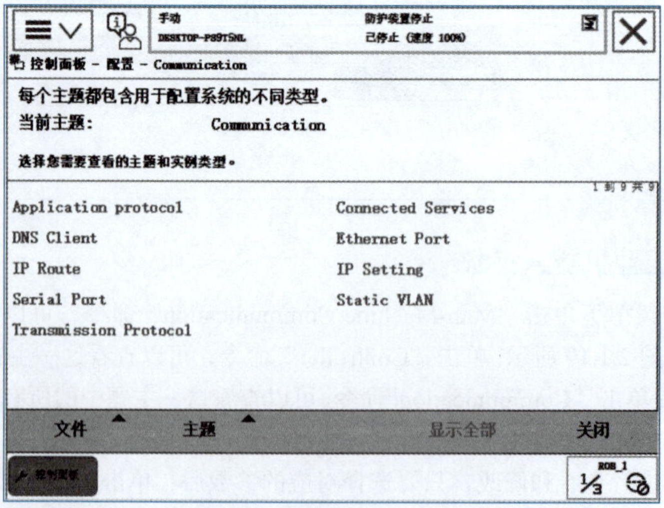

图 2.1.12 Communication 界面

学习笔记

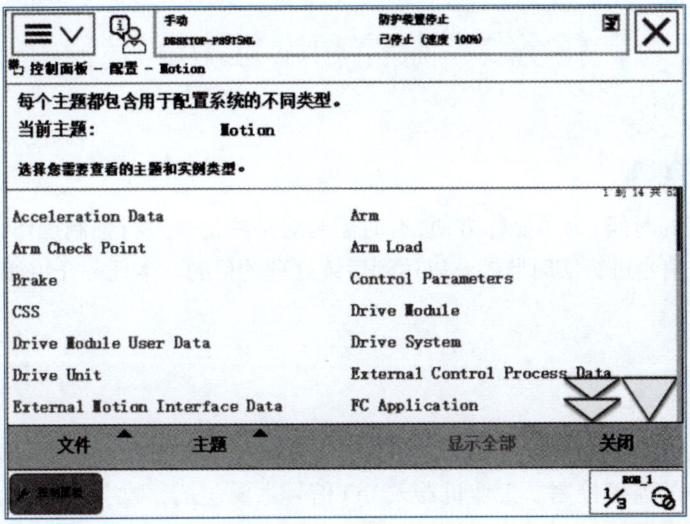

图 2.1.13　Motion 界面

习题与思考

一、填空题

1. 机器人的 I/O 通信方式有（　　）、（　　）、（　　）。
2. 标准 DSQC652 板有（　　）输入信号，（　　）个输出信号。
3. 标准 DSQC651 板有（　　）输入信号，（　　）个输出信号。

二、素质养成训练

小组讨论：从机器人的 I/O 板和 I/O 信号的配置要求看，你得到了什么启发？

学习笔记

视频

I/O信号的监控与操作

任务2　监控和设置I/O信号

任务描述

在进行编程的时候，为了操作方便，有时需要对某些信号进行强制操作，置位或者复位；有时需要对某一信号进行实时监控，以达到后续处理的目的，本任务介绍如何进行I/O信号的监控和操作。

知识链接

工业机器人可以通过其自身I/O端口来与外部的输入输出（I/O）信号连接通信，从而实现与外部设备的连接控制。工业机器人I/O信号主要包括：数字量输入信号、数字量输出信号、组输入信号和组输出信号等。ABB工业机器人的系统I/O功能可以指定具体的系统输入输出项，将I/O信号与机器人系统的一些特殊功能相关联，从而使信号实现某些特殊功能，不需要通过示教器或其他硬件就可以使机器人实施某种控制和监控机器人系统的状态。

任务实施

一、对数字量输入信号di1进行仿真操作

对数字量输入信号di1进行仿真操作见表2.2.1。

表2.2.1　对数字量输入信号仿真操作步骤

操作步骤	示 意 图
第1步：选择“输入输出”选项	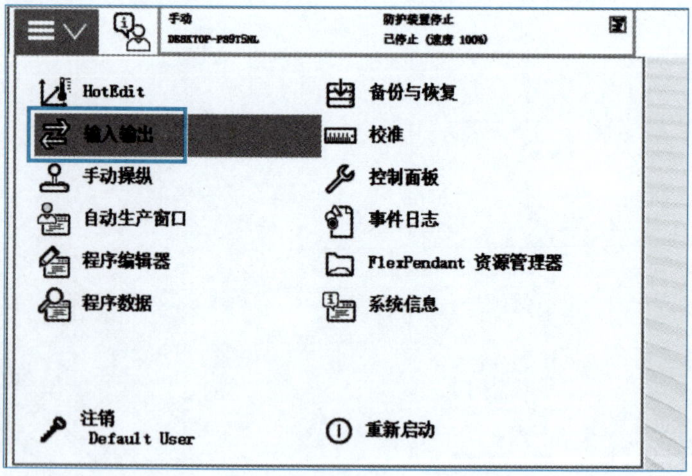

学习笔记

续上表

操作步骤	示 意 图
第 2 步：单击“视图”选项，选择“数字输入”选项	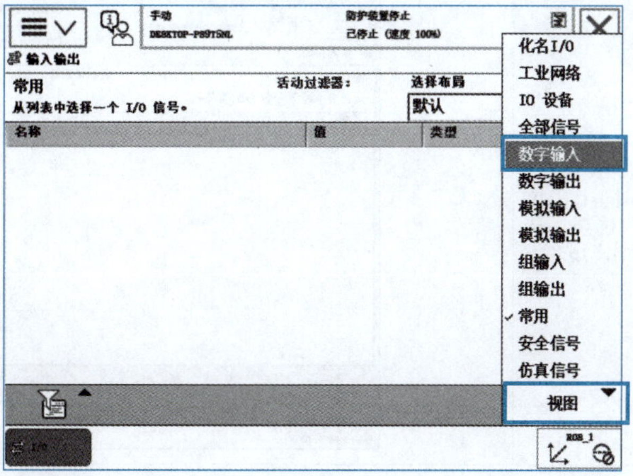
第 3 步：选择“di1”，单击“仿真”按钮	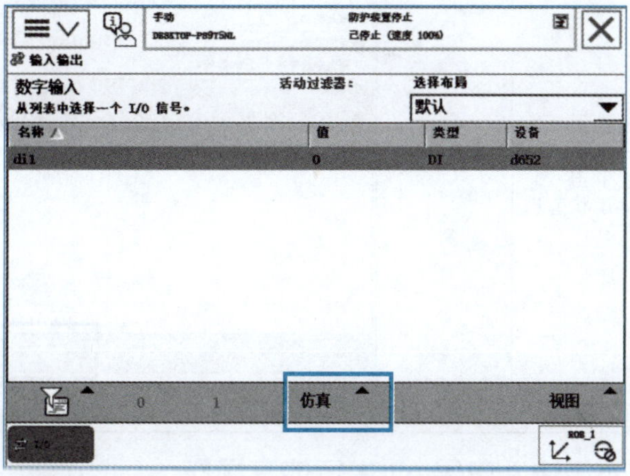
第 4 步：单击“1”，将 di1 状态仿真为“1”。仿真结束，单击“消除仿真”按钮	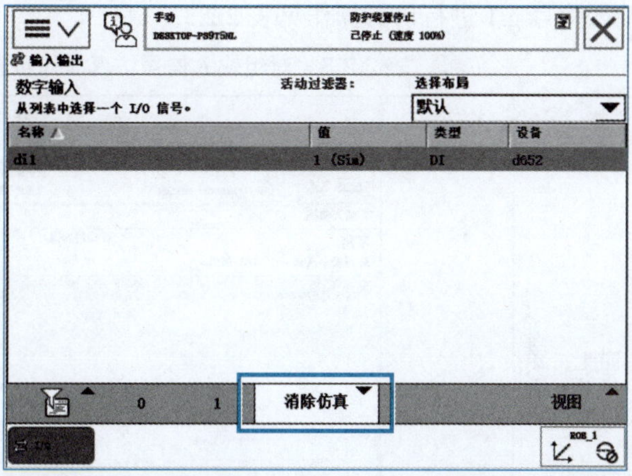

二、对数字量输出信号 do1 进行仿真操作

对数字量输出信号 do1 进行仿真操作见表 2.2.2。

学习笔记

表 2.2.2 对数字量输出信号仿真操作步骤

操作步骤	示 意 图
第 1 步：同上，单击“视图”选项，选择“数字输出”选项	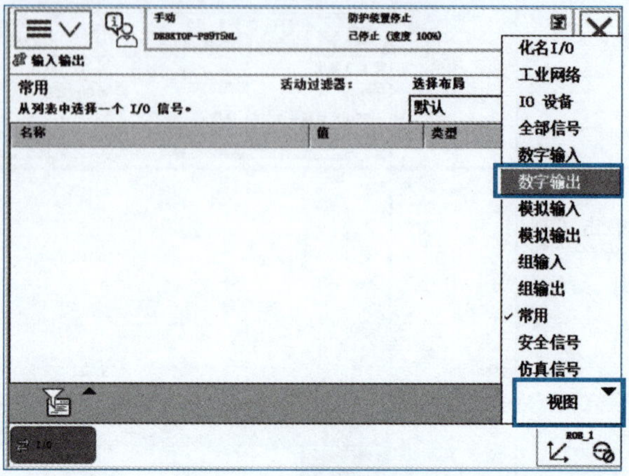
第 2 步：选中 do1 信号，通过单击“0”和“1”对 do1 状态进行强制操作	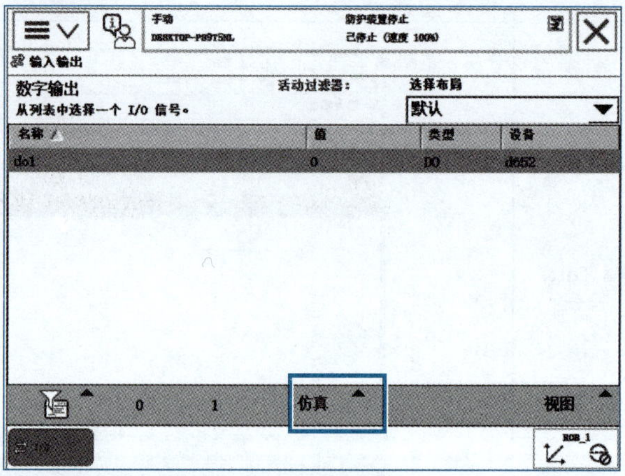

三、对组输入信号 gi1 进行仿真操作

对组输入信号 gi1 进行仿真操作见表 2.2.3。

表 2.2.3 对组输入信号仿真操作步骤

操作步骤	示 意 图
第 1 步：同上，单击“视图”选项，选择“组输入”选项	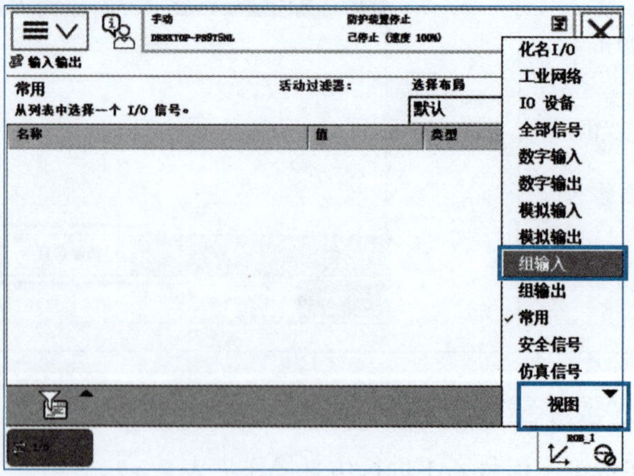

续上表

操作步骤	示　意　图
第 2 步：单击“123...”按钮	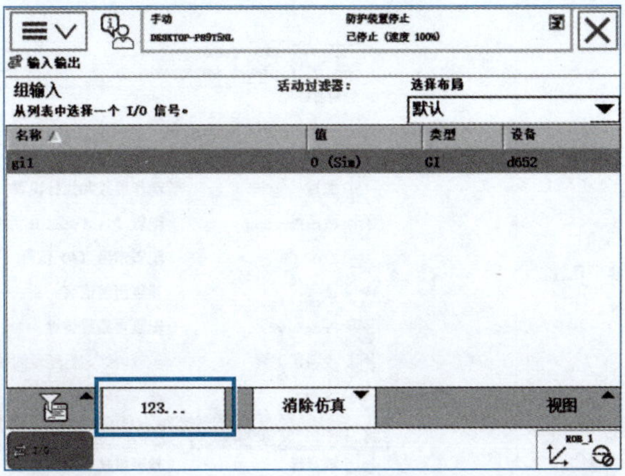
第 3 步：输入需要的数值，单击“确定”按钮	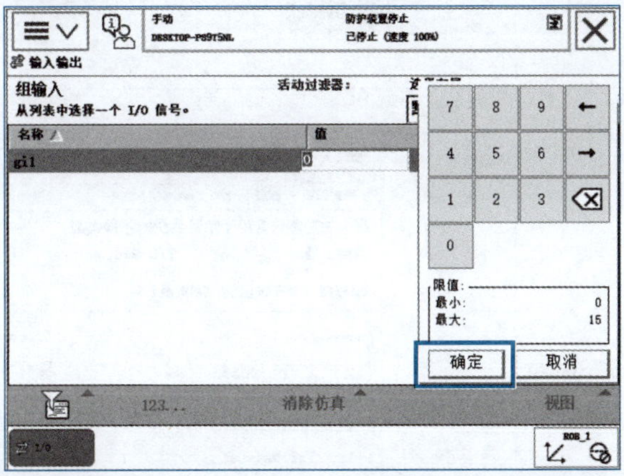

说明：gi 占用的地址共 4 位，可以代表十进制数 0~15，以此类推，如果占用地址 5 位的话，可以代表十进制数 0~31。对输出信号、模拟输出信号的仿真操作方法相同，不再赘述。

四、建立系统输入“电动机上电”与数字输入信号 di1 的关联

建立系统输入“电动机上电”与数字输入信号 di1 的关联的方法见表 2.2.4。

表 2.2.4　建立系统输入“电动机上电”与数字输入信号关联的操作步骤

操作步骤	示　意　图
第 1 步：选择“控制面板”选项	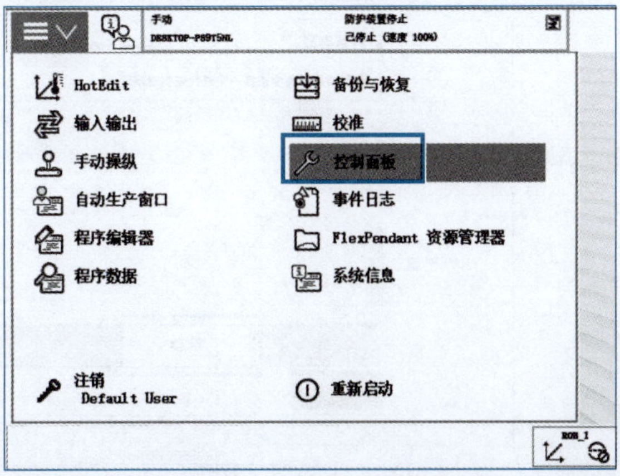

学习笔记

续上表

操作步骤	示 意 图
第2步：选择“配置”选项	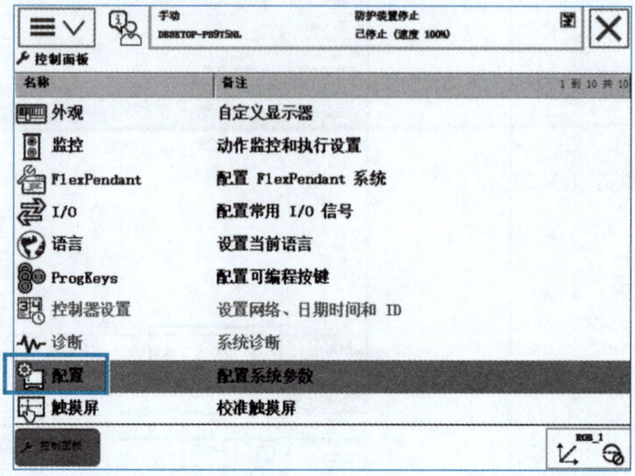
第3步：单击“System Input”选项	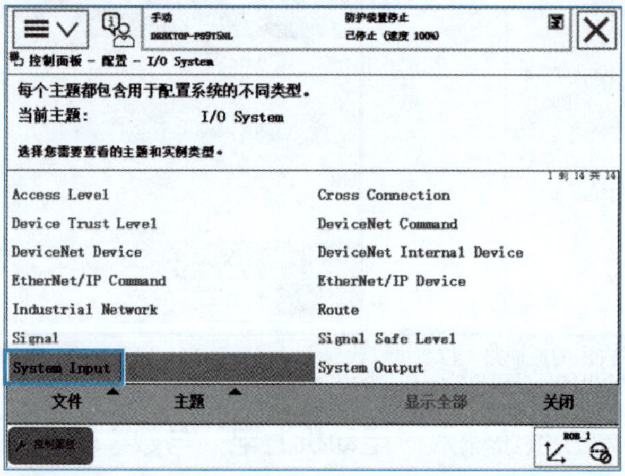
第4步：单击“添加”按钮	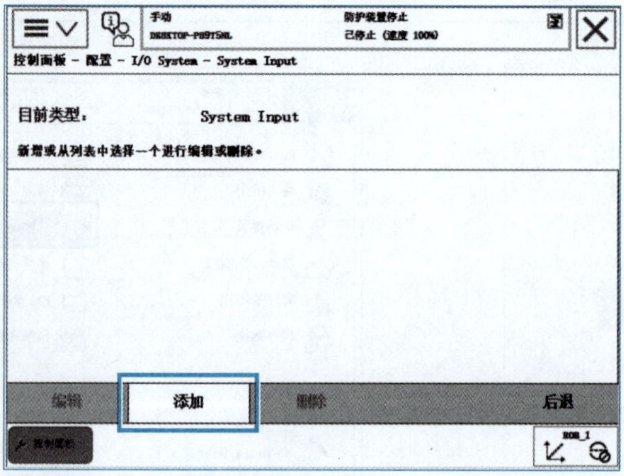

续上表

学习笔记

操作步骤	示　意　图
第5步：双击“Signal Name”选项，选择“di1”选项，然后单击“确定”按钮	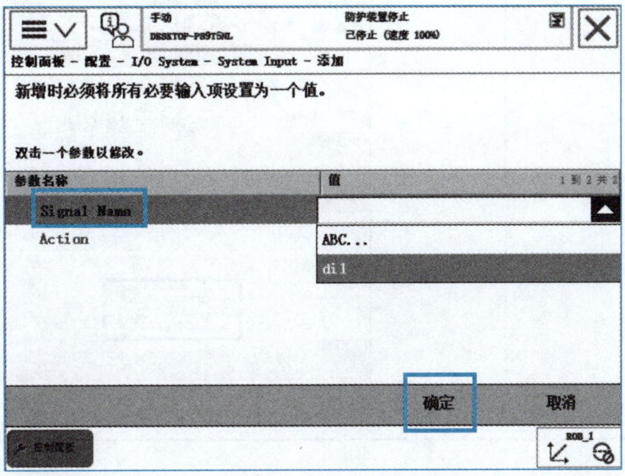
第6步：双击“Action”选项	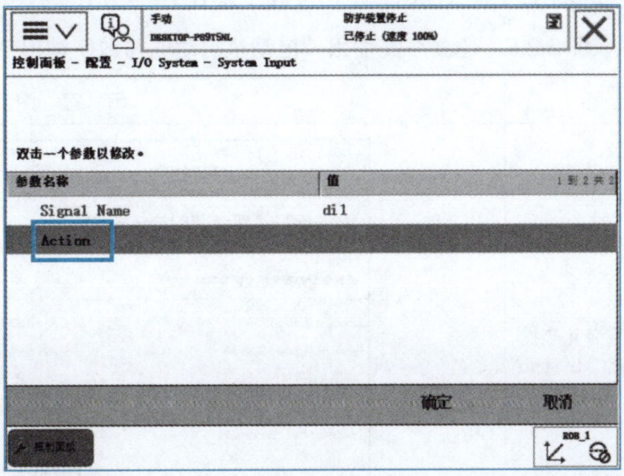
第7步：选择“Motor On”选项，然后单击“确定”按钮	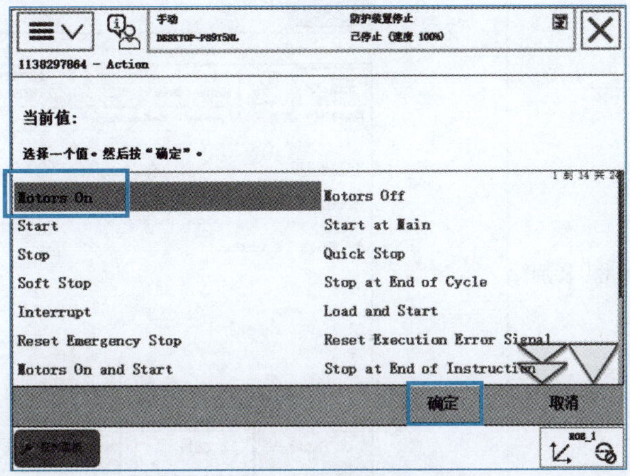

学习笔记

续上表

操作步骤	示 意 图
第 8 步：单击“是”按钮	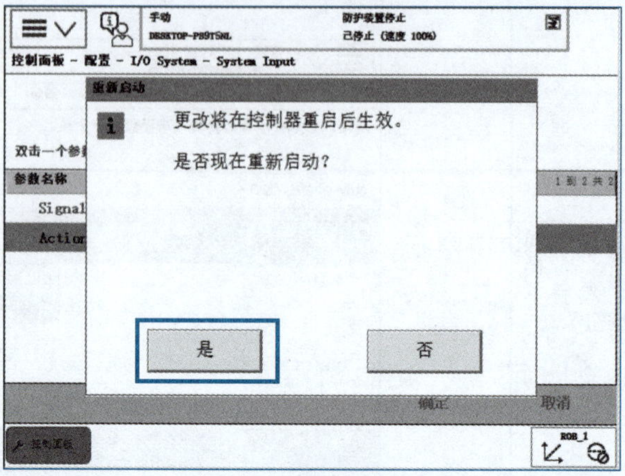

五、建立系统输出“电动机启动”与数字输出信号 do1 的关联

建立系统输出“电动机启动”与数字输出信号 do1 的关联的操作步骤见表 2.2.5。

表 2.2.5　建立系统输出“电动机启动”与数字输出信号关联的操作步骤

操作步骤	示 意 图
第 1 步：前面几步操作相同，双击“System Output”选项	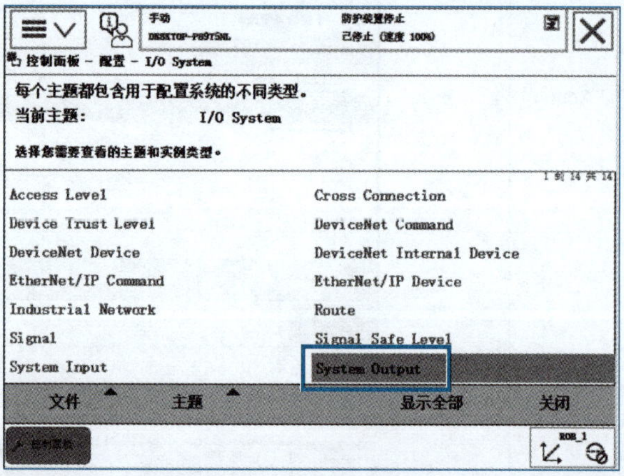
第 2 步：单击“添加”按钮	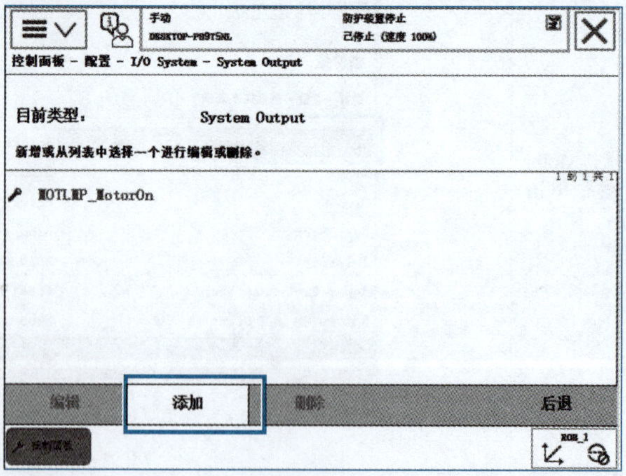

学习笔记

续上表

<table>
<tr><th>操作步骤</th><th>示 意 图</th></tr>
<tr><td>第 3 步：双击“Signal Name”选项，选择“do1”选项</td><td>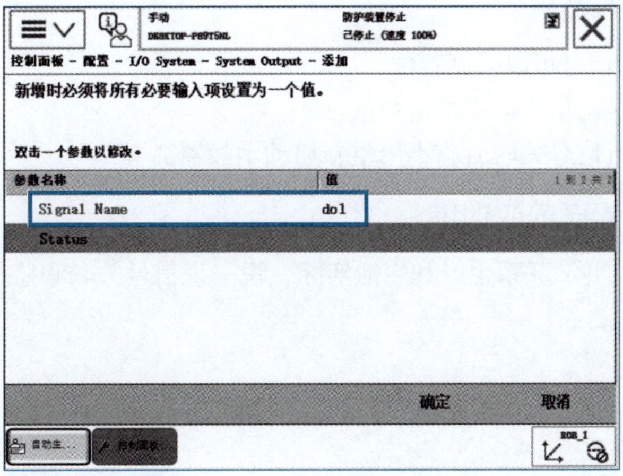
</td></tr>
<tr><td>第4步：单击“Status”→“Motor On”选项</td><td>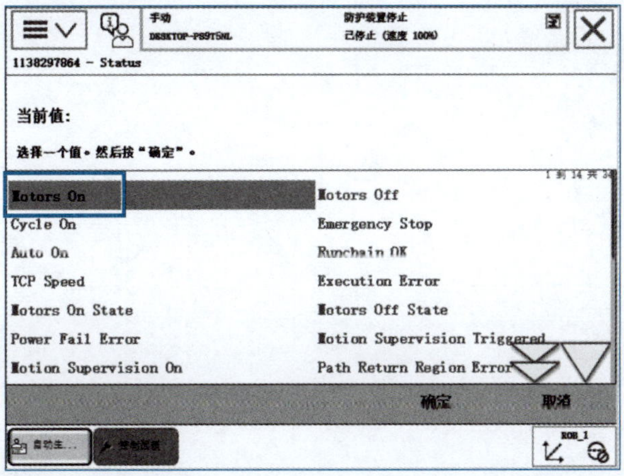
</td></tr>
<tr><td>第 5 步：单击“是”按钮，重新启动</td><td>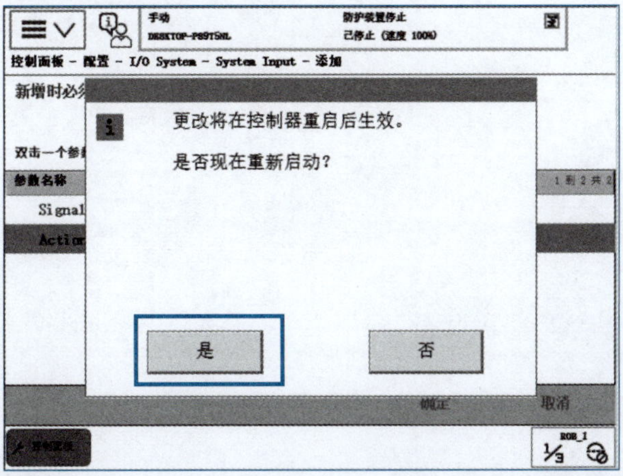
</td></tr>
</table>

学习笔记

习题与思考

一、判断题

1. I/O 信号可以强制置位。 ( )

2. 组输出信号不能给定数值。 ( )

3. 进行信号关联后，不用重新启动示教器。 ( )

二、素质养成训练

小组讨论：联系生产和生活实际，说一说信号关联和监控的好处。

学习笔记

视 频

定义可编程按键

任务3 定义可编程按键

任务描述

为了方便对 I/O 信号进行强制与仿真操作，可将可编程按键分配至快捷控制的 I/O 信号，以工业机器人夹爪张开与闭合为例，定义快捷按键，通过按键切换，实现夹爪张开与闭合。本任务主要学习定义可编程按键的方法。

知识链接

示教器可编程按键是如图 2.3.1 所示的四个按键，分为按键 1-4，在操作时可以为可编程按键分配需要快捷控制的 I/O 信号，以方便对 I/O 信号进行强制置位。在对可编程按键进行设置时可选择不同按键功能模式，总共有五种按键功能模式，分别为：切换、设为 1、设为 0、按下 / 松开和脉冲，如图 2.3.2 所示。

（1）切换：在此功能模式下，对所设置的按钮按压时，信号在 0 和 1 之间进行切换。

（2）设为 1：在此功能模式下，对所设置的按键按压时，信号将设为 1。

（3）设为 0：在此功能模式下，对所设置的按键按压时，信号将设为 0。

（4）按下 / 松开：在此功能模式下，对所设置的按键长按时，信号将设为 1；松开设置的按键时，信号将设为 0。

脉冲：在此功能模式下，对所设置的按键按压时，输出一个脉冲。

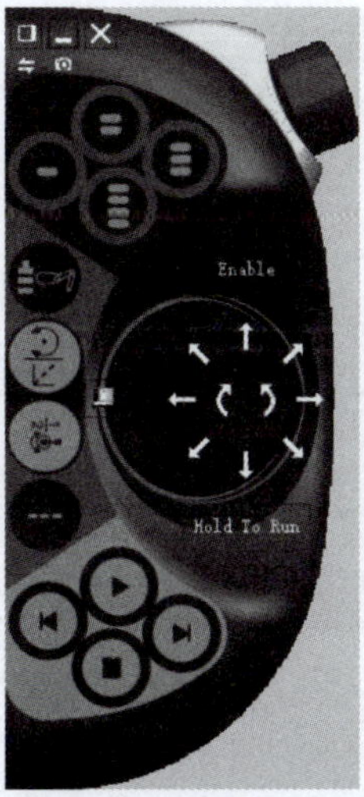

图 2.3.1 可编程按键

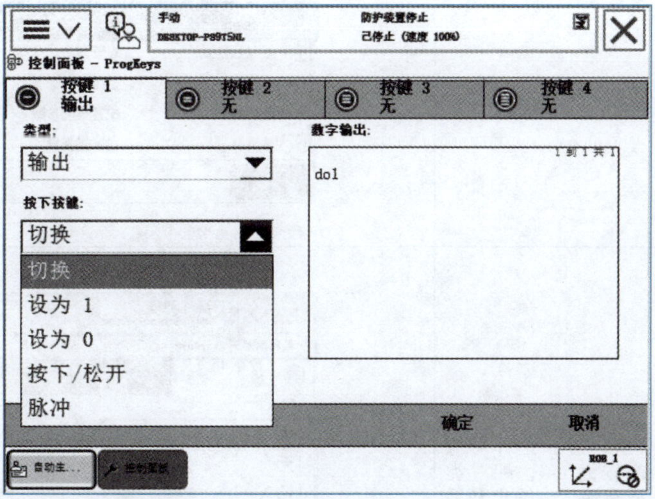

图 2.3.2 按键类型

任务实施

对可编程按键 1 设置 do1 信号的操作步骤见表 2.3.1。

学习笔记

表 2.3.1 可编程按键设置信号的操作步骤

操作步骤	示 意 图
第 1 步：在示教器操作界面，选择“控制面板”选项	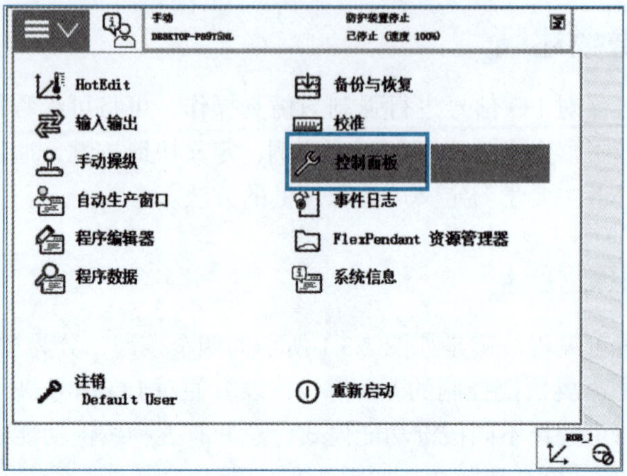
第 2 步：单击“配置可编程按键”选项	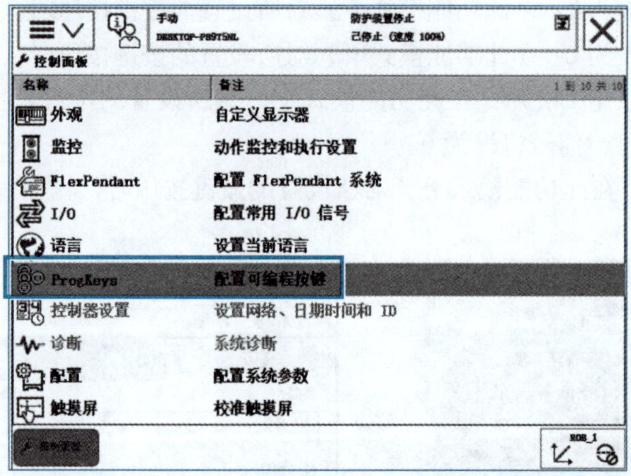
第 3 步：选择对应的按键 1~4，配置类型有输入、输出和系统信号，本次任务选择按键 1，配置类型为“输出”	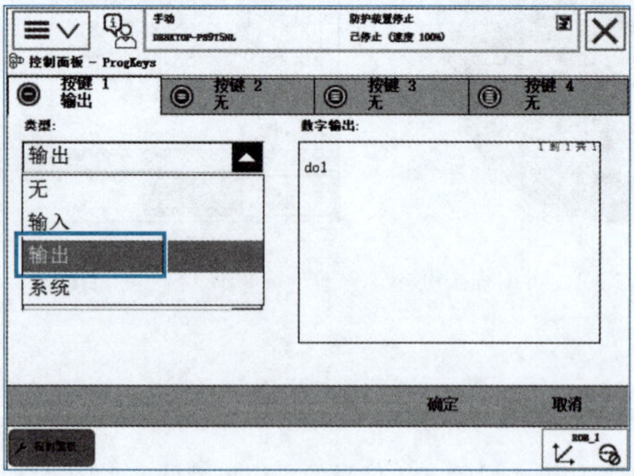

续上表

学习笔记

操作步骤	示　意　图
第 4 步：在下拉菜单中，选择“切换”选项，也可根据实际情况选择功能模式	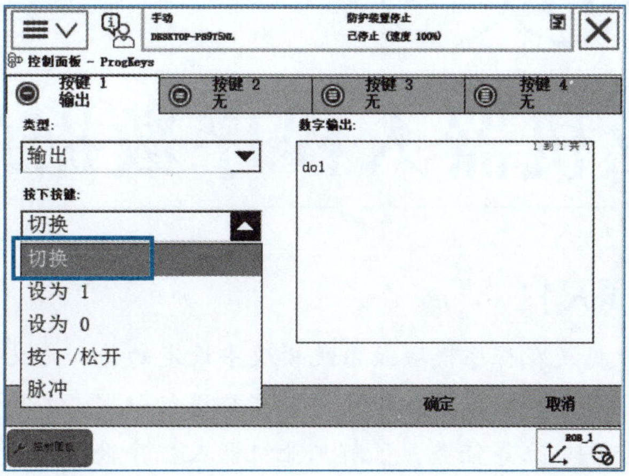
第 5 步：选中 do1，单击“确定”按钮，完成设置	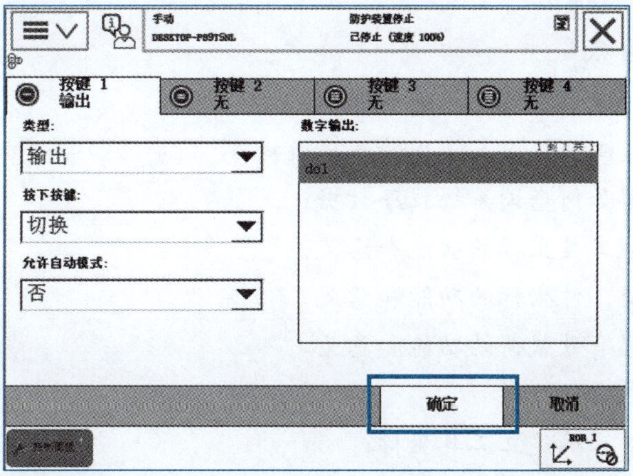

配置后就可以通过可编程按键 1 在手动状态下对 do1 数字输出信号进行强制操作，余下的可编程按键也可以参照上面步骤对其进行设置。

习题与思考

一、填空题

1. 示教器上有（　　）个可编程按键。
2. 在示教器菜单界面下，定义可编程按键时要选择（　　）选项。

二、素质养成训练

小组讨论：从机器人工作角度分析，如何选择可编程按键应该定义哪个信号？

项目三

工业机器人程序数据的建立

学习笔记

【项目导入】

程序数据是在程序模块或系统模块中设定的值和定义的一些环境数据，创建的程序数据由同一个模块或其他模块中的指令进行引用。本项目通过学习工业机器人程序数据的分类、建立等任务，了解工业机器人程序数据的功能、常用的程序数据以及程序数据的建立方法等。

【学习目标】

知识目标

1. 了解工业机器人程序数据的功能；
2. 掌握工业机器人常用的程序数据；
3. 了解如何查询系统程序数据；
4. 掌握工具坐标的功能和意义；
5. 了解工件坐标的功能和意义；
6. 掌握有效载荷的功能和意义。

能力目标：

1. 能够正确建立工具坐标；
2. 能够正确建立工件坐标；
3. 能够正确设置有效载荷。

素质目标：

1. 具有创新意识和创新精神；
2. 具有分析与解决问题的能力；
3. 具有安全意识和自我保护的能力；
4. 具有良好的心理素质和团队合作的能力；
5. 具有组织管理能力。

【项目实施】

任务1 建立与管理程序数据

任务描述

本次任务主要学习如何建立与管理程序数据的方法，ABB 工业机器人的程序数据共有 76 个，程序数据是在程序模块或系统模块中设定的值和定义的一些环境数据。程序数据可以是多维度的变量，包括一个或多个有效数据。程序数据可以根据实际情况进行创建，创建的程序数据将由同一个模块或其他模块中的指令进行引用，极大地简化编程，为 ABB 工业机器人程序设计提供良好的数据支撑。

知识链接

针对不同的应用，可以针对性地将该应用的相关数据封装在专用的程序数据中，供模块与程序调用。这种灵活性给机器人的应用范围和编程带来了极大的便利，在进行工业机器人编程时，经常需要使用大量的数据，数据类型可以利用示教器的“程序数据”窗口进行查看以及创建所需要的程序数据，如图 3.1.1 所示。

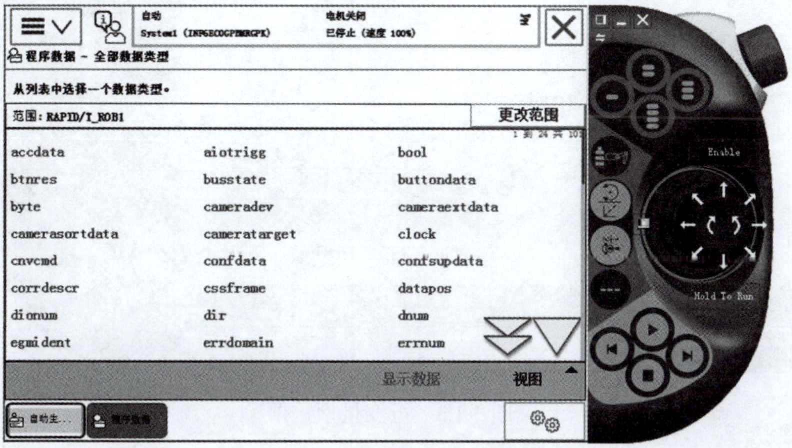

图 3.1.1 程序数据类型

一、程序数据的存储类型

1. 变量 VAR

变量型数据在程序执行的过程中和停止时，会保持当前的值，如图 3.1.2 所示。一旦程序指针被移到主程序后，当前数值会丢失。

VAR num length:=0; 名称为 length 的数字数据；

VAR string name:= “Rose”; 名称为 name 的字符数据；

VAR bool flag:=FALSE; 名称为 flag 的布尔量数据；

其中 VAR 表示存储类型为变量，num 表示程序数据类型。

学习笔记

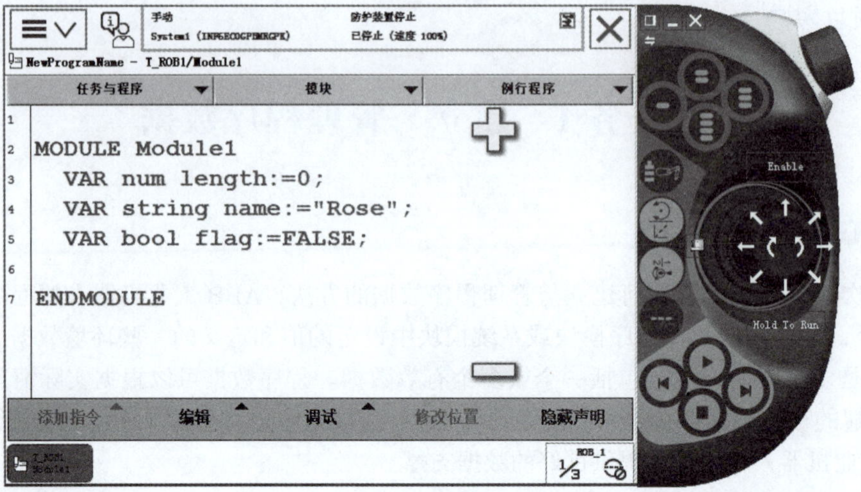

图 3.1.2　变量型数据

2. 可变量 PERS

可变量最大的特点是无论程序的指针如何，都会保持最后赋予的值，如图 3.1.3 所示。

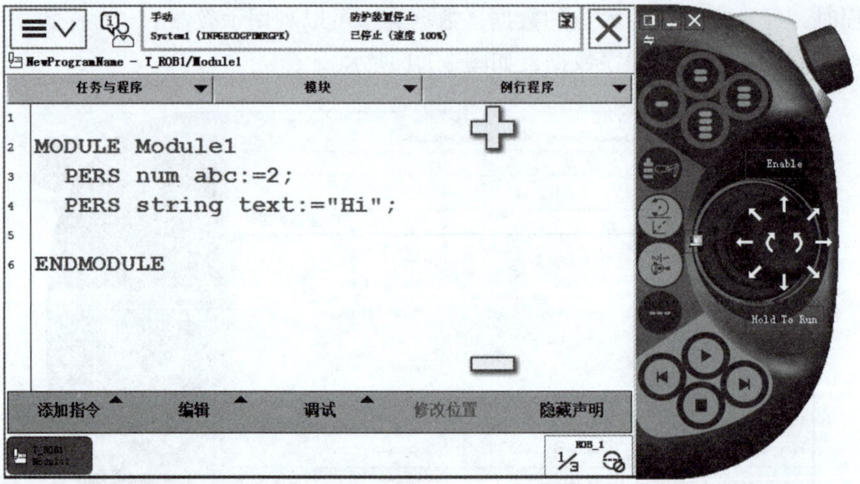

图 3.1.3　可变量型数据

PERS num abc:=2; 指名称为 abc 的数字数据。

PERS string text:="Hi"; 指名称为 text 的字符数据。

在机器人执行的 RAPID 程序中也可以对可变量存储类型程序数据进行赋值的操作，PERS 表示存储类型为可变量。在程序执行以后，赋值的结果会一直保持，直到对其进行重新赋值。

3. 常量 CONST

常量的特点是在定义时已赋予了数值，存储类型为常量的程序数据，不允许在程序中进行赋值的操作，如图 3.1.4 所示，需要修改时必须手动进行修改。

CONST num gravity:=9.8; 指名称为 gravity 的数字数据。

CONST string greeting:="Hi"; 指名称为 greeting 的字符数据。

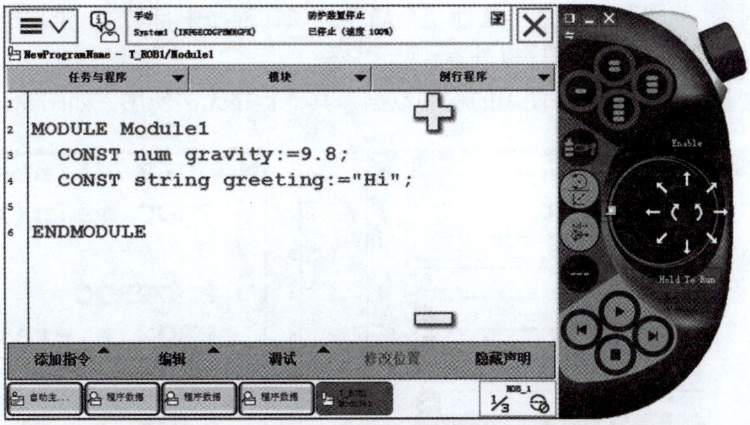

图 3.1.4　常量型数据

二、常用的程序数据

根据不同的数据用途，定义了不同的程序数据，系统中还有针对一些特殊功能的程序数据，在对应的功能说明书中会有相应的详细介绍，常用程序数据见表 3.1.1。

表 3.1.1　常用程序数据

程序数据	说　明	程序数据	说　明
bool	布尔量	pos	位置数据（只有 X、Y 和 Z）
byte	整数数据，0~255	pose	坐标转换
clock	计时数据	robjoint	机器人轴角度数据
dionum	数字输入 / 输出信号	robtarget	机器人与外轴的位置数据
extjoint	外轴位置数据	speeddata	机器人与外轴的速度数据
intnum	中断标识符	string	字符串
jointtarget	关节位置数据	tooldata	工具坐标
loaddata	负荷数据	trapdata	中断数据
mecunit	机械装置数据	wobjdata	工件坐标
num	数值数据	zonedata	TCP 转弯半径数据
orient	姿态数据		

全局数据是整个程序模块，甚至整个任务的所有程序都可以使用的程序数据，如图 3.1.5 所示。

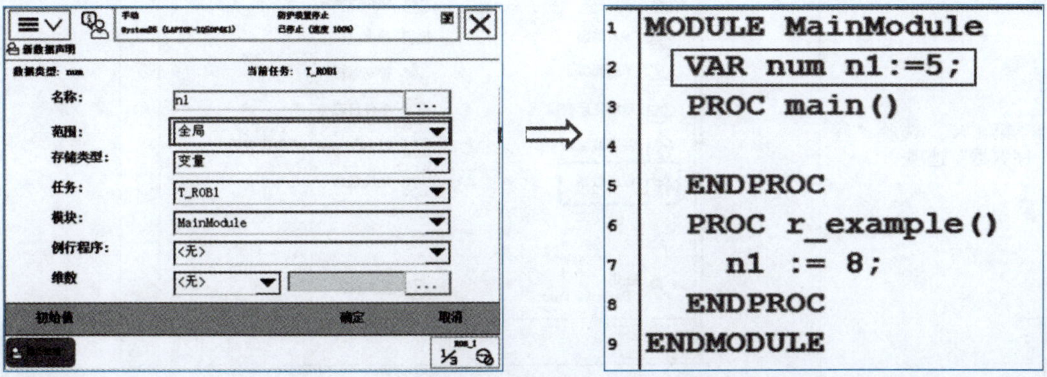

图 3.1.5　全局数据

学习笔记

在定义时，“范围”下拉菜单选择“全局”选项，程序中自动生成的程序数据定义语句出现在程序模块以内、各程序以外。

局部数据是专供某一程序使用的程序数据，其他程序无法使用，如图 3.1.6 所示。

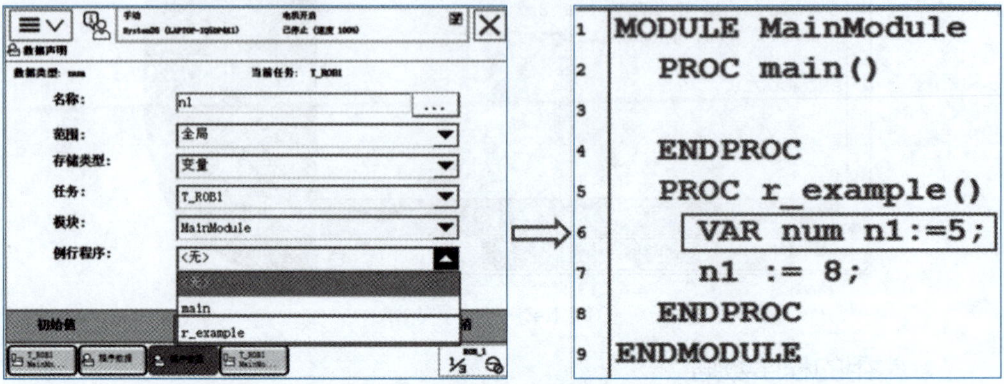

图 3.1.6　局部数据

定义时，“例行程序”下拉菜单选择供给使用的例行程序，此时“范围”选项为灰色不可选。程序中自动生成的程序数据定义语句出现在选中的程序以内。

任务实施

视频

工业机器人程序数据的建立

程序数据的建立一般可以分为两种形式：一种是直接在示教器中的程序数据画面中建立程序数据；另一种是在建立程序指令时，同时自动生成对应的程序数据。

下面以建立布尔数据（bool）和数字数据（num）为例介绍直接在示教器中建立程序数据的方法。

一、建立布尔数据的操作

建立布尔数据的操作步骤见表 3.1.2。

表 3.1.2　建立布尔数据的操作步骤

操作步骤	示 意 图
第 1 步：选择“程序数据”选项	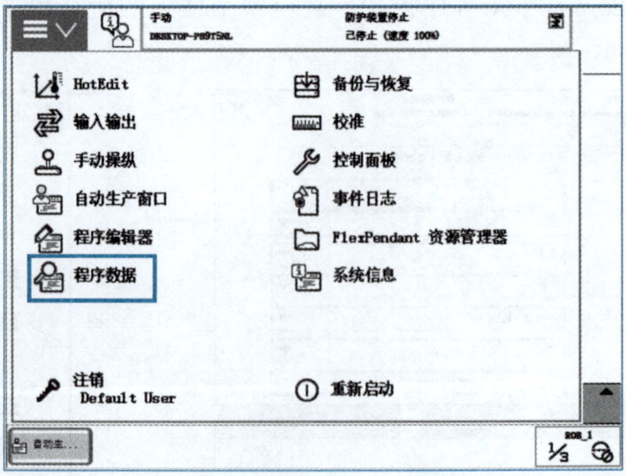

学习笔记

续上表

操作步骤	示 意 图
第2步：单击“视图”菜单，选择“全部数据类型”选项	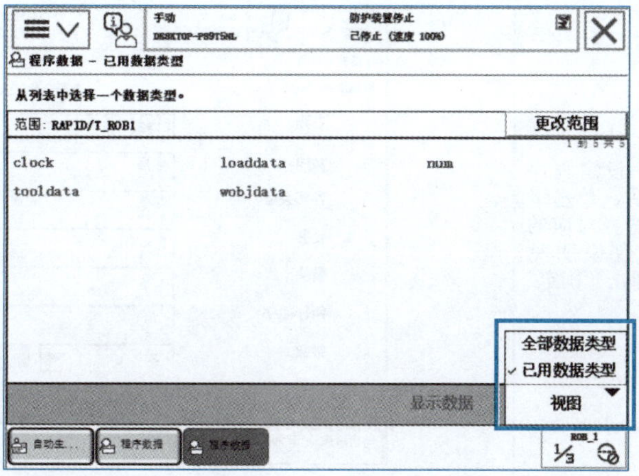
第3步：双击数据类型“bool”选项	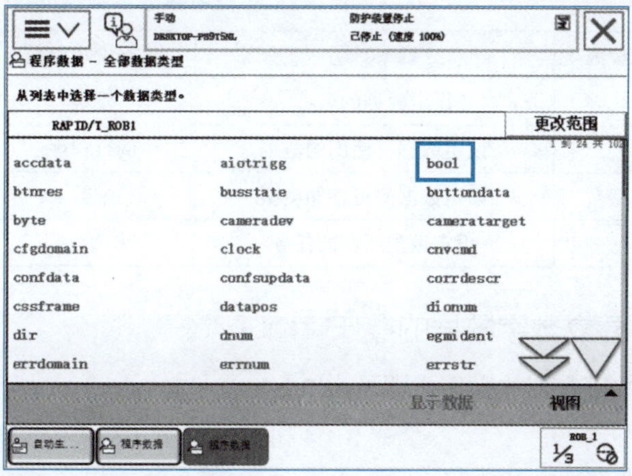
第4步：单击“新建”按钮	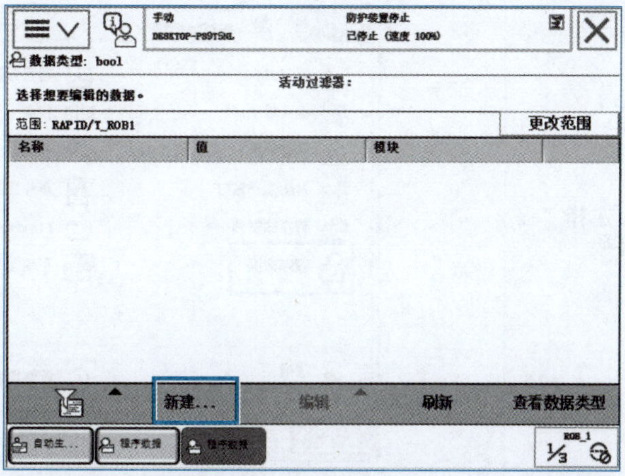

学习笔记

续上表

操作步骤	示意图
第 5 步：设定程序数据的名称，单击下拉菜单，选择对应的参数，参数说明见表 3.1.3，单击“确定”按钮	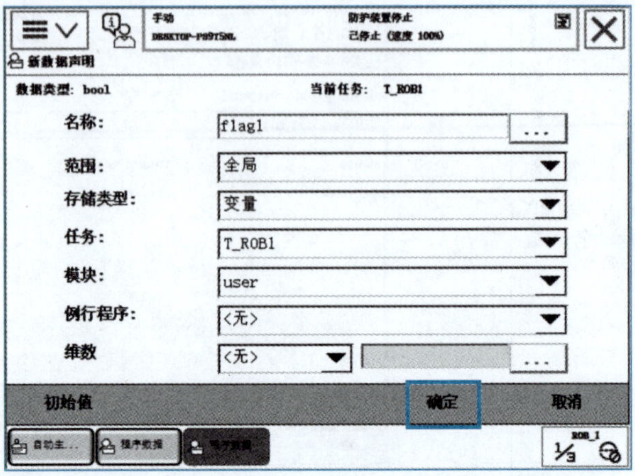

表 3.1.3　程序数据参数说明

数据设定参数	说　明	数据设定参数	说　明
名称	设定数据的名称	模块	设定数据所在的模块
范围	设定数据可使用的范围	例行程序	设定数据所在的例行程序
存储类型	设定数据的可存储类型	维数	设定数据的维数
任务	设定数据所在的任务	初始值	设定数据的初始值

二、建立数字数据的操作

建立数字数据的操作步骤见表 3.1.4。

表 3.1.4　建立数字数据的操作步骤

操作步骤	示意图
第 1 步：选择“程序数据”选项	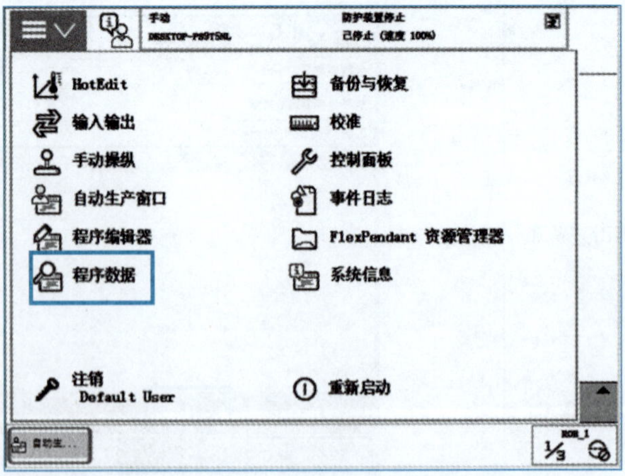

学习笔记

续上表

操作步骤	示　意　图
第 2 步：双击数据类型“num”	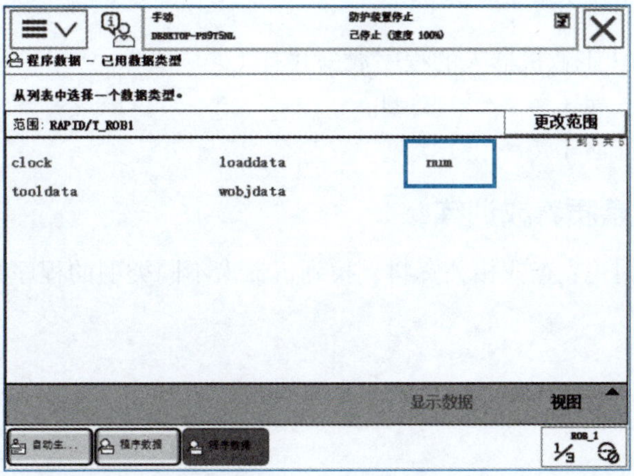
第 3 步：单击“新建”按钮	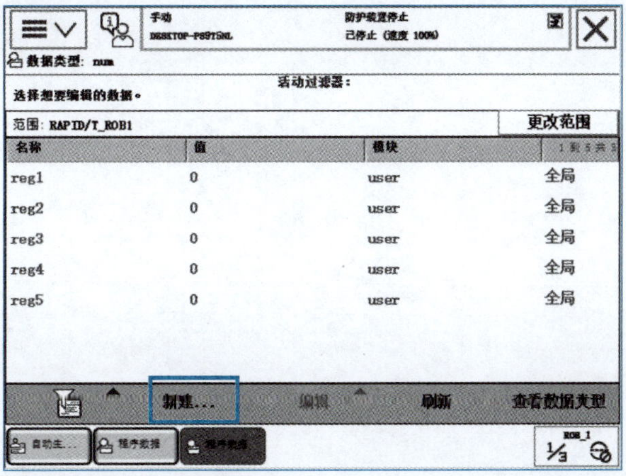
第 4 步：设定程序的名称，单击下拉菜单，选择对应的参数，单击“确定”按钮	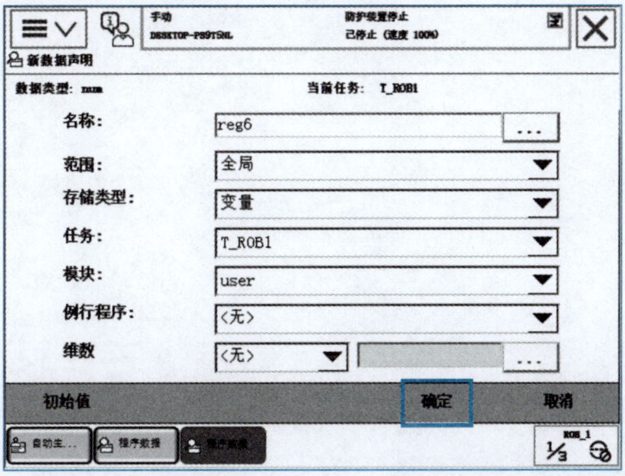

学习笔记

习题与思考

一、填空题

1. ABB 工业机器人的程序数据共有（　　）个。

2. num 属于（　　）类型。

3. bool 属于（　　）类型。

二、素质养成训练

小组讨论：查找相关资料，找到机器人不同类型的程序数据？

学习笔记

任务 2　建立三个重要的程序数据

任务描述

在进行正式的编程之前，必须构建必要的编程环境，有三个重要的程序数据（工具坐标 tooldata、工件坐标 wobjdata、负荷数据 loaddata）需要在编程前进行定义。本任务主要完成这三个重要程序数据的设定。

知识链接

一、工具坐标

工具坐标 tooldata 用于描述安装在机器人第六轴上的工具的 TCP、质量、重心等参数数据。

不同的机器人应配置不同的工具，比如弧焊的机器人使用弧焊枪作为工具，而用于搬运板材的机器人使用吸盘式的夹具作为工具。

默认工具中心点位于工业机器人法兰盘中心，图 3.2.1 所示为工业机器人原始的 TCP 点。

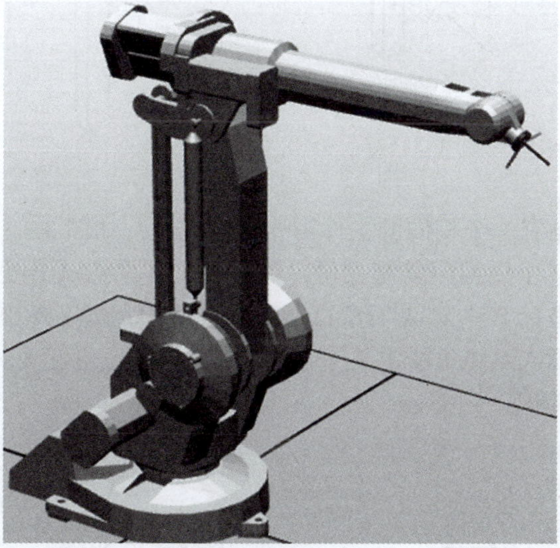

图 3.2.1　工业机器人默认 TCP

工业机器人 TCP 数据的设定原理：

（1）在工业机器人工作范围内找一个非常精确的固定点作为参考点。

（2）在工业机器人已安装的工具上确定一个参考点（最好是工具的中心点）。

（3）用前面介绍的手动操纵工业机器人的方法移动工具上的参考点，以四种以上不同的机器人姿态尽可能与固定点刚好碰上。为了获得更准确的 TCP，在以下例子中使用六点法进行操作，第四点是用工具的参考点垂直于固定点，第五点是工具参考点从固定点向将要设定为 TCP 的 X 方向移动，第六点是工具参考点从固定点向将要设定为 TCP 的 Z 方向移动。

学习笔记

（4）机器人通过这四个位置点的位置数据计算求得 TCP 的数据，然后 TCP 的数据就保存在 tooldata 这个程序数据中被程序调用。

二、工件坐标

工件坐标 wobjdata 是工件相对于大地坐标或其他坐标的位置。工业机器人可以拥有若干工件坐标系，或者表示不同工件，或者表示同一工件在不同位置的若干副本。工业机器人进行编程时就是在工件坐标中创建目标和路径。利用工件坐标系进行编程，重新定位工作站中的工件时，只需要更改工件坐标的位置，所有路径将随之更新；允许操作以外轴或传送导轨移动的工件，因为整个工件可连同其路径一起移动。

如图 3.2.2 所示，A 是机器人的大地坐标，为了方便编程，给第一个工件建立了一个工件坐标 B，并在这个工件坐标 B 中进行轨迹编程。

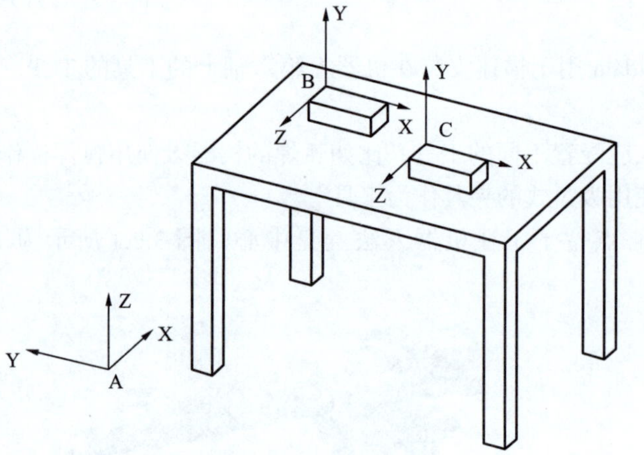

图 3.2.2　工件坐标系

如果在工作台上还有一个相同的工件需要相同轨迹，如图 3.2.3 所示，只需建立工件坐标 C，将工件坐标 B 中的程序复制一份，然后将工件坐标从 B 更新为 C，无须重复轨迹编程。如果在工件坐标 B 中对 A 对象进行了轨迹编程，当工件坐标的位置变化为工件坐标 D 后，只需在机器人系统重新定义工件坐标 D，则工业机器人的轨迹就自动更新到 C 了，不需要再次轨迹编程。

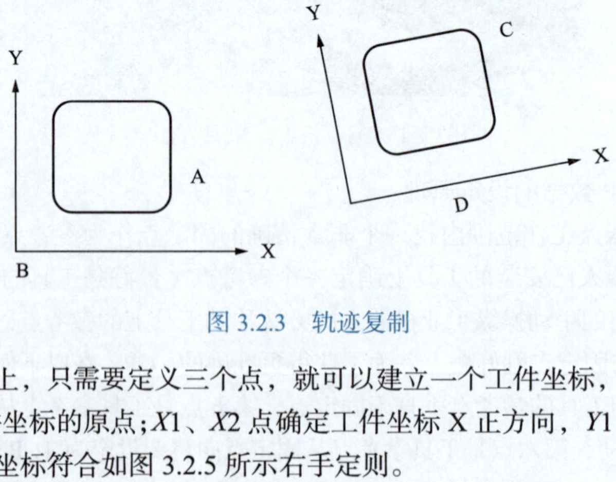

图 3.2.3　轨迹复制

在对象的平面上，只需要定义三个点，就可以建立一个工件坐标，如图 3.2.4 所示。

*X*1 点确定工件坐标的原点；*X*1、*X*2 点确定工件坐标 X 正方向，*Y*1 确定工件坐标 Y 正方向。建立的工件坐标符合如图 3.2.5 所示右手定则。

学习笔记

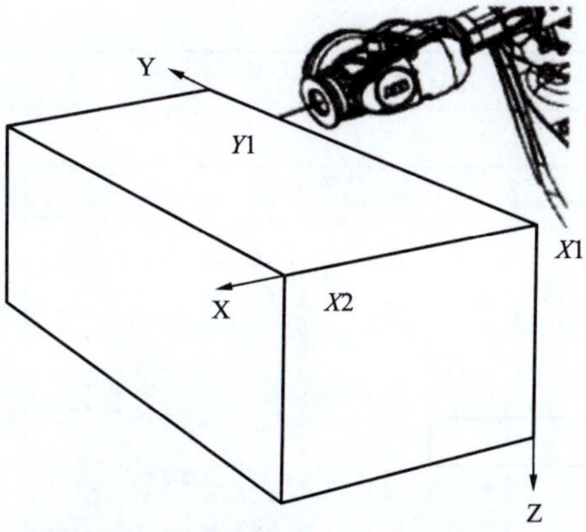

图 3.2.4　工件坐标设定原理

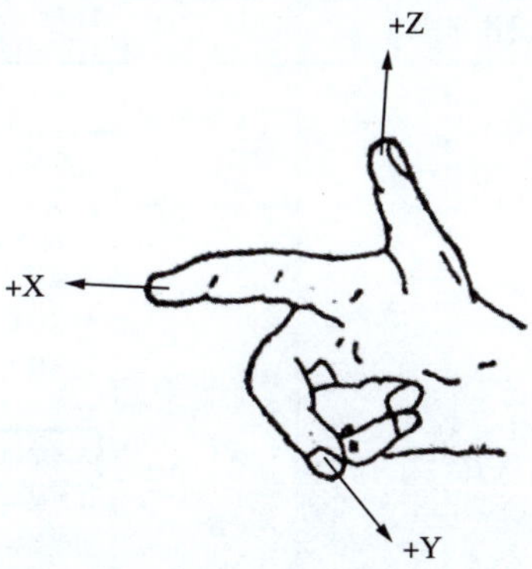

图 3.2.5　右手定则

三、有效载荷

有效载荷是工业机器人能够携带或移动的最大负载重量，包括机器人手臂及配件、工件和传感器等。对于搬运工作的工业机器人，必须正确设定夹具的质量、重心 tooldata 以及搬运对象的质量和重心数据 loaddata，其重心 tooldata 数据基于工业机器人法兰盘中心 tool0 来设定。

任务实施

一、工具坐标的设定

工业机器人的 tooldata 可以通过三个方式建立：4 点法、5 点法、6 点法。4 点法，不改变 tool0 的坐标方向;5 点法，改变 tool0 的 Z 方向;6 点法，改变 tool0 的 X 和 Z 方向（在焊接应用最为常用）。在获取前三个点的姿态位置时，其姿态位置相差越大，最终获取的 TCP 精度越高。

以“TCP 和 Z，X”法建立一个新的工具数据 tool1 的操作见表 3.2.1。

表 3.2.1　建立工具数据的操作步骤

操作步骤	示　意　图
第 1 步：进入 ABB 主菜单选择“手动操纵”选项	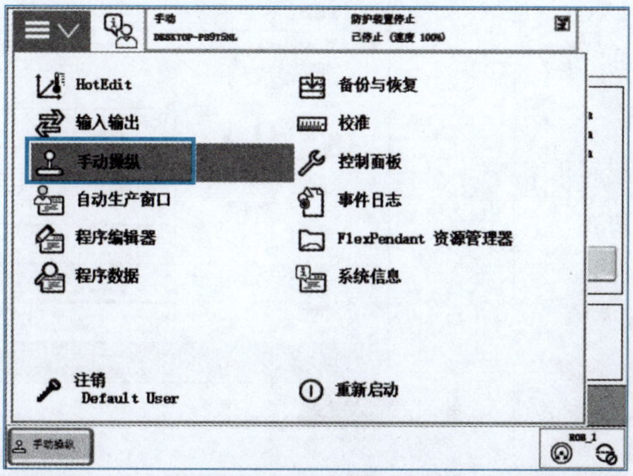

学习笔记

续上表

<table>
<tr><th>操作步骤</th><th>示 意 图</th></tr>
<tr><td>第 2 步：在手动操纵界面选择“工具坐标”选项</td><td>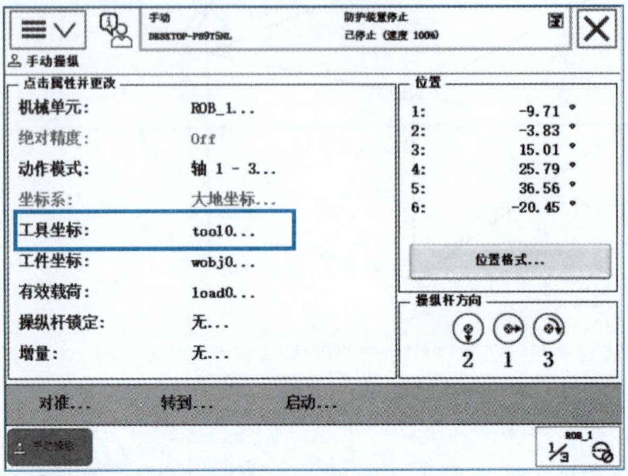
</td></tr>
<tr><td>第 3 步：单击“新建…”按钮</td><td>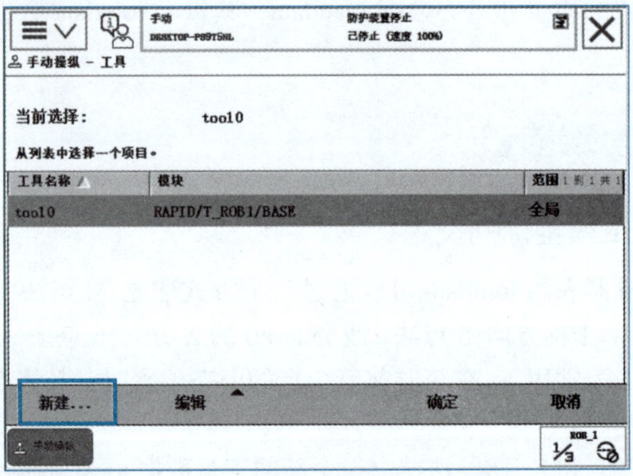
</td></tr>
<tr><td>第 4 步：设定新建的工作数据名称后单击“确定”按钮</td><td>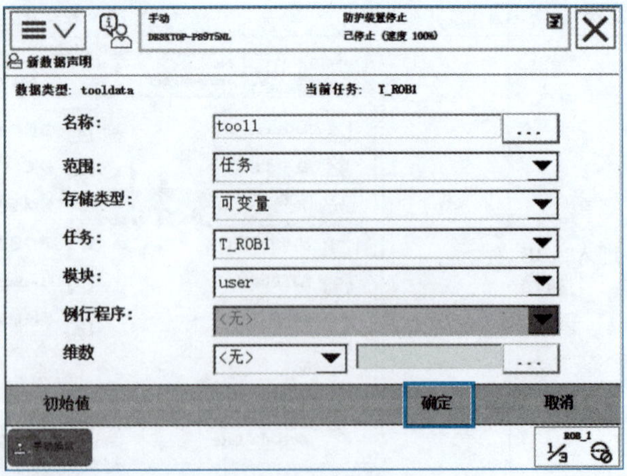
</td></tr>
</table>

续上表

学习笔记

操作步骤	示 意 图
第 5 步：选中 tool1，单击“编辑”菜单中的“定义…”选项	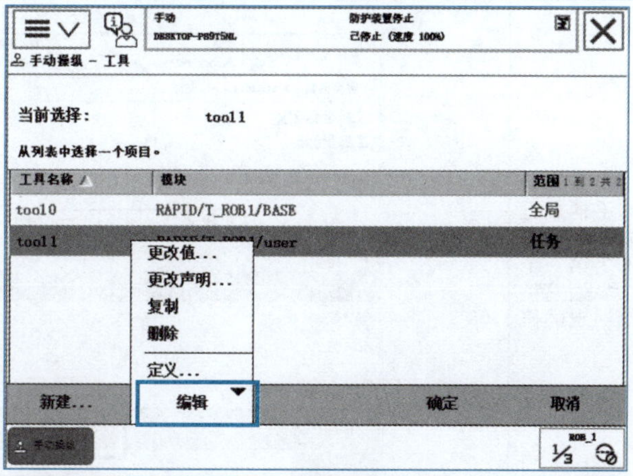
第 6 步：在定义方法中选择“TCP 和 Z，X”选项，点数为 4 设定 TCP	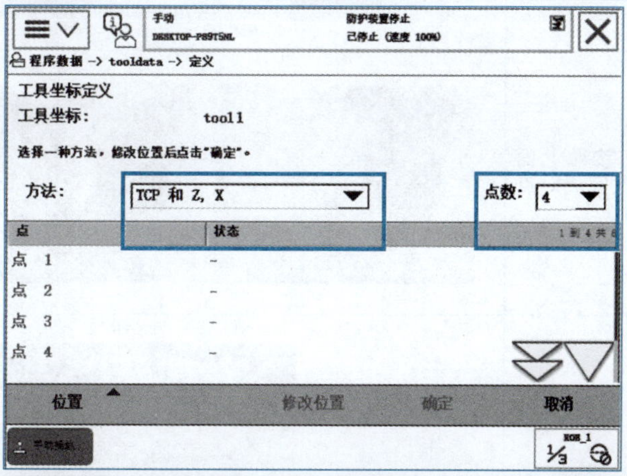
第 7 步：通过示教器选择合适的手动操纵模式	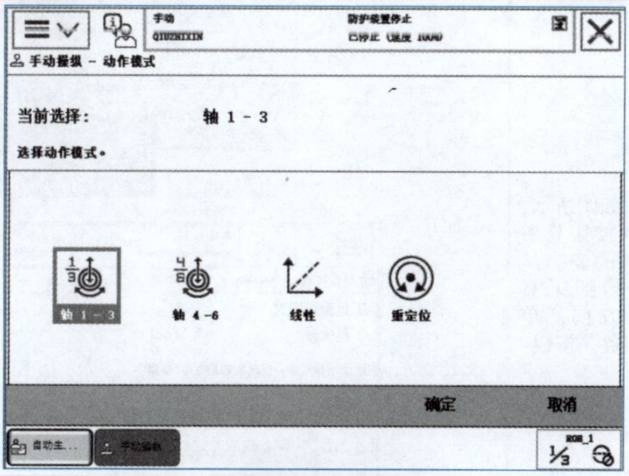
第 8 步：按下使能按键，操作手柄靠近固定点，如图所示机器人姿势作为第一个点，单击“修改位置”按钮完成第一点的修改	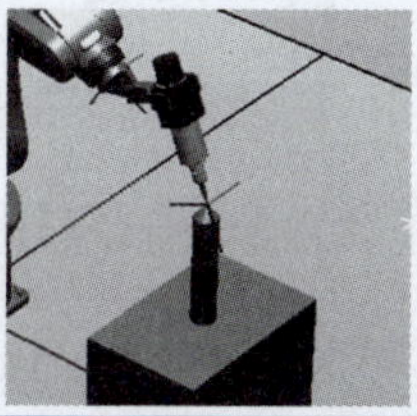

学习笔记

续上表

操作步骤	示　意　图
第 8 步：按下使能按键，操作手柄靠近固定点，如图所示机器人姿势作为第一个点，单击“修改位置”按钮完成第一点的修改	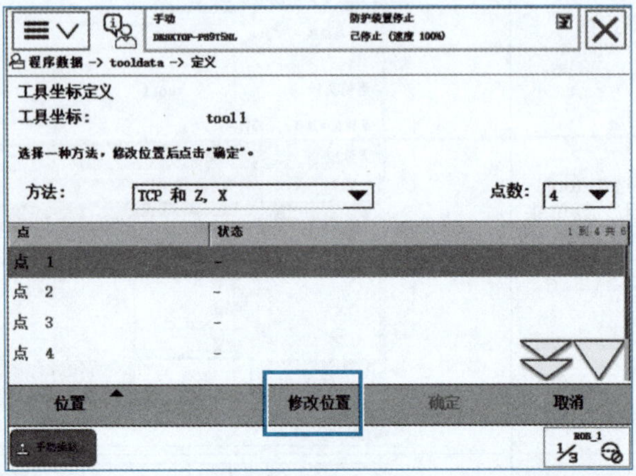
第 9 步：按照上面的操作依次完成对点 2、3、4 的修改	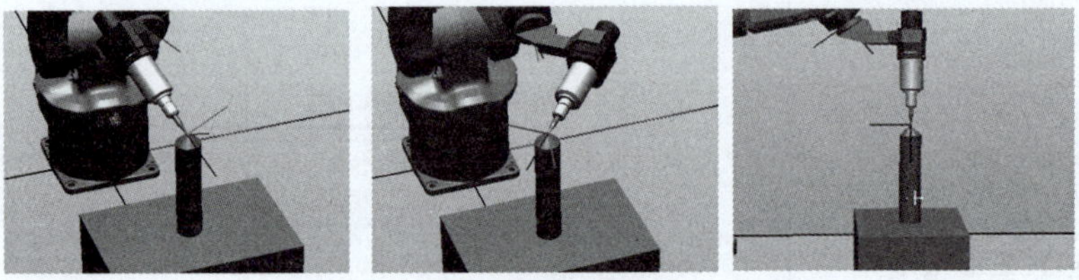
第 10 步：如图所示，操控机器人使工具参考点以点 4 的姿态从固定点移动到工具 TCP 的 +X 方向，单击“修改位置”按钮	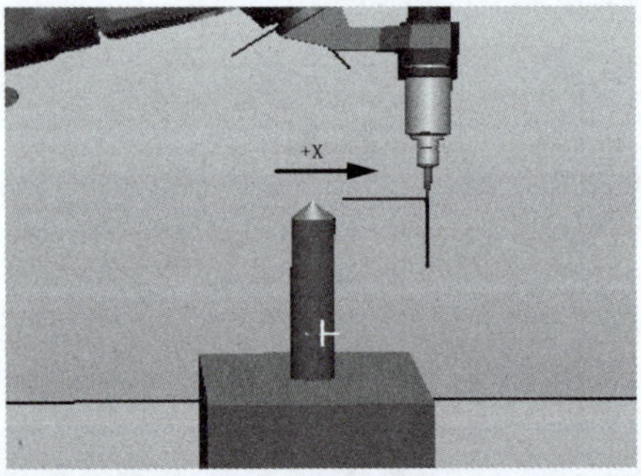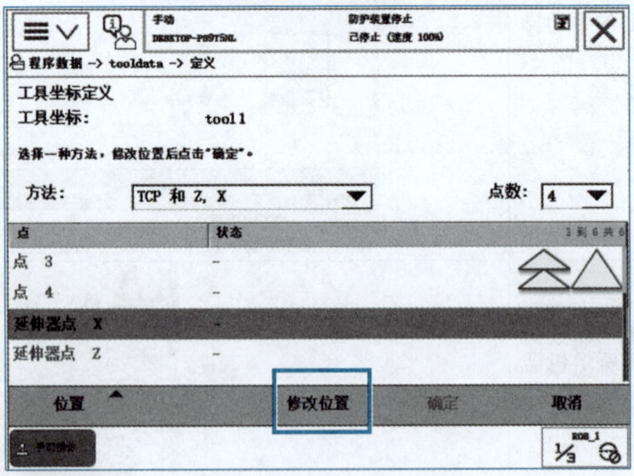

续上表　　学习笔记

<table>
<tr><th>操作步骤</th><th>示　意　图</th></tr>
<tr><td>第 11 步：如图所示，操控机器人使工具参考点以点 4 的姿态从固定点移动到工具 TCP 的 +Z 方向，单击“修改位置”按钮</td><td>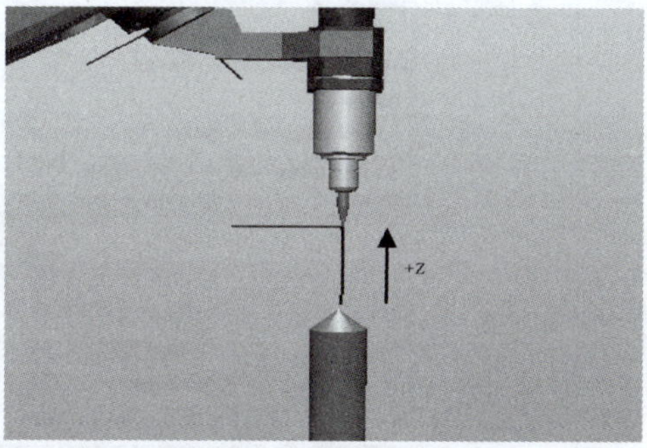

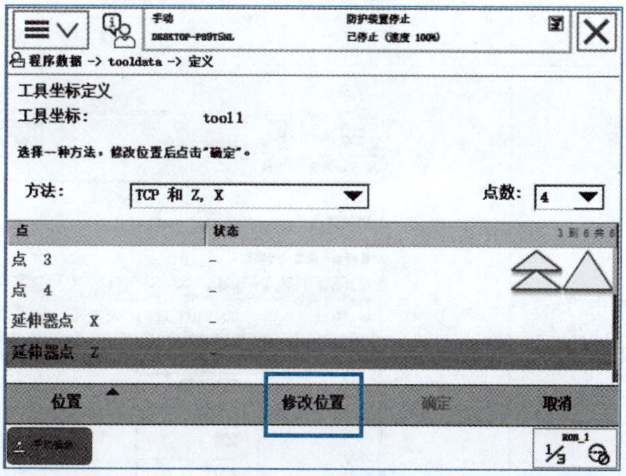
</td></tr>
<tr><td>第 12 步：单击“确定”按钮完成位置修改</td><td>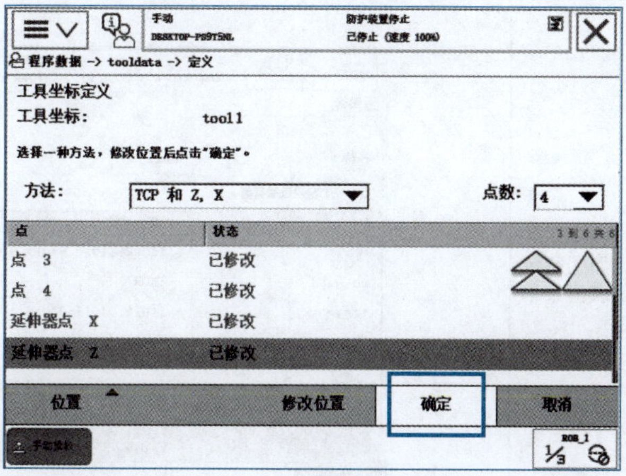
</td></tr>
</table>

学习笔记

续上表

操作步骤	示 意 图
第 13 步：查看误差，越小越好，但也要以实际验证效果为准	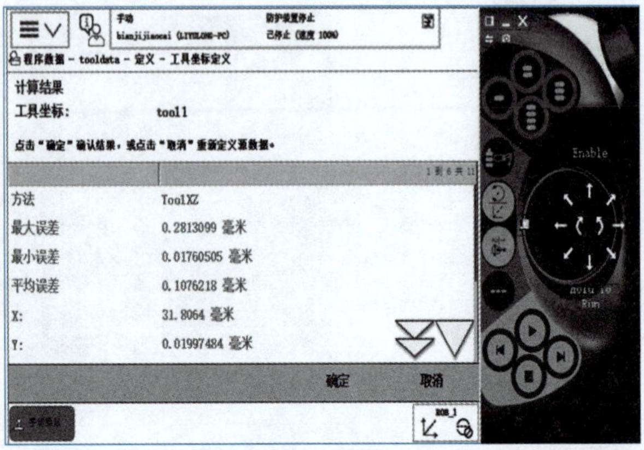
第 14 步：选中"tool1"选项，然后打开"编辑"菜单选择"更改值"选项	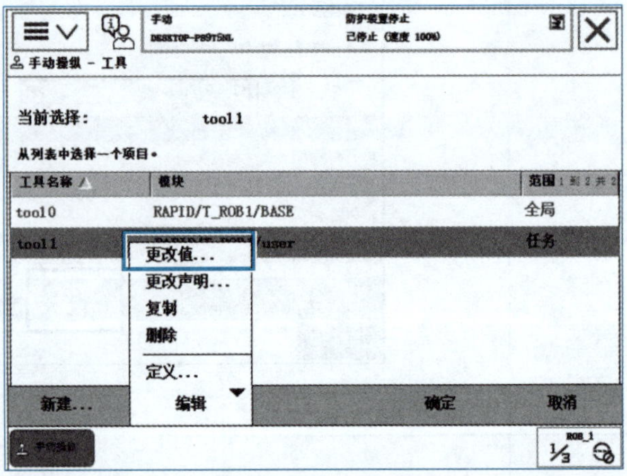
第 15 步：如图所示为 tool1 的更改值菜单	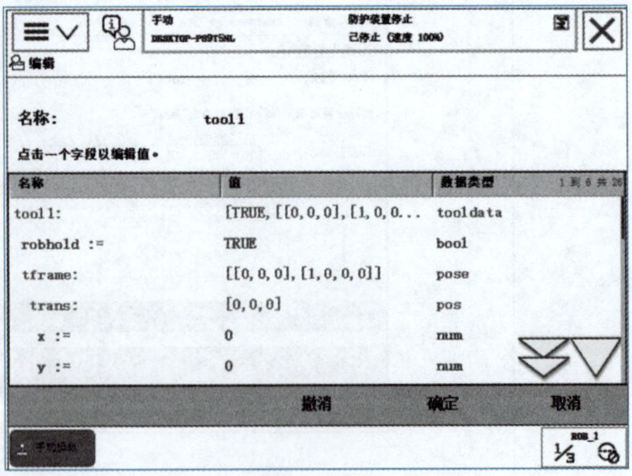

学习笔记

续上表

操作步骤	示意图
第 16 步：单击箭头向下翻页，将 mass 的值改为工具的实际重量（单位 kg）	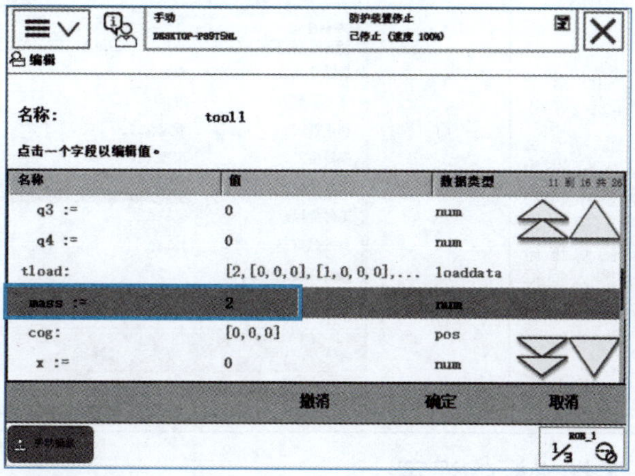
第 17 步：编辑工具重心坐标，以实际为准最佳	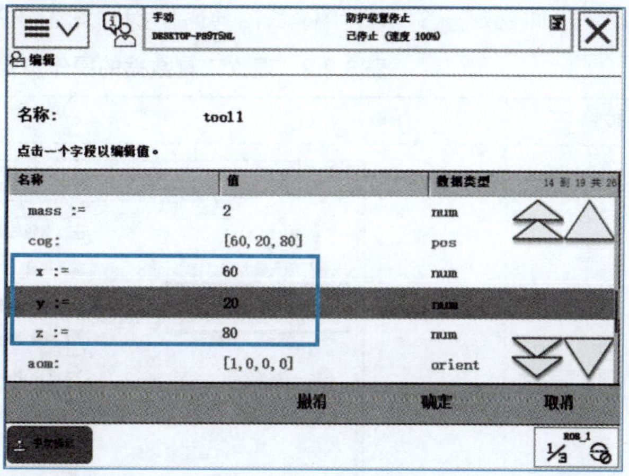
第 18 步：单击“确定”按钮完成 tool1 数据更改	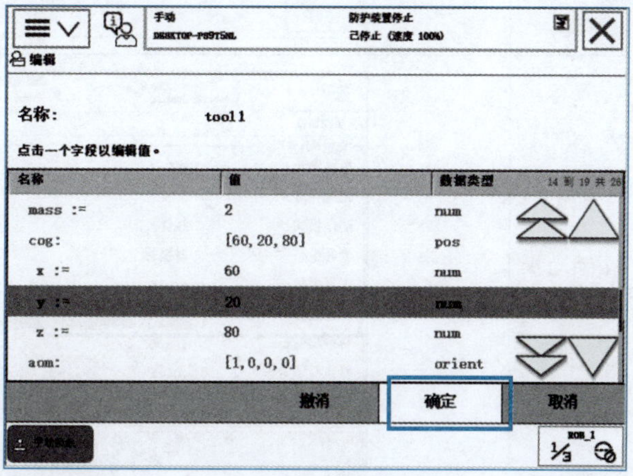

学习笔记

续上表

操作步骤	示 意 图
第 19 步：按照工具重定位动作模式，把坐标系选为“工具”；工具坐标选为“tool1”。通过示教器操作可看见 TCP 点始终与工具参考点保持接触，而机器人根据重定位操作改变姿态	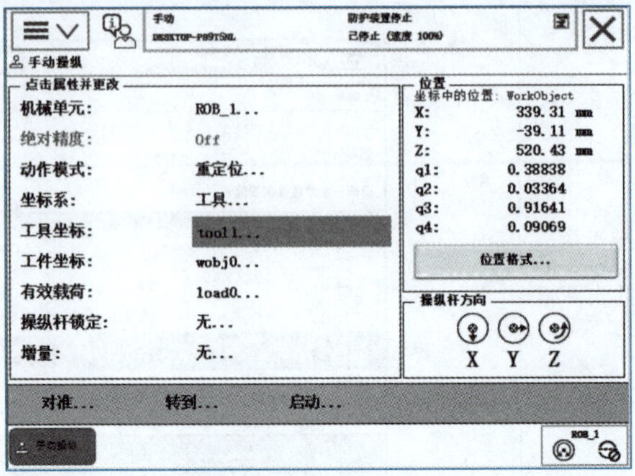

视 频

工件坐标的建立

二、工件坐标的设定

工件坐标系设定时，通常采用 3 点法。只需在对象表面位置或工件边缘角位置上定义三个点位置，进而创建一个工件坐标系，其操作步骤见表 3.2.2。

表 3.2.2　建立工具数据的操作步骤

操作步骤	示 意 图
第 1 步：进入 ABB 主菜单，单击“手动操作”选项	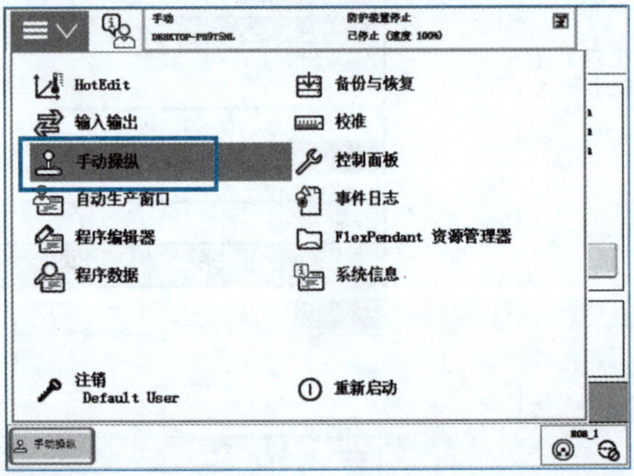
第 2 步：在手动操纵界面单击“wobj0…”选项	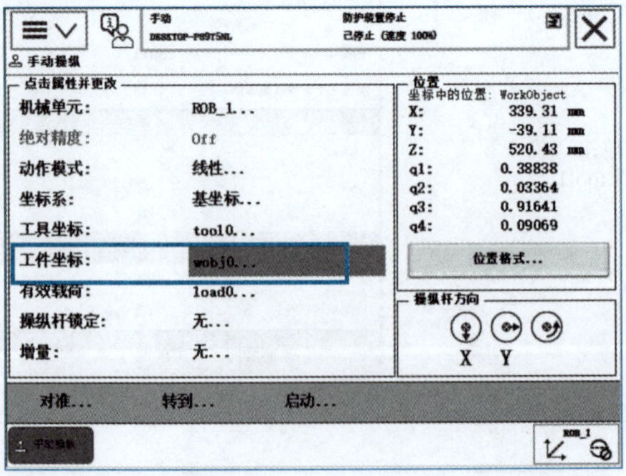

续上表

学习笔记

操作步骤	示 意 图
第 3 步：单击“新建…”选项	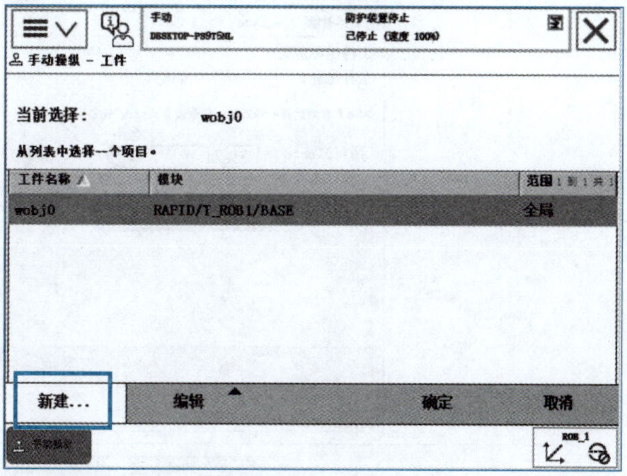
第 4 步：设定新建的工件坐标名称后单击“确定”按钮	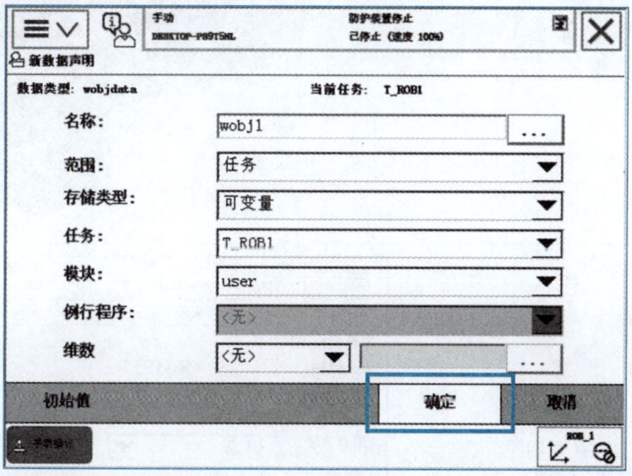
第 5 步：单击新建的“wobj1”，单击“编辑”菜单中的“定义…”选项	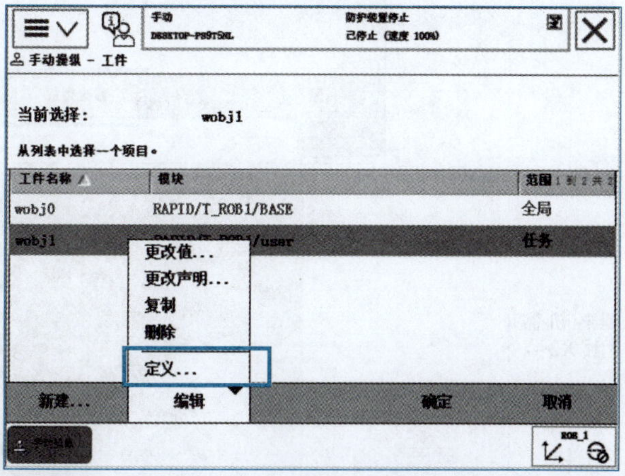

学习笔记

续上表

操作步骤	示意图
第 6 步：在定义方法中选择“3 点”选项	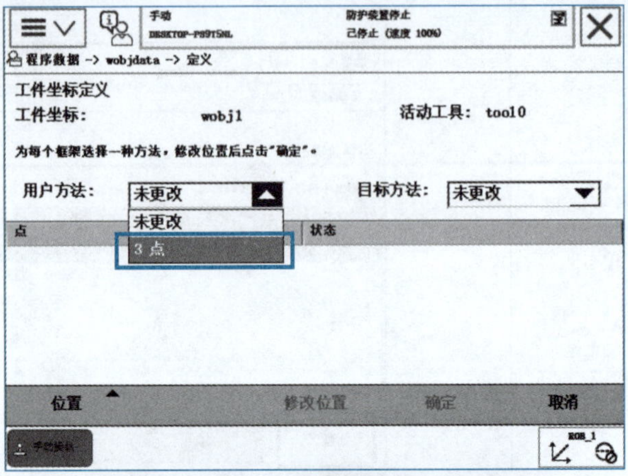
第 7 步：操控机器人靠近并接触 X1 点位置	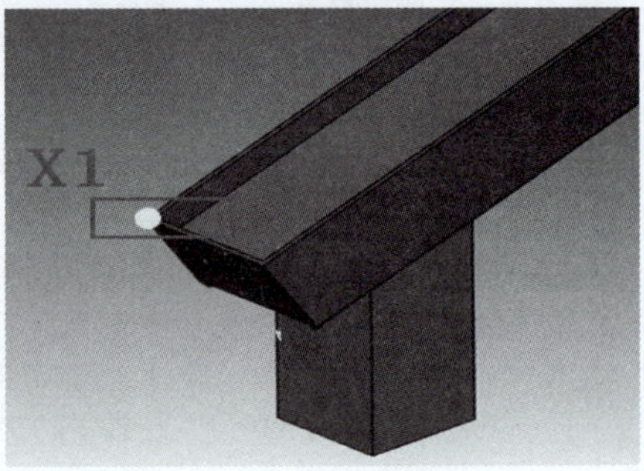
第 8 步：选中“用户点 X1”按钮，单击“修改位置”按钮把当前位置作为原点	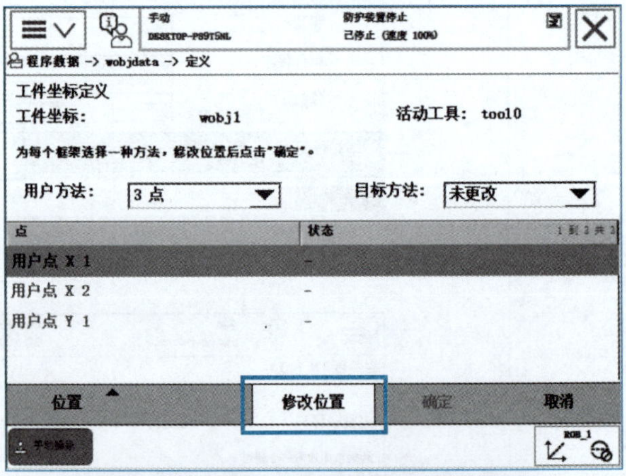
第 9 步：操控机器人靠近并接触 X2 点位置	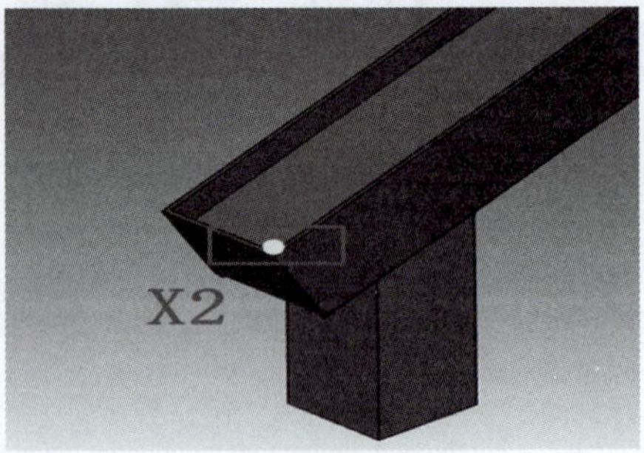

续上表

学习笔记

操作步骤	示　意　图
第 10 步：选中“用户点 X2”选项，单击“修改位置”按钮确定 X 轴方向	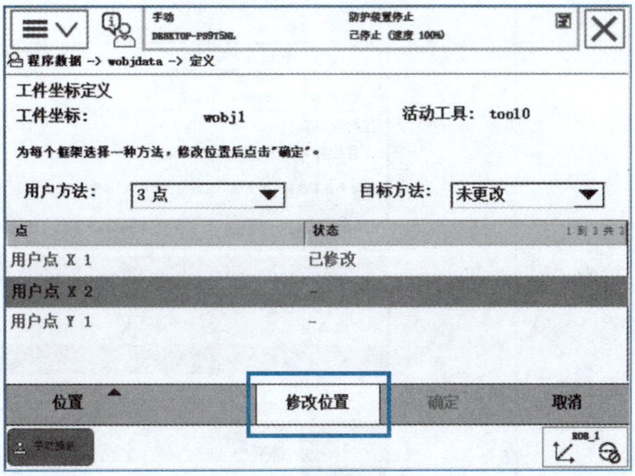
第 11 步：操纵机器人靠近并接触 Y1 点位置	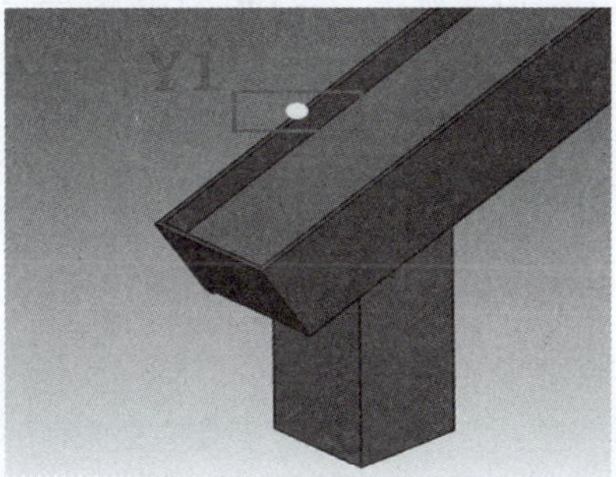
第 12 步：选中“用户点 Y1”选项，单击“修改位置”按钮确定 Y 轴方向	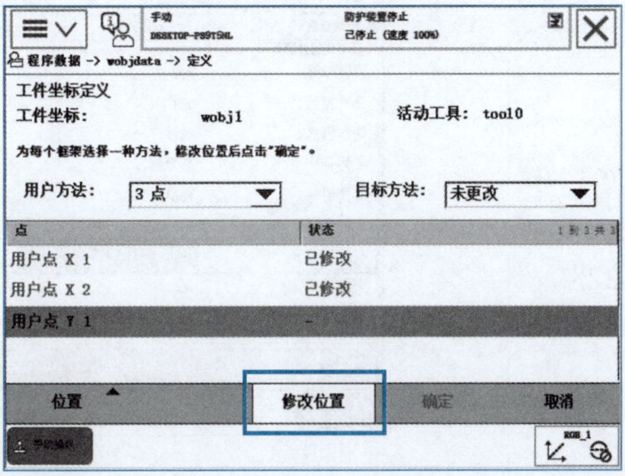

学习笔记

续上表

操作步骤	示 意 图
第 13 步：三个点位修改完成，单击“确定”按钮	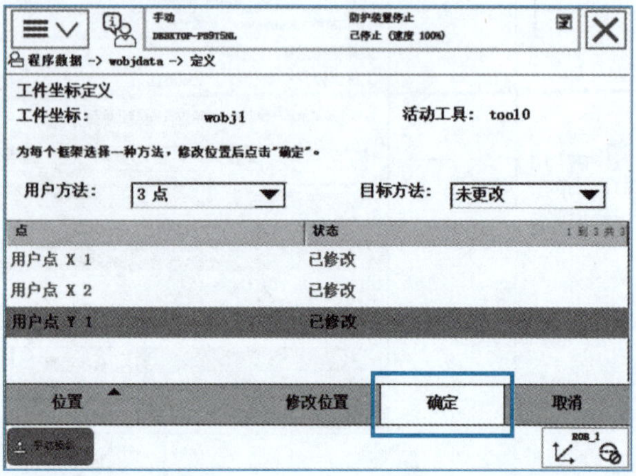

弹出计算结果，单击“确定”按钮，工件坐标定义完成。

（1）三个点机器人姿态最好保持一致，有利于工件坐标的准确度。

（2）Y1X1 连线与 X1X2 连线最好是垂直关系。如果 Y1X1 连线与 X1X2 连线不垂直，机器人系统会以 Y1 点为基准作 X1X2 连线的垂线，垂线为 Y 轴方向，垂足为坐标原点。

视 频

有效载荷的设定

三、有效载荷的设定

有效载荷的设定步骤见表 3.2.3。

表 3.2.3 设定有效载荷的操作步骤

操作步骤	示 意 图
第 1 步：在手动操纵界面中选择“有效载荷”选项	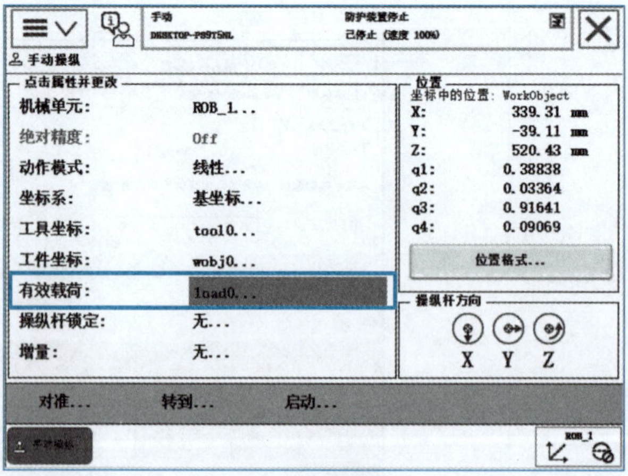

学习笔记

续上表

操作步骤	示　意　图
第 2 步：单击左下角的“新建...”按钮	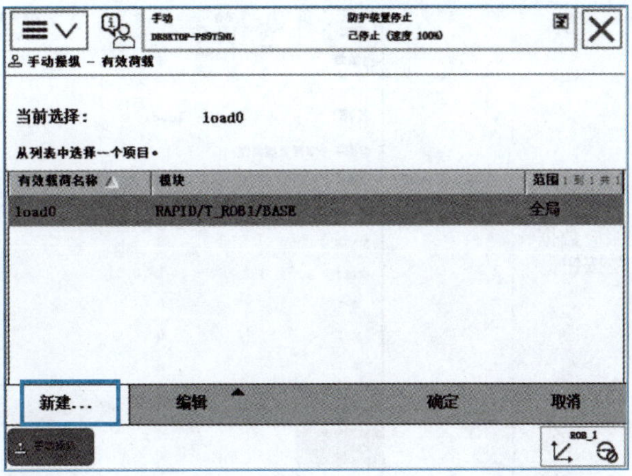
第 3 步：设置有效载荷数据名称后，单击“确定”按钮	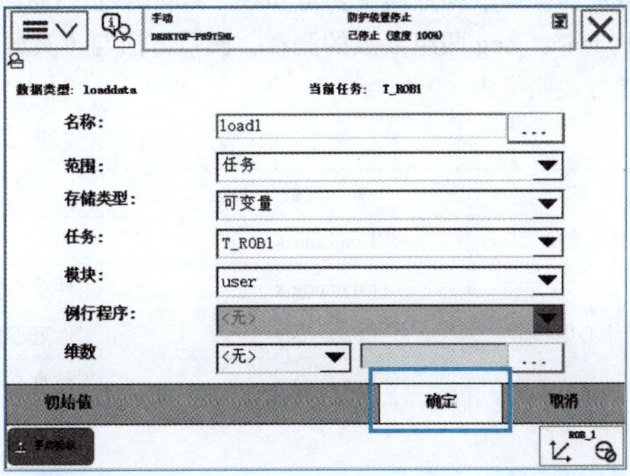
第 4 步：选中新建的有效载荷，单击“编辑”菜单中的“更改值…”选项，可根据实际值对有效载荷数据进行设定	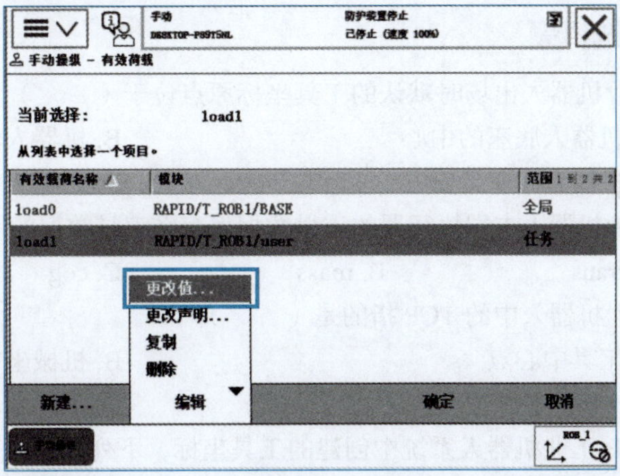

学习笔记

续上表

操作步骤	示 意 图
第 5 步：根据实际情况，修改相应数据，单击“确定”按钮	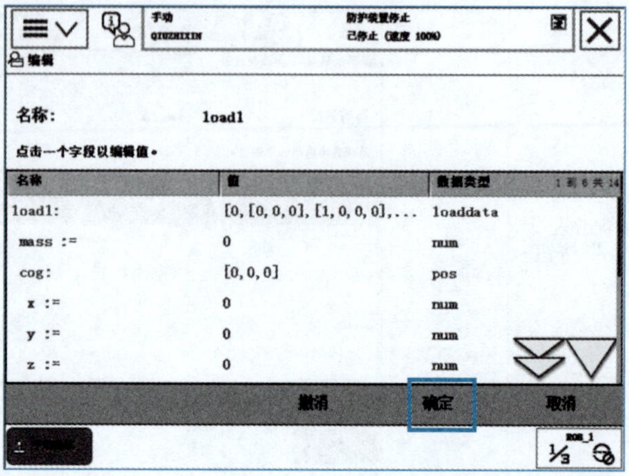

有效载荷需要修改参数组主要是 mass、cog 两组。在参数值未知的情况下可以通过例行程序进行 mass、cog 两组参数的测量，测量方法与工具数据重心重量的测量方法相同，有效载荷参数说明见表 3.2.4。

表 3.2.4 有效载荷参数说明

名 称	参 数	备 注
有效载荷重量	Load.mass	即工件重量，单位为 kg
有效载荷重心偏移量	Load.cog.x	工件重心相对 TCP 点在 X 方向偏移量
	Load.cog.y	工件重心相对 TCP 点在 Y 方向偏移量
	Load.cog.z	工件重心相对 TCP 点在 Z 方向偏移量

习题与思考

一、选择题

1. 工业机器人出场时默认的工具坐标原点位于（　　）。

   A. 机器人底座的中心　　B. 机器人法兰的中心

   C. 机器人底座最前方　　D. 机器人第一轴的中心

2. 工业机器人末端执行器的重量数据保存在工具数据的（　　）参数里。

   A. trans　　B. mass　　C. cog　　D. center

3. 工业机器人中的 TCP 指的是（　　）。

   A. 工具中心点　　B. 机械坐标中心点

   C. 大地坐标中心点　　D. 工件中心点

4. ABB 工业机器人系统中创建的工具坐标，下列（　　）工具坐标无法删除。

   A. tool0　　B. tool1　　C. wobj0　　D. wobj1

学习笔记

5. ABB 机器人中“Wobj”表示的是（　　）。

A. 工具坐标　　B. 工件坐标　　C. 大地坐标　　D. 基坐标

6. 工件坐标系标定的方法为（　　）。

A. 3 点法　　B. 4 点法　　C. 5 点法　　D. 6 点法

7. 标定工件坐标时，标定的第一个点为（　　）。

A. 原点　　B. X 正方向点　　C. Y 正方向点　　D. Z 正方向点

8. ABB 工业机器人中，设置负载参数时，mass 参数用于设置（　　）。

A. 负载重量　　B. 负载重心的 X 方向偏移量

C. 负载重心的 Y 方向偏移量　　D. 负载重心的 Z 方向偏移量

二、素质养成训练

小组讨论：说一说三个重要程序数据为什么重要？

项目四

工业机器人编程与调试

学习笔记

【项目导入】

工业机器人的编程方法主要有示教编程和离线编程。示教编程适用于生产现场，通过工业机器人编程语言，选用适当的指令语句，通过手动操纵机器人到达对应的点位，建立示教点，完成程序的编写。为了实现工业机器人按任务要求自主运行这一现场编程的根本目的，需要掌握实现机器人运动姿态控制、轨迹路径规划、机器人系统内部通信控制、机器人与工作站组件间通信控制、机器人系统控制逻辑编写、工作站总体节拍设计等的基本方法。本项目包括使用基本指令、使用功能函数、使用程序流程控制指令、使用中断程序、工业机器人的程序的备份和恢复等内容。

【学习目标】

知识目标

1. 了解程序模块、例行程序的概念及用途；
2. 掌握工业机器人的基本指令的使用方法；
3. 了解常用的功能函数及用途；
4. 掌握程序流程控制指令的概念以及用途；
5. 了解特殊指令和功能函数的概念以及用途。

能力目标：

1. 能够创建与使用程序模块、例行程序；
2. 能够创建与调用基本指令；
3. 能够创建与调用功能函数；
4. 能够创建与调用程序流程控制指令；
5. 能够创建与调用特殊指令与功能函数。

素质目标：

1. 具有分析与决策的能力；
2. 具有强烈的进取精神，认真、刻苦钻研业务的素质；
3. 具有高度的职业责任心、严谨的工作作风、认真的工作态度；
4. 具有发现问题、解决问题的能力；
5. 具有安全意识和职业责任感。

学习笔记

【项目实施】

任务 1　编制工业机器人绘图程序

任务描述

图 4.1.1 为一个工业机器人绘图模块的工作站，包括工业机器人本体、控制柜、示教器、绘图模块、绘图笔夹具等，图纸上分别有三角形、正方形、圆形等图案。本任务通过编写程序，机器人从初始位置出发，可以自动绘制这几个图案以后，回到初始位置。

图 4.1.1　工业机器人绘图工作站

知识链接

一、RAPID 语言

RAPID 语言是 ABB 机器人特有的语言，具有较大的灵活性和扩展性，也支持用户自定义数据类型，是一个很强大的工业机器人编程语言。

视频　RAPID 程序建立的基本操作

RAPID 数据是在 RAPID 语言编程环境下定义的用于存储不同类型数据信息的数据结构类型。在 RAPID 语言体系中，定义了上百种工业机器人可能运用的数据类型，存放机器人编程需要用到的各种类型的常量和变量。同时，RAPID 语言允许用户根据这些已经定义好的数据类型，依照实际需求创建新的数据结构。RAPID 程序中包含了一连串控制机器人的指令，执行这些指令可以实现对 ABB 工业机器人的控制操作。应用程序是使用称为 RAPID 编程语言的特定词汇和语法编写而成的。RAPID 是一种英文编程语言，所包含的指令可以移动机器人、设置输出、读取输入，还能实现决策、重复其他指令、构造程序、与系统操作员交流等功能。

RAPID 程序的基本架构见表 4.1.1。

（1）RAPID 程序是由程序模块与系统模块组成。一般地，只通过新建程序模块来构建机器人的程序，而系统模块多用于系统方面的控制。

学习笔记

（2）可以根据不同的用途创建多个程序模块，如专门用于主控制的程序模块，用于位置计算的程序模块，用于存放数据的程序模块，这样便于归类管理不同用途的例行程序与数据。

（3）每一个程序模块包含了程序数据、例行程序、中断程序和功能四种对象，但不一定在一个模块中都有这四种对象，程序模块之间的数据、例行程序、中断程序和功能是可以互相调用的。

（4）在 RAPID 程序中，只有一个主程序 main，并且存在于任意一个程序模块中，并且是作为整个 RAPID 程序执行的起点。

表 4.1.1　RAPID 程序的基本架构

RAPID 程序			
程序模块 1	程序模块 2	程序模块 3	程序模块 4
程序数据 主程序 main 例行程序 中断程序 功能	程序数据 例行程序 中断程序 功能	… … … …	程序数据 例行程序 中断程序 功能

建立程序模块的操作步骤见表 4.1.2。

表 4.1.2　建立程序模块的操作步骤

操作步骤	示　意　图
第 1 步：进入 ABB 主菜单单击“程序编辑器”选项	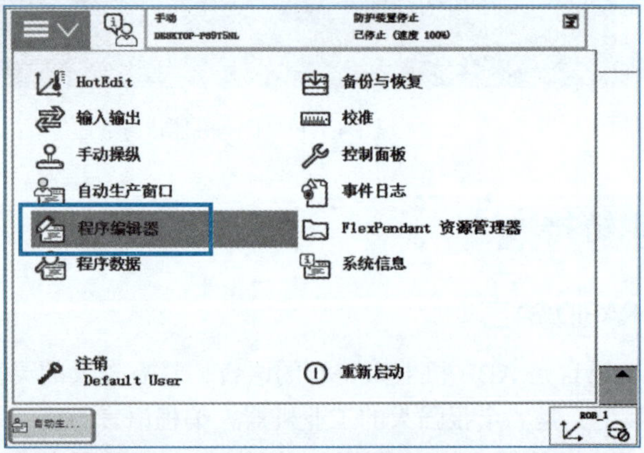
第 2 步：单击新建或加载已有程序	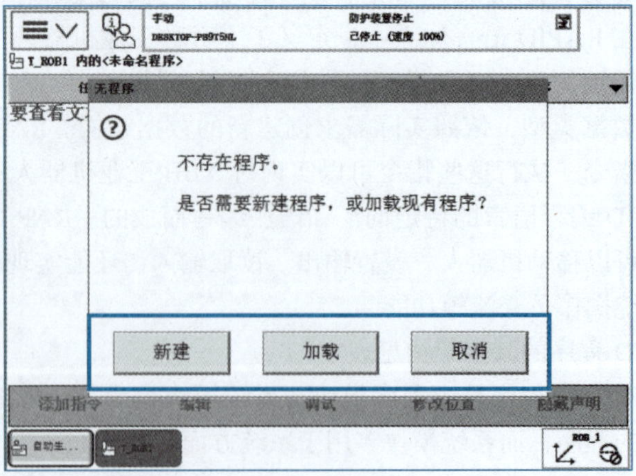

学习笔记

续上表

<table>
<tr><th>操作步骤</th><th>示 意 图</th></tr>
<tr><td>第 3 步：单击“例行程序”按钮，查看例行程序</td><td>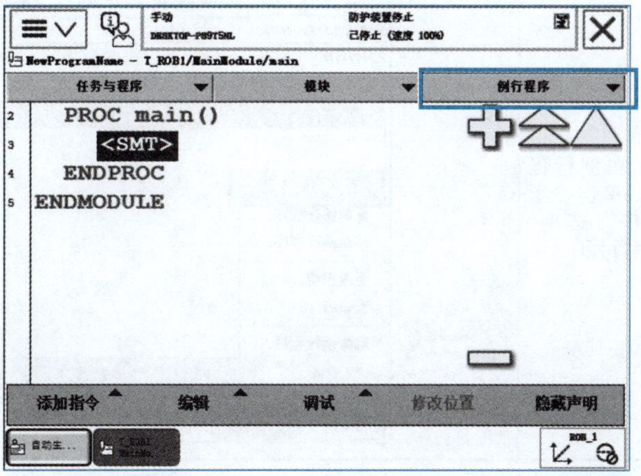
</td></tr>
<tr><td>第 4 步：单击“模块”按钮，查看模块</td><td>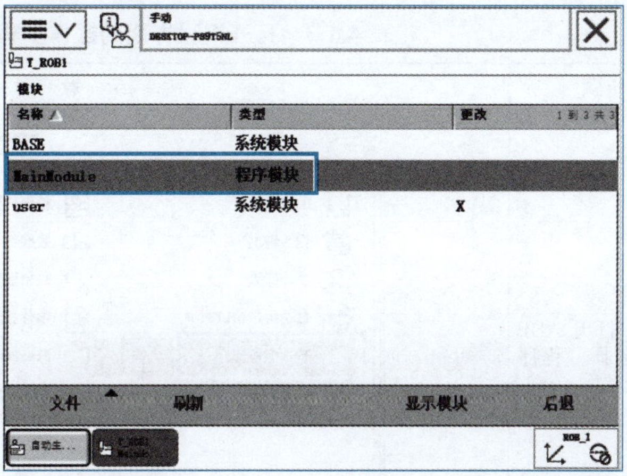
</td></tr>
<tr><td>第 5 步：在模块视图中，单击“文件”→“新建模块”选项，可以新建模块</td><td>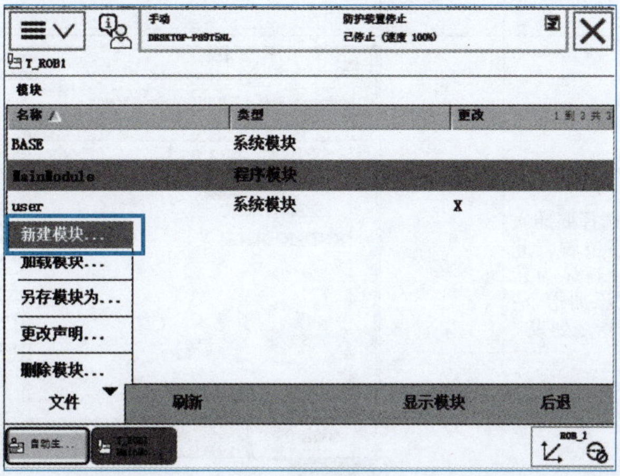
</td></tr>
</table>

学习笔记

续上表

操作步骤	示 意 图
第 6 步：在例行程序视图中，单击“新建例行程序”选项，可以新建例行程序	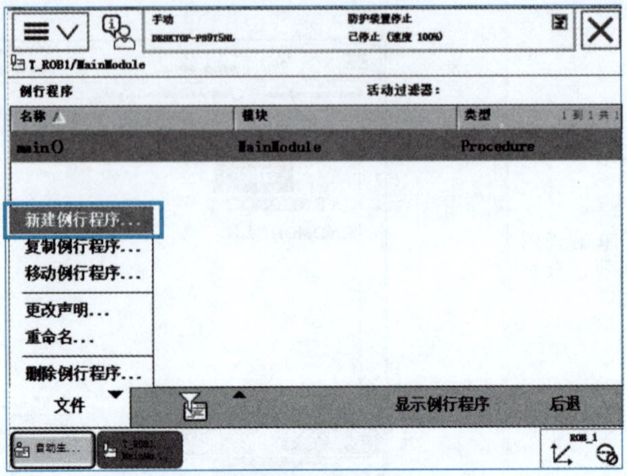

ABB 工业机器人提供了多种编程指令可以完成工业机器人在焊接、码垛、搬运等各种应用。下面将从最常用的指令开始学习 RAPID 编程，打开编程界面的方法见表 4.1.3。

表 4.1.3 打开编程界面的操作步骤

操作步骤	示 意 图
第 1 步：打开 ABB 主菜单，选择“程序编辑器”选项	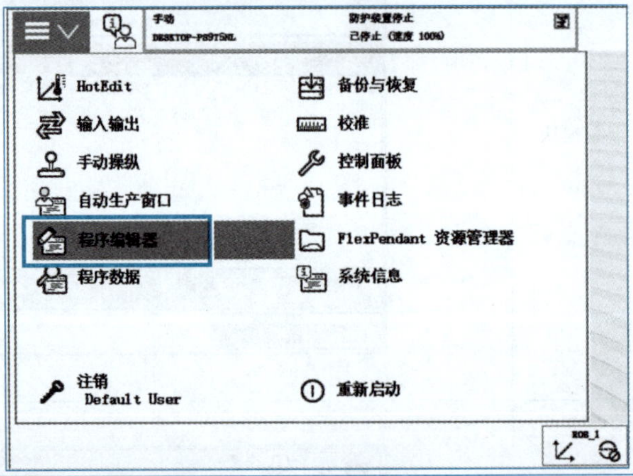
第 2 步：选择要插入指令的程序位置，此时选中部分高显为蓝色，单击“添加指令”按钮，打开指令列表	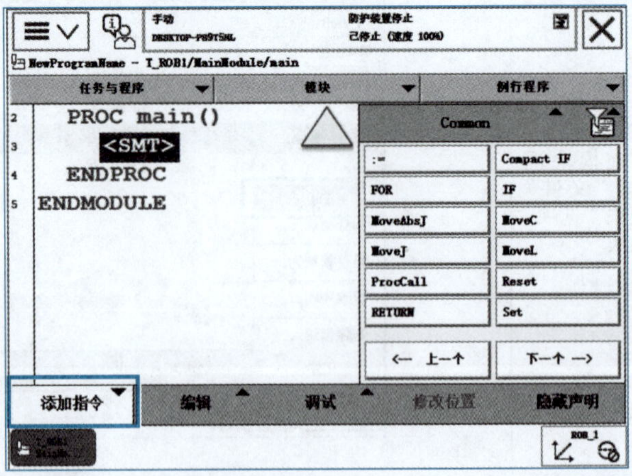

二、基本运动指令

学习笔记

视 频

绝对位置运动指令

所谓运动指令，是指以指定的移动速度和移动方法使机器人向作业空间内的指定位置进行移动的控制语句。

ABB 机器人在空间中的运动主要包括四种方式：

（1）绝对位置运动（MoveAbsJ）。

（2）关节运动（MoveJ）。

（3）线性运动（MoveL）。

（4）圆弧运动（MoveC）。

1. 绝对位置运动指令

绝对位置运动指令是将机器人各关节轴运动至给定位置。机器人的运动，使用六个轴和外轴的角度值来定义目标位置数据。运动时机器人运动姿态不可控，常用于机器人恢复为某一姿态时使用。输入绝对位置运动指令操作步骤见表 4.1.4。

表 4.1.4 打开编程界面的操作步骤

操作步骤	示 意 图
第 1 步：单击“添加指令”按钮，单击“MoveAbsJ”指令	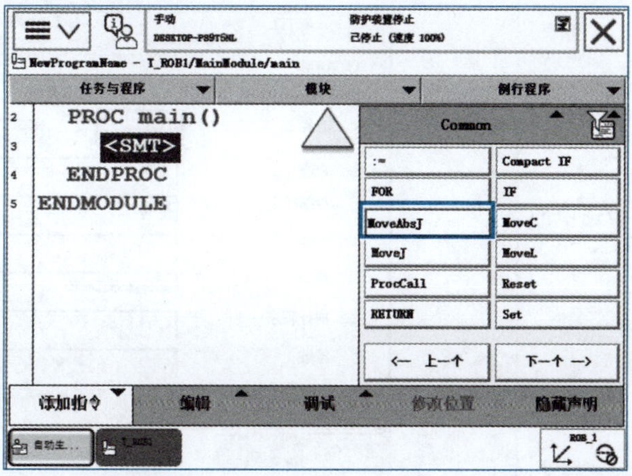
第 2 步：单击“*”	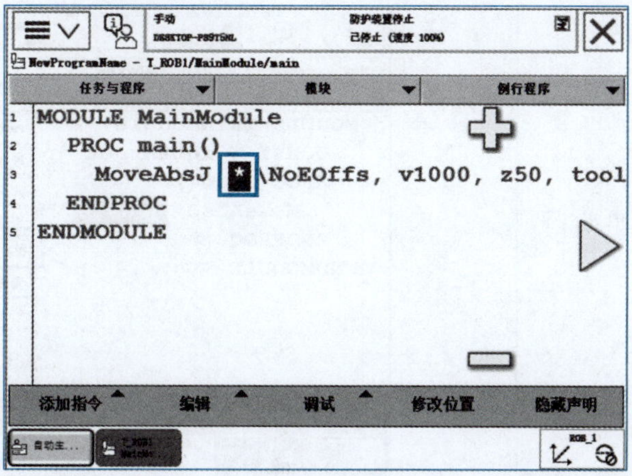

学习笔记

续上表

操作步骤	示 意 图
第 3 步：单击“新建”按钮	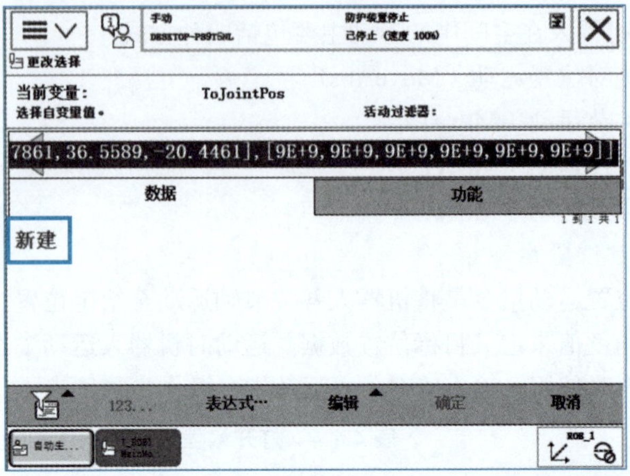
第 4 步：为选中的目标点命名后，单击“确定”按钮	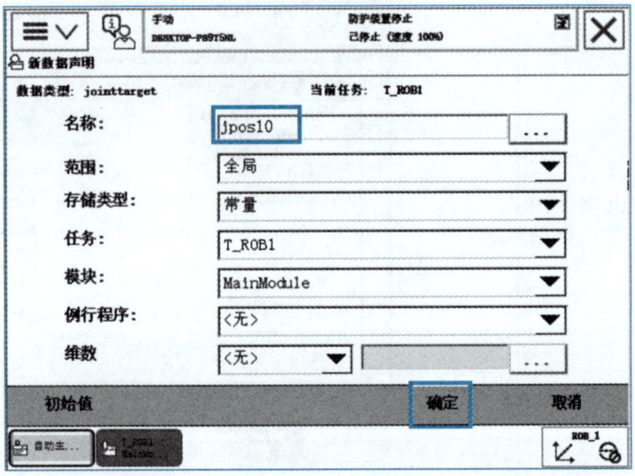
第 5 步：单击“调试”按钮，选择“查看值”选项	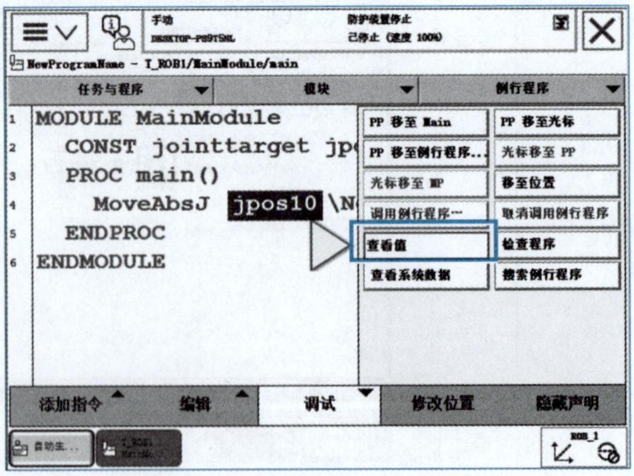

学习笔记

续上表

操作步骤	示　意　图
第 6 步：根据实际情况，设定工业机器人各个轴的数据，单击“确定”按钮	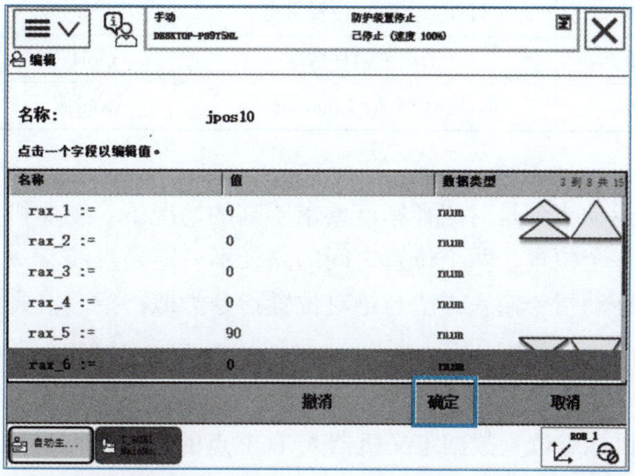
第 7 步：单击“调试”按钮，调用程序指针	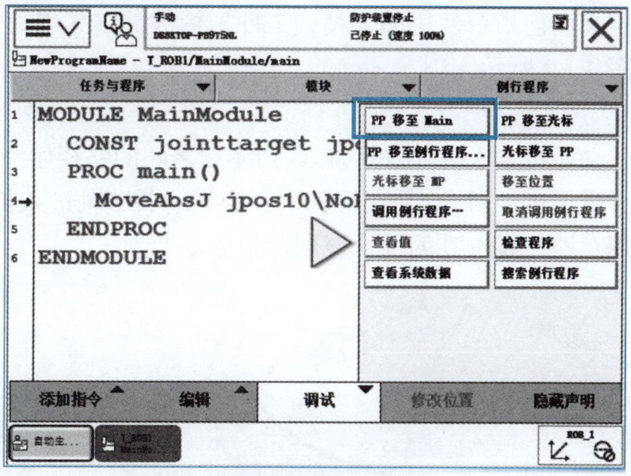
第 8 步：按下程序启动按钮，运行程序	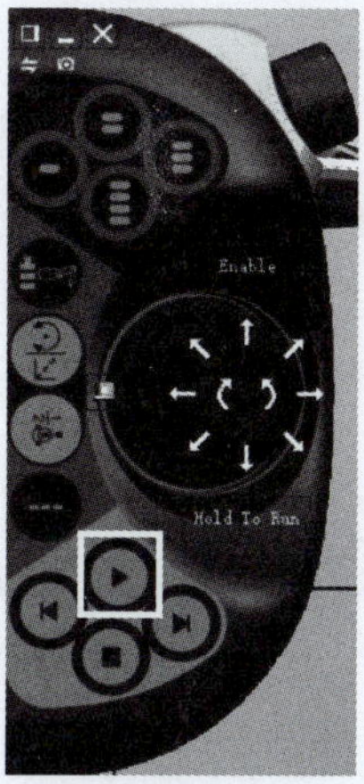

机器人各轴运动到设定的位置，指令为

```
MoveAbsJ jpos10 \NoEOffs, v1000, z50,tool1\Wobj:=wobj1;
```

MoveAbsJ 指令解析见表 4.1.5。

学习笔记

表 4.1.5 MoveAbsJ 指令解析

参 数	含 义	参 数	含 义
jpos10	目标点名称、位置数据	z50	转弯区数据
NoEOffs	外轴不带偏移数据	tool1	工具坐标数据
v1000	运动速度数据 1 000 mm/s	wobj1	工件坐标数据

2. 关节运动指令

关节运动指令是对路径精度要求不高的情况下，工业机器人的工具中心点从一个位置移动到另一个位置，两个位置之间的路径不一定是直线。

关节运动指令输入方法与绝对位置指令类似，指令格式为

```
MoveJ p10, v1000, z50, tool1\Wobj:=wobj1;
```

该指令适合机器人大范围运动时使用，不容易在运动过程中出现关节轴进入机械死点的问题。目标点位置数据定义机器人 TCP 点的运动目标，可以在示教器中单击“修改位置”进行修改。运动速度数据定义速度（mm/s），转弯区数据定义转变区的大小（mm），工具坐标数据定义当前指令使用的工具，工件坐标数据定义当前指令使用的工件坐标，关节运动路径如图 4.1.2 所示。

视 频

线性运动指令

3. 线性运动指令

线性运动是机器人的 TCP 从起点到终点之间的路径始终保持为直线，如图 4.1.3 所示。当机器人大范围运动时，容易在运动过程中出现关节轴进入机械死点的情况。一般如焊接、涂胶等应用对路径要求高的场合使用此指令。

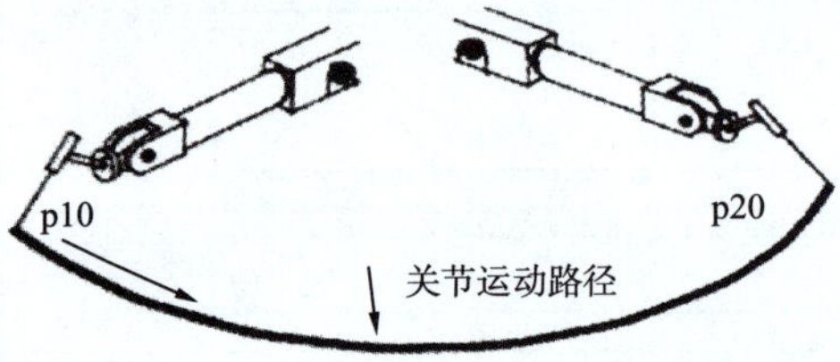

图 4.1.2 关节运动路径

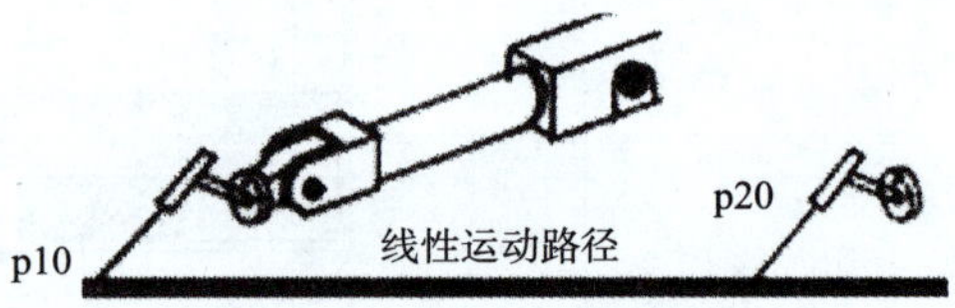

图 4.1.3 线性运动路径

4. 圆弧运动指令

圆弧路径是在机器人可到达的空间范围内定义三个位置点，第一个点是圆弧的起点，第二个点用于圆弧的曲率，第三个点是圆弧的终点，如图 4.1.4 所示。

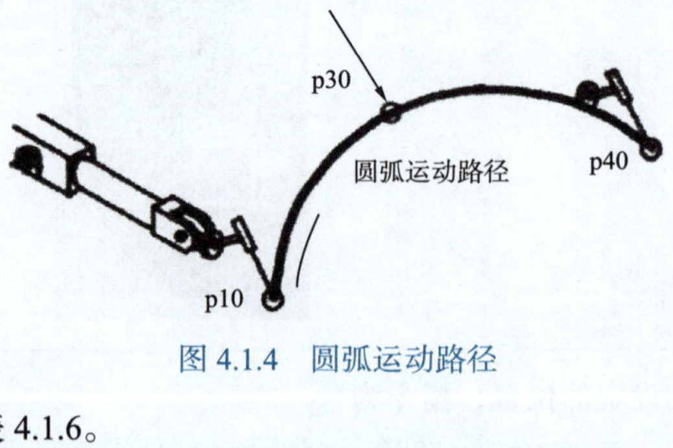

图 4.1.4 圆弧运动路径

以下指令含义见表 4.1.6。

```
MoveL p10, v1000, fine, tool1\Wobj:=wobj1;
MoveC p30, p40, v1000, z1, tool1\Wobj:=wobj1;
```

学习笔记

表 4.1.6 MoveC 指令解析

参 数	含 义	参 数	含 义
p10	圆弧的第一个点	p40	圆弧的第三个点
p30	圆弧的第二个点	fine\z1	转弯区数据

任务实施

为了编程调试方便，事先把各个点需要示教点的名字标到图纸上，如图 4.1.5 所示。

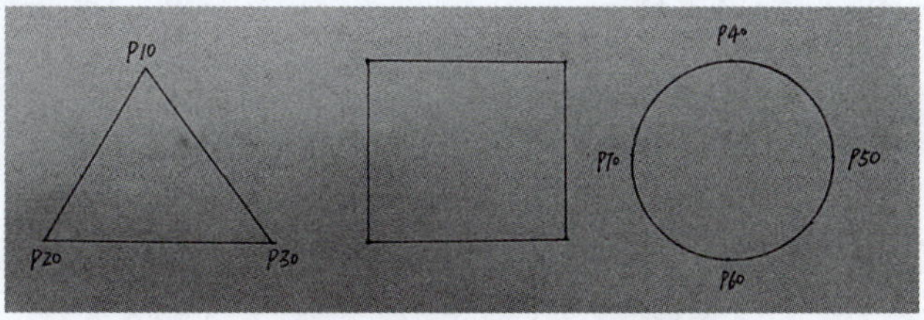

图 4.1.5 示教点位标记

一、绘制三角形图案

绘制三角形图案的操作步骤见表 4.1.7。

表 4.1.7 绘制三角形图案的操作步骤

操作步骤	示 意 图
第 1 步：进入 ABB 主菜单，单击“程序编辑器”选项	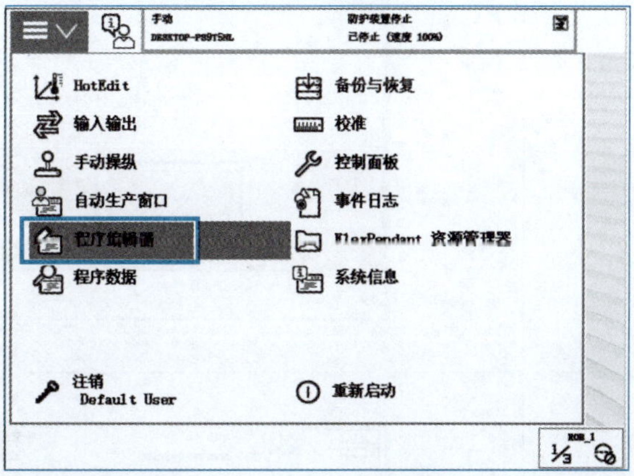
第 2 步：示教器内容如果没有其他程序，单击“取消”按钮	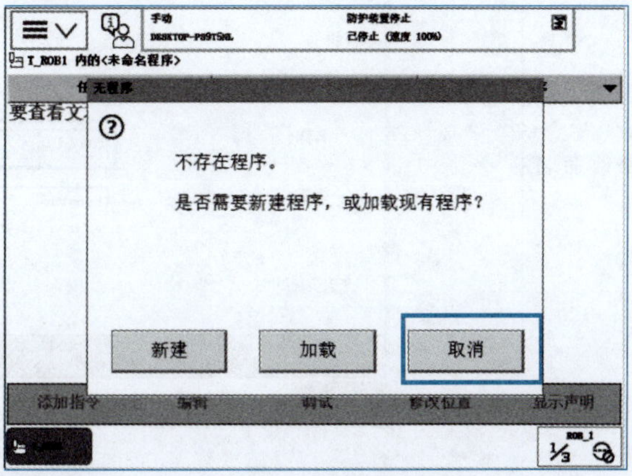

学习笔记

续上表

操作步骤	示 意 图
第 3 步：单击“文件”→“新建模块”选项	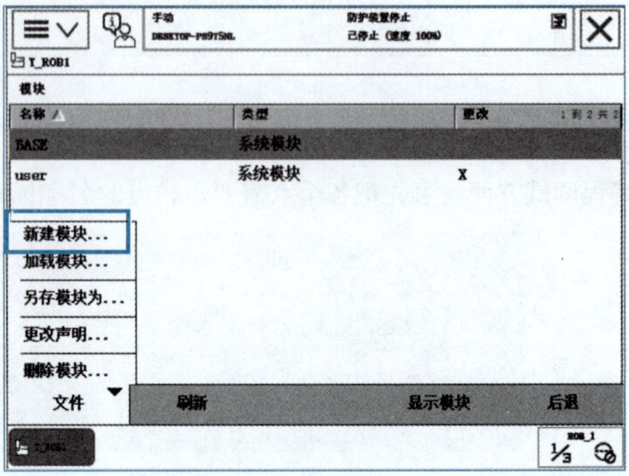
第 4 步：单击“是”按钮	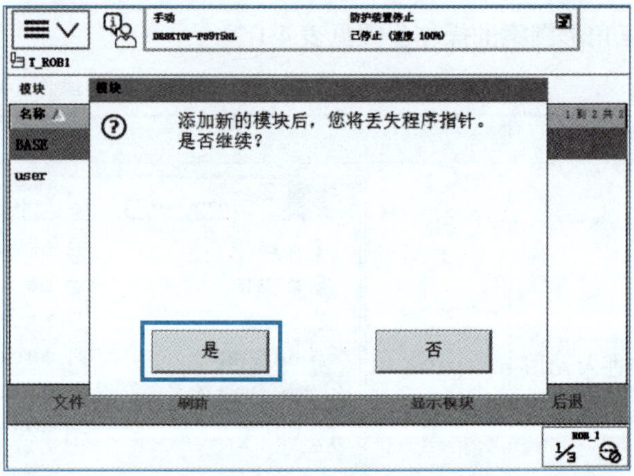
第 5 步：修改命名为“huitu”	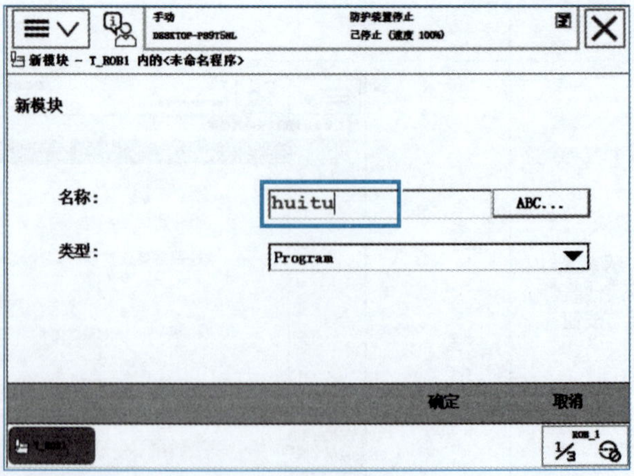

学习笔记

续上表

操作步骤	示　意　图
第 6 步：单击“huitu”模块	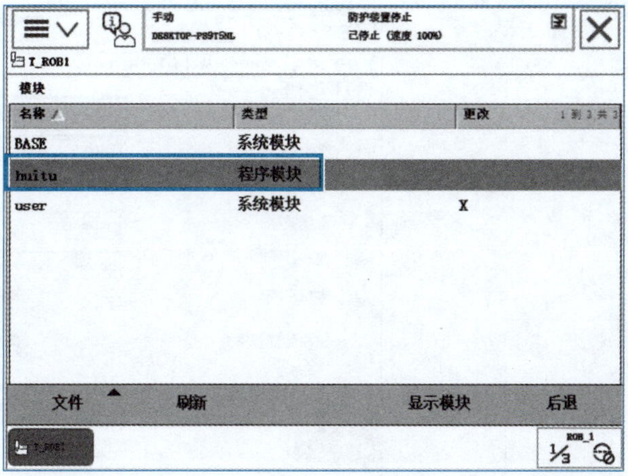
第 7 步：单击右上角“例行程序”选项	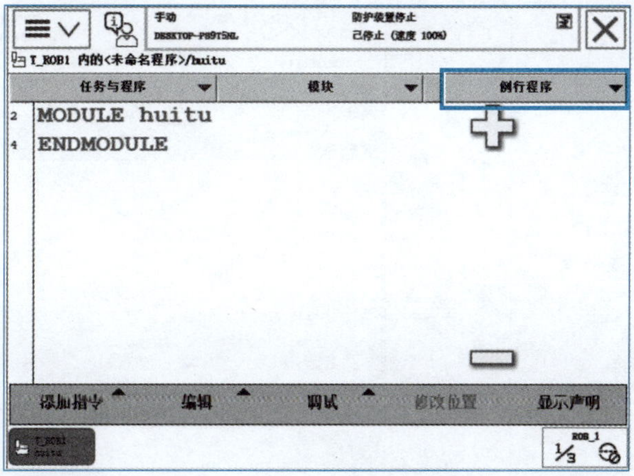
第 8 步：单击“文件”→“新建例行程序”选项	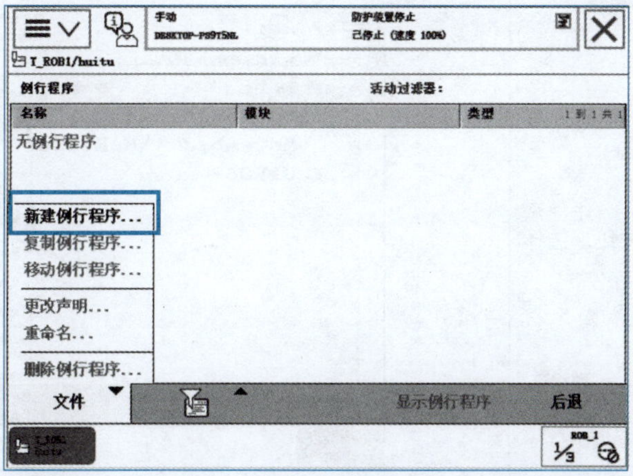

学习笔记

续上表

操作步骤	示 意 图
第 9 步：重命名为“sanjiaoxing”，单击“确定”按钮	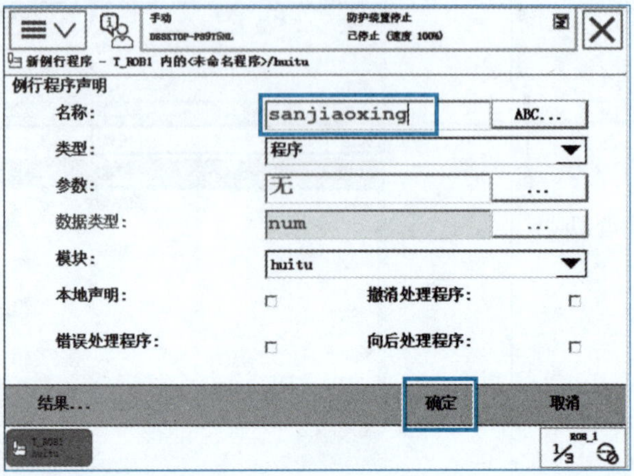
第 10 步：单击“显示例行程序”按钮	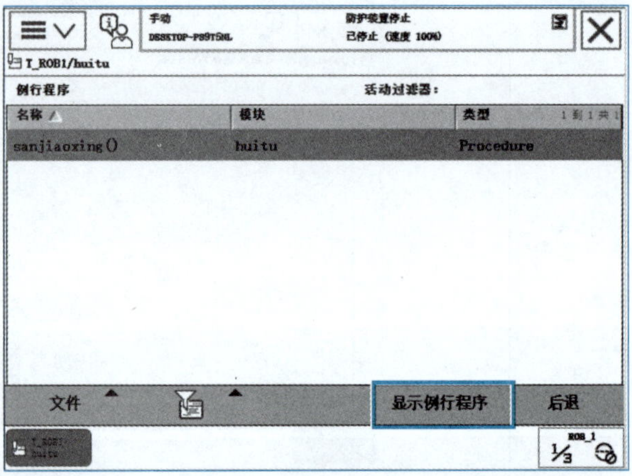
第 11 步：单击“添加指令”按钮，选择“MoveAbsJ”指令	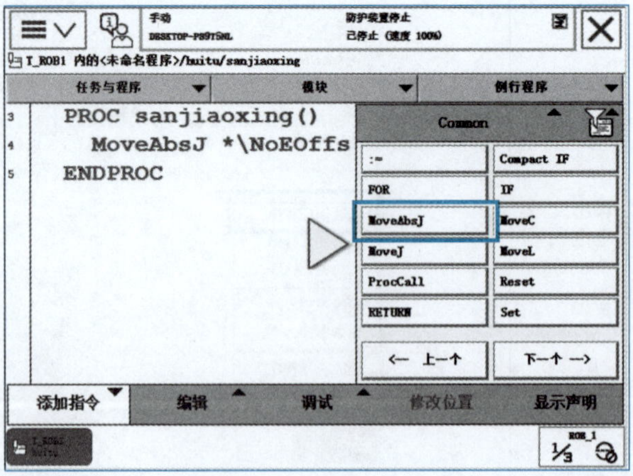

学习笔记

续上表

<table>
<tr><th>操作步骤</th><th>示 意 图</th></tr>
<tr><td>第 12 步：单击“*”</td><td>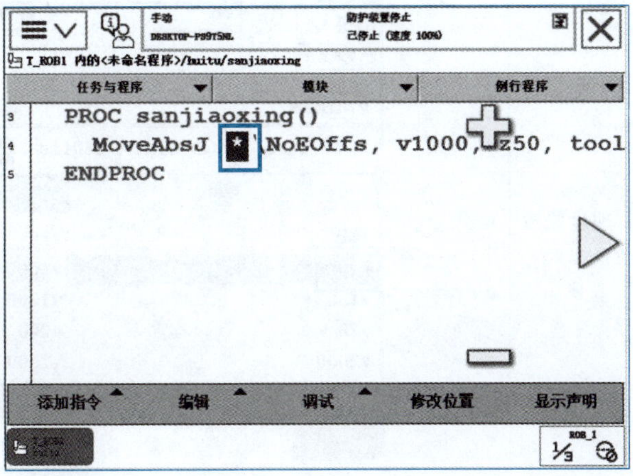
</td></tr>
<tr><td>第 13 步：新建名字“chushidian”，单击“确定”按钮</td><td>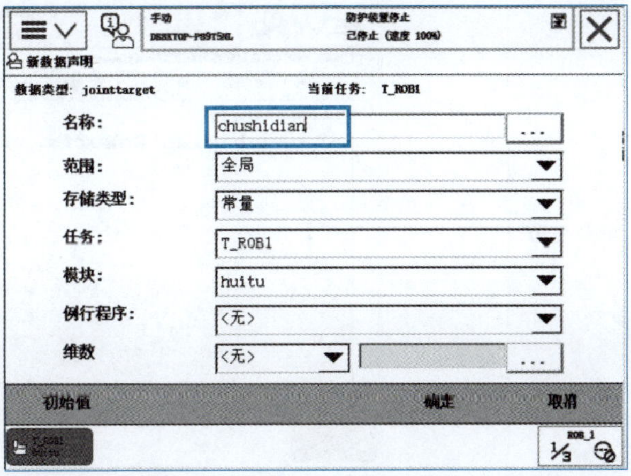
</td></tr>
<tr><td>第 14 步：单击“v1000”</td><td>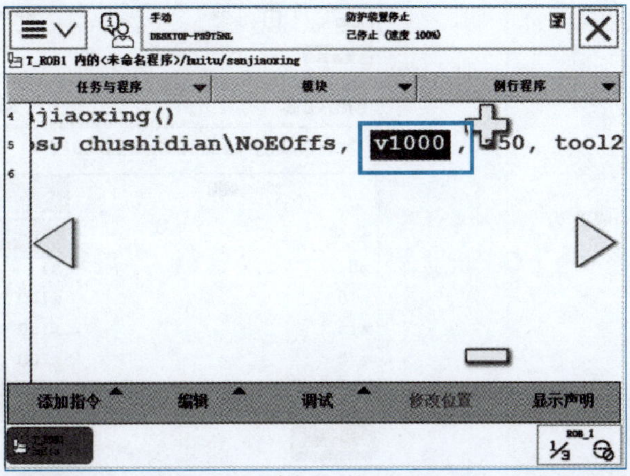
</td></tr>
</table>

学习笔记

续上表

操作步骤	示 意 图
第 15 步：速度修改为“v100”	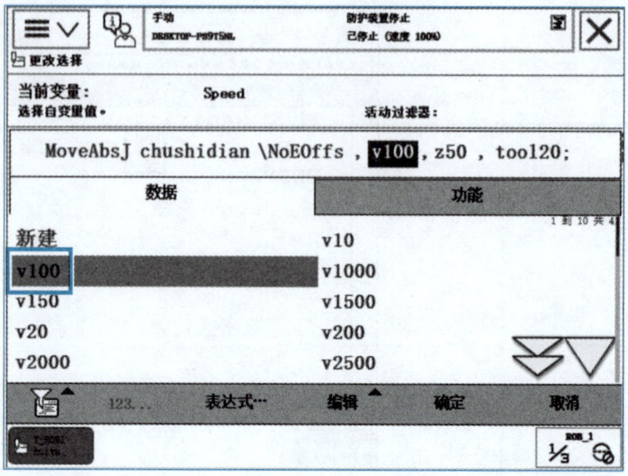
第 16 步：单击“z50”	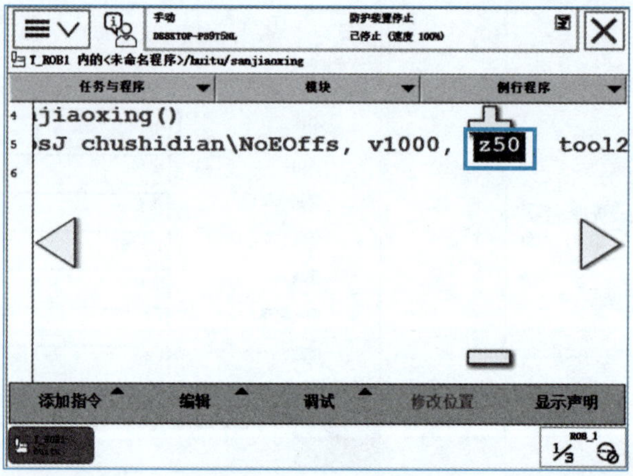
第 17 步：修改为“fine”	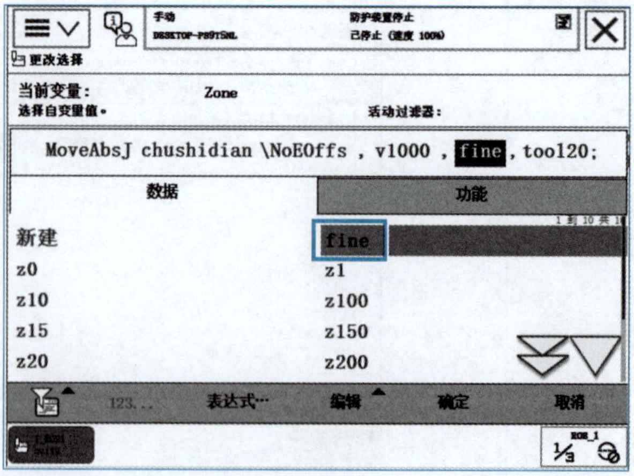

学习笔记

续上表

操作步骤	示 意 图
第 18 步：按着前面的步骤，新建工具坐标	
第 19 步：同样的方法，添加三条 MoveL 指令，并按着定好的点的名字进行修改	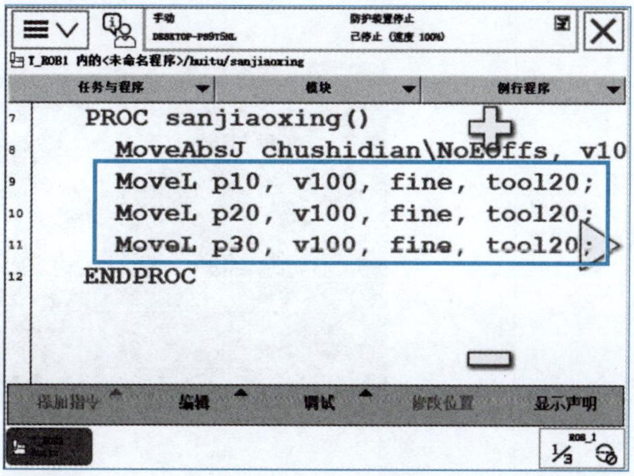
第 20 步：选中 “chushidian”，单击 “调试” 按钮，选择 “查看值” 选项	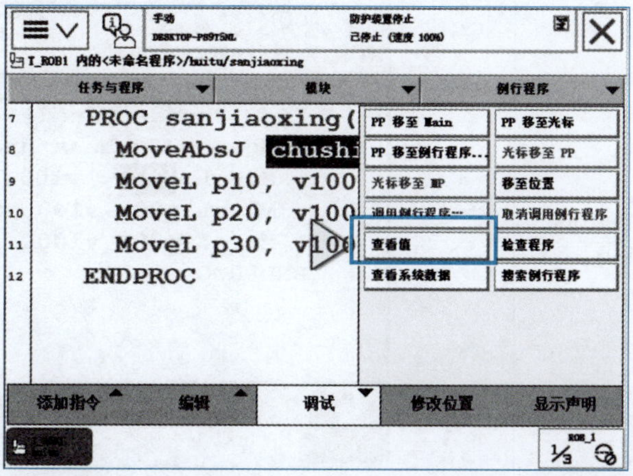

学习笔记

续上表

操作步骤	示 意 图
第 21 步：修改六个轴的角度，分别为 0°、0°、0°、0°、90°、0°，单击“确定”按钮	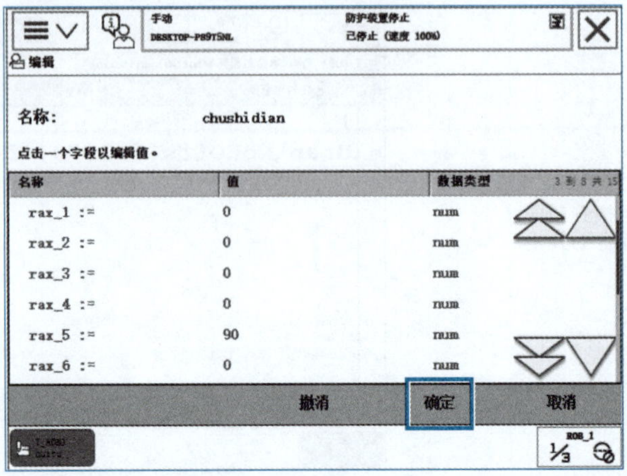
第 22 步：手动操纵机器人，使笔尖接触到 p10 点	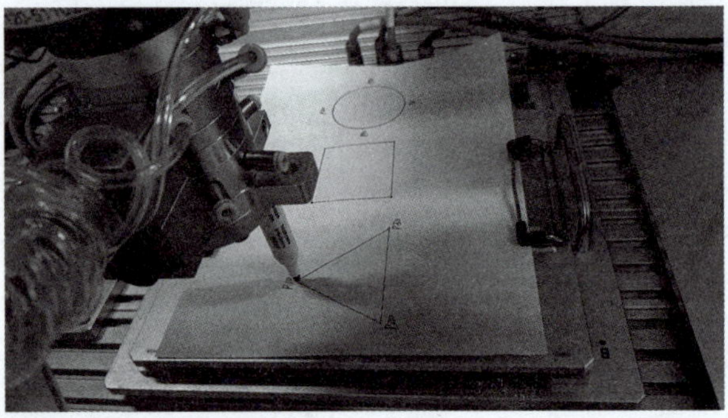
第23步：选择“p10”，单击“修改位置”按钮	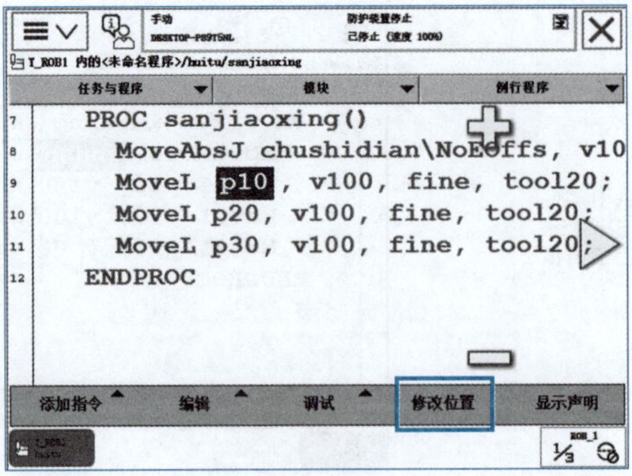

续上表

学习笔记

操作步骤	示 意 图
第 24 步：同样的方法，移动到 p20，修改位置	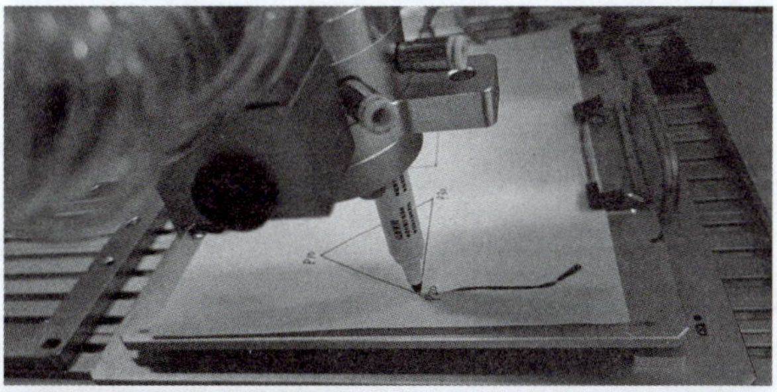
第 25 步：同样的方法，移动到 p30，修改位置	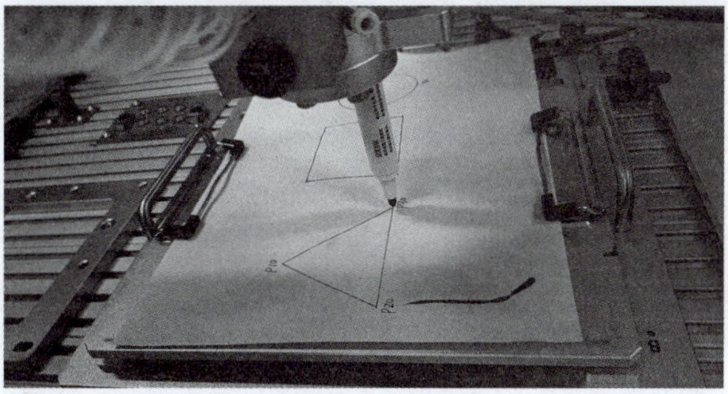
第 26 步：选中 p10 对应的指令，单击"编辑"按钮，选择"复制"选项	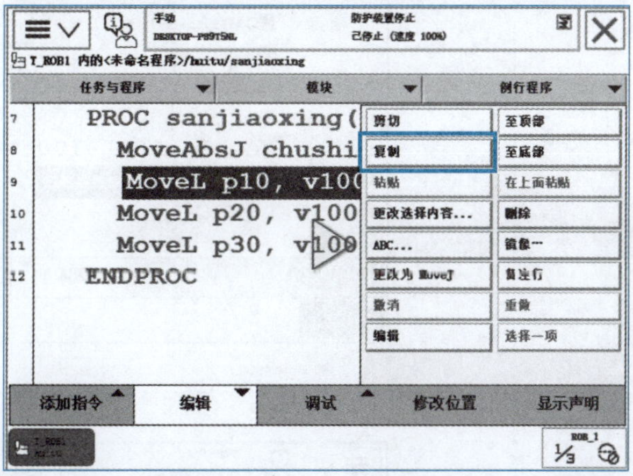
第 27 步：单击"p30"对应的指令，单击"编辑"按钮，选择"粘贴"选项	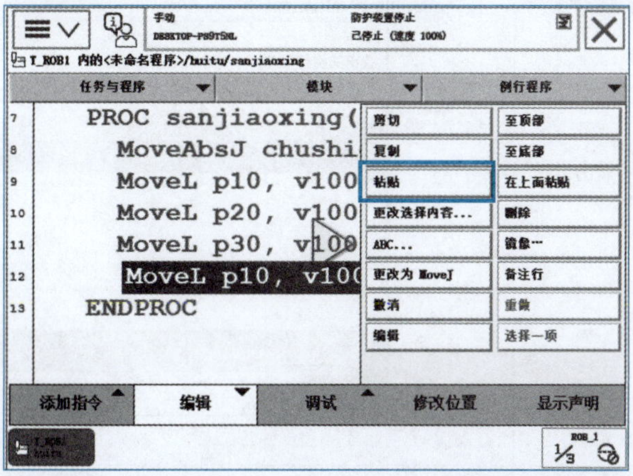

学习笔记

续上表

操作步骤	示 意 图
第 28 步：同样的方法，再复制 MoveAbsJ 指令，程序编制完成	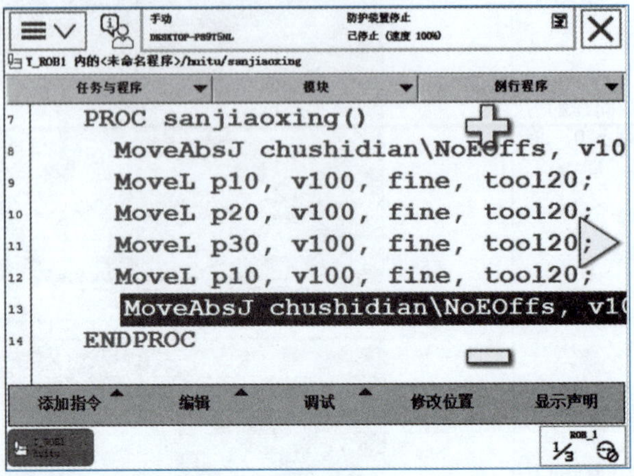
第 29 步：单击“调试”按钮，选择“PP 移至例行程序”选项	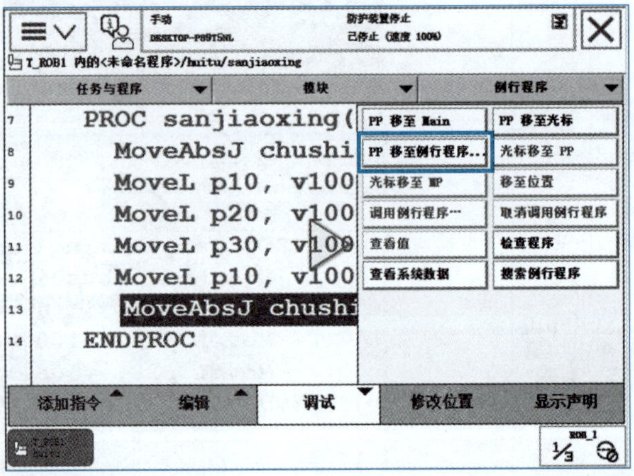
第 30 步：单击“确定”按钮	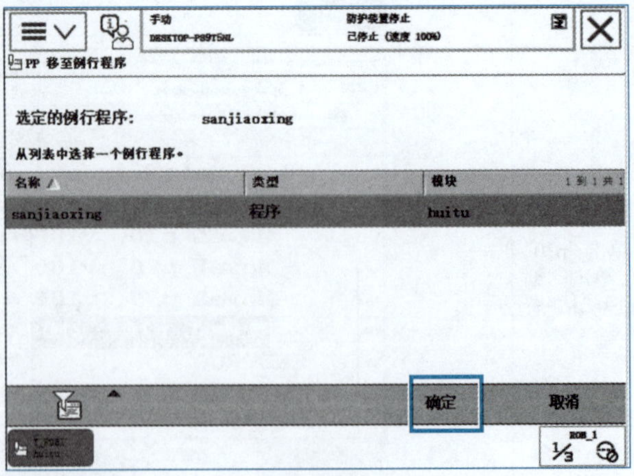

续上表

操作步骤	示意图
第 31 步：程序指针就出现了	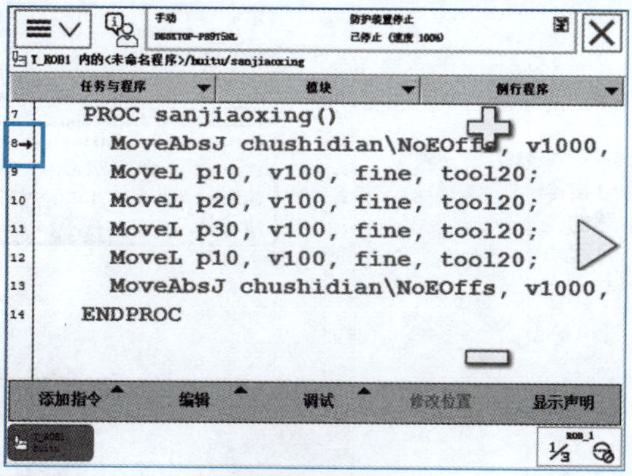
第 32 步：按下程序启动按钮，运行程序	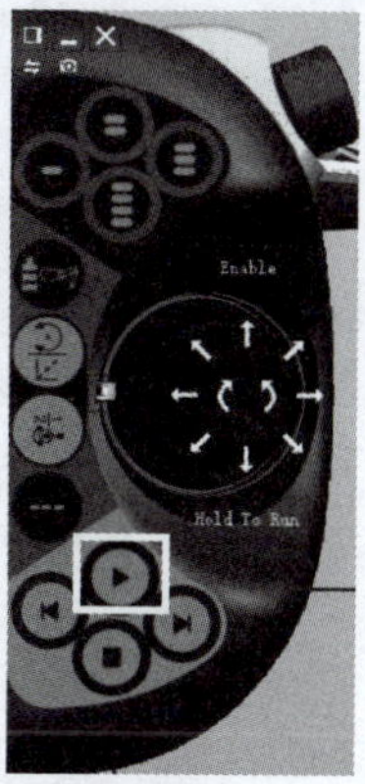

按下使能按钮后，单击运行，三角形图案就绘制出来了。正方形的程序编写方法同上，不再赘述。

二、绘制圆形图案

绘制圆形图案的操作步骤见表 4.1.8。

表 4.1.8　绘制圆形图案的操作步骤

操作步骤	示意图
第 1 步：按照上面同样的方法，新建例行程序，命名为“yuanxing”，单击“确定”按钮	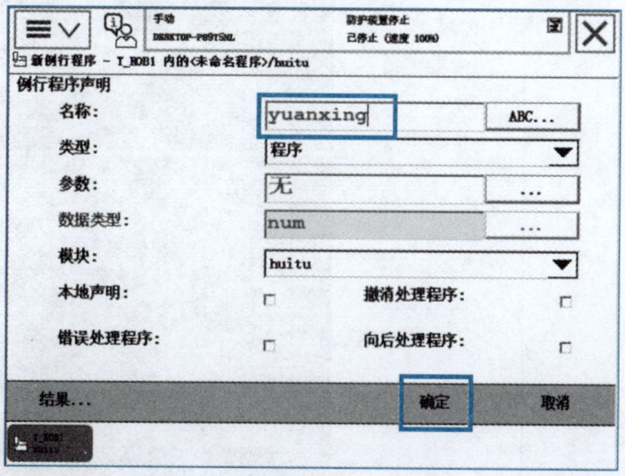

学习笔记

续上表

操作步骤	示 意 图
第 2 步：添加指令如图，需要注意的是 p40 既是圆形的起点也是圆形的终点	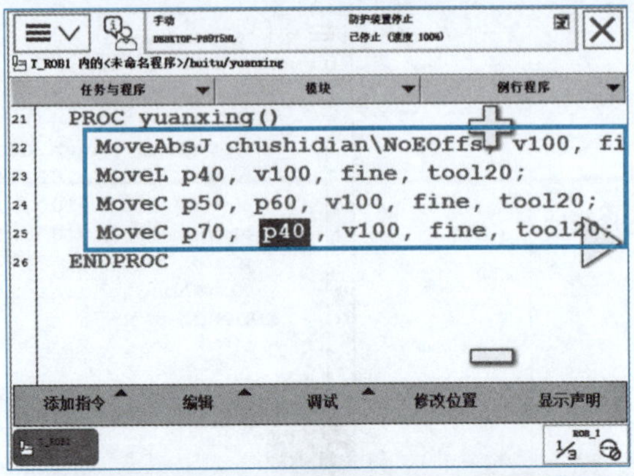
第 3 步：手动操纵机器人，使笔尖接触 p40，选择 p40，修改位置	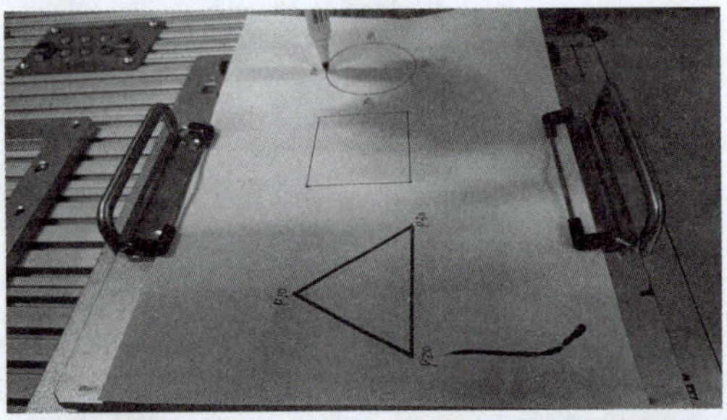
第 4 步：同理，修改 p50、p60、p70 的位置	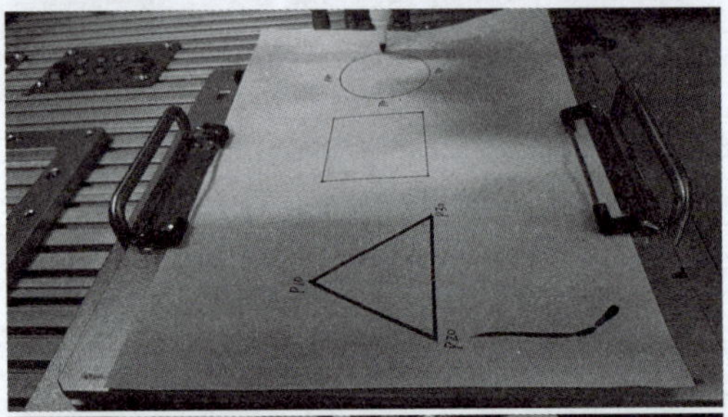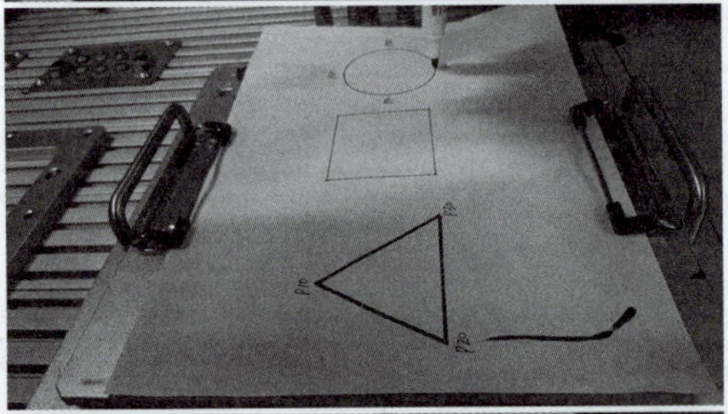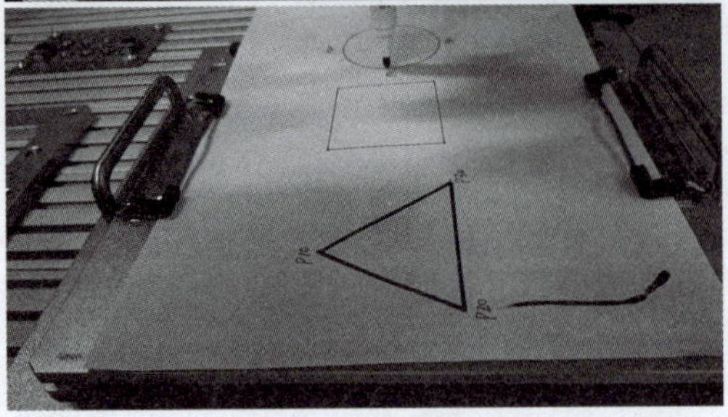

续上表

学习笔记

操作步骤	示 意 图
第 5 步：执行程序，圆形就绘制出来了	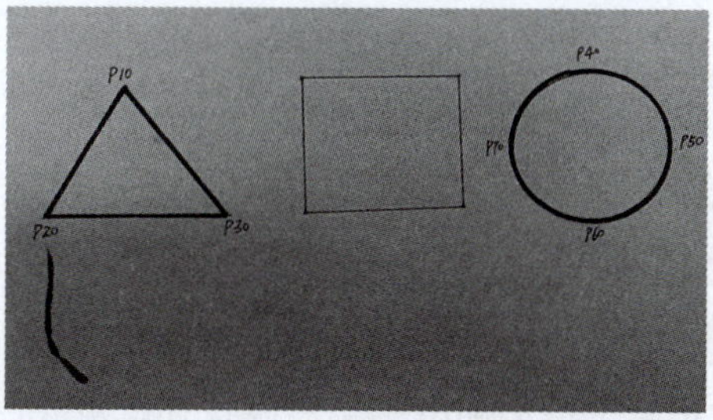

习题与思考

一、选择题

1. 机器人程序中，MoveL 指令可实现（　　）。

   A. 线性移动　　B. 关节移动　　C. 圆弧移动　　D. 快速移动。

2. 指令“MoveL p30,v100, fine, tool0;”中，v100 表示（　　）。

   A. 移动速度为 100 mm/min

   B. 移动速度为 100 mm/s

   C. 移动距离 100 m

   D. 移动距离 100 mm

3. 以下线性运动指令使用错误的是（　　）。

   A. MoveL p10, v1000, fine, tool1;

   B. MoveL p20, v300, z50, tool1\Wobj:=wobj0;

   C. MoveL p20, v800, fine, tool0;

   D. MoveL p10, v100, z50, tool1，wobj1;

4. 关节运动指令为（　　）。

   A. MoveL　　B. MoveC　　C. MoveJ　　D. MoveAbsJ

5. 机器人确定圆弧轨迹的原理是（　　）。

   A. 圆心与半径　　B. 两点定圆弧　　C. 三点定圆弧　　D. 起点、终点与半径

6. 绝对位置运动指令采用的目标点位数据类型为（　　）。

   A. robotarget　　B. jointtarget　　C. tooldate　　D. wobjdate

二、素质养成训练

小组讨论：根据绝对位置运动指令的工作原理，谈一谈做事有始有终的重要性。

学习笔记

任务2 编制工业机器人物料搬运程序

任务描述

本任务学习如何编制工业机器人物料搬运程序，图 4.2.1 为一个工业机器人物料搬运模块的工作站，包括工业机器人本体、控制柜、示教器、搬运模块、平口钳夹具等，搬运模块上放置有电机壳体模型、转子模型以及电机端盖，通过编写程序，机器人从初始位置出发，可以自动把转子模型和电机端盖放置到电机壳体内以后再回到初始位置。

图 4.2.1 工业机器人搬运工作站

知识链接

视频

赋值指令

一、赋值指令

赋值指令用于对程序数据进行赋值，赋值可以是一个常量或数学表达式。下面就添加一个常量赋值与数学表达式赋值说明此指令的使用。

常量赋值：reg1: ＝ 5，操作步骤见表 4.2.1。

表 4.2.1 赋值指令 reg1: ＝ 5 的操作步骤

操作步骤	示意图
第 1 步：在指令列表中选择“: ＝”选项	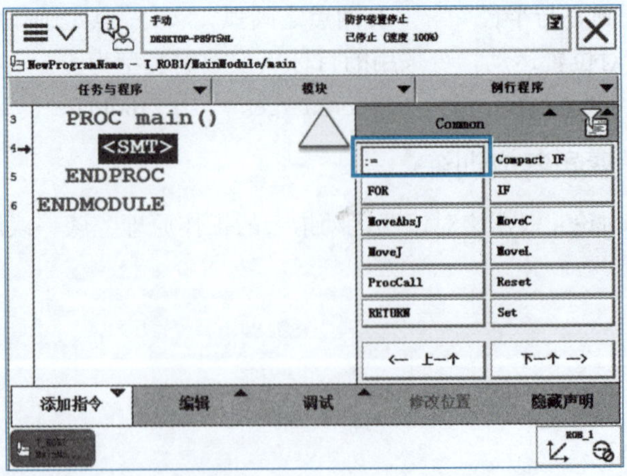

续上表

学习笔记

操作步骤	示 意 图
第 2 步：单击“更改数据类型…”按钮，选择 num 数字型数据	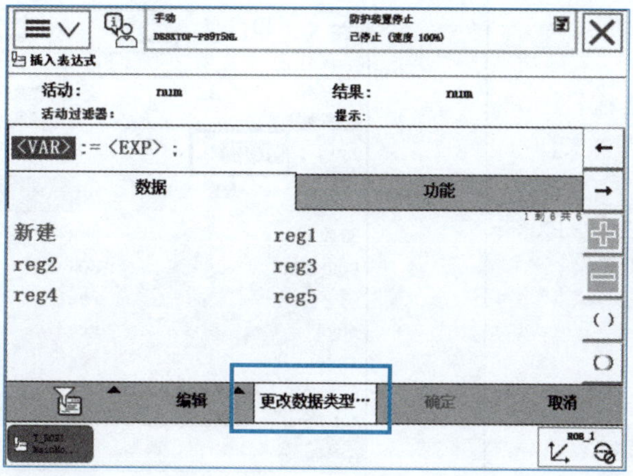
第 3 步：在类表中找到“num”并选中，然后单击“确定”按钮	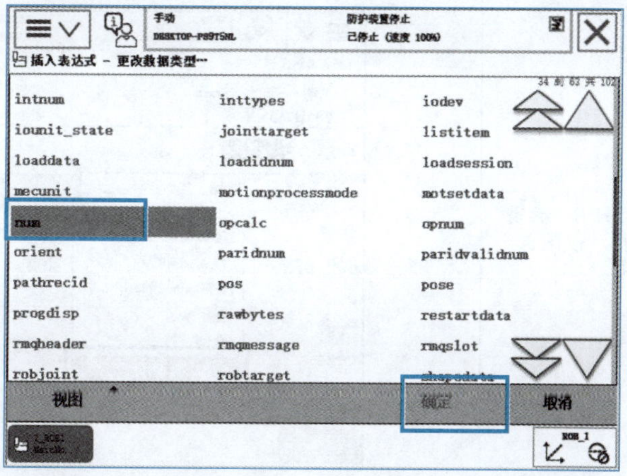
第 4 步：选中“reg1”	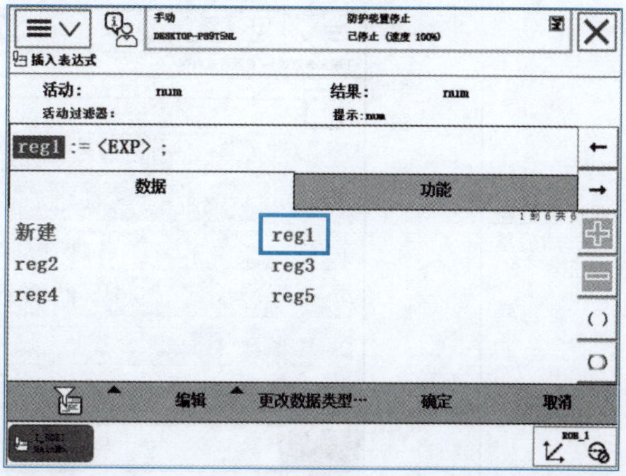

学习笔记

续上表

操作步骤	示 意 图
第5步:选中“<EXP>”并蓝色高亮显示	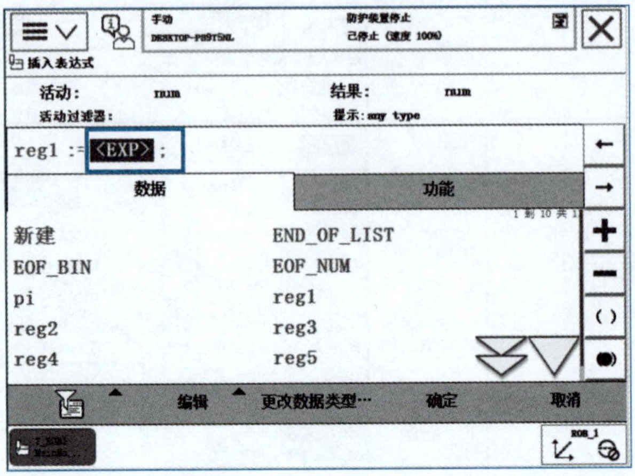
第6步:打开“编辑”菜单,选择“仅限选定内容”选项	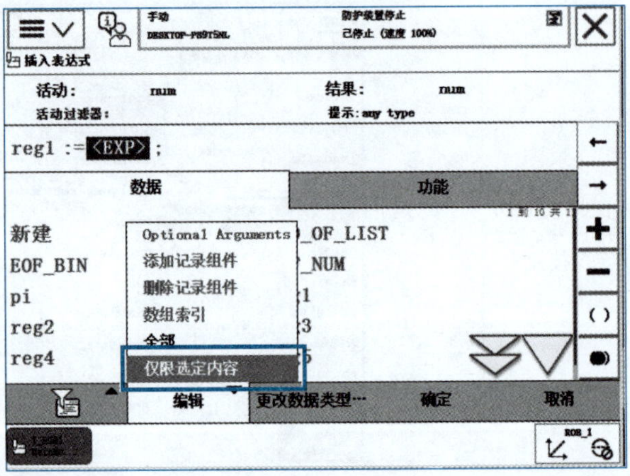
第7步:通过软键盘输入数字“5”,然后单击“确定”按钮	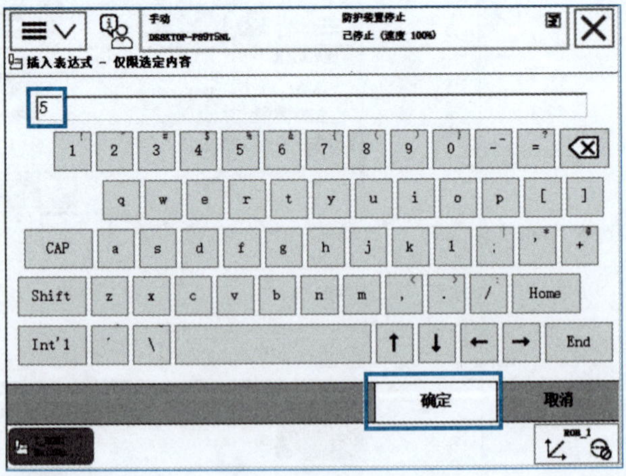

续上表

操作步骤	示　意　图
第 8 步：单击“确定”按钮	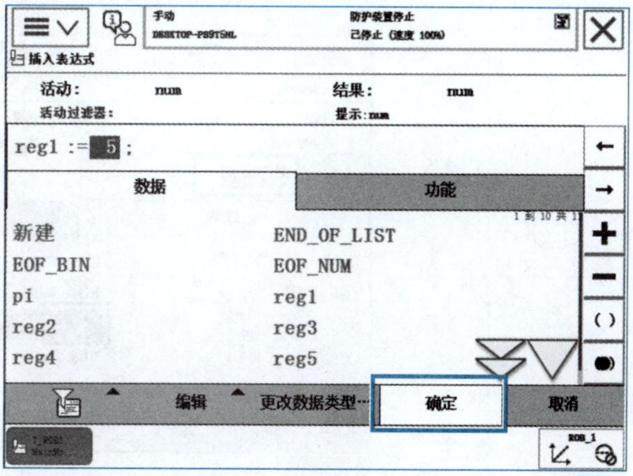
第 9 步：在程序编辑窗口中能看见所增加的指令	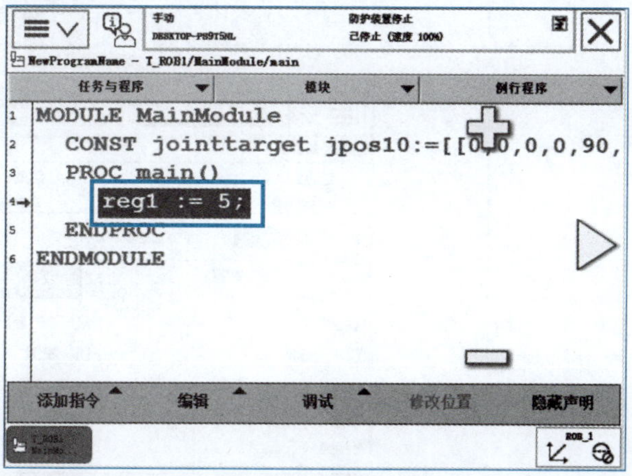

数学表达式赋值如 reg2: = reg1+4，操作步骤见表 4.2.2，前面操作步骤同上。

表 4.2.2　赋值指令 reg2: = reg1+4 的操作步骤

操作步骤	示　意　图
第 1 步：选择“reg2”	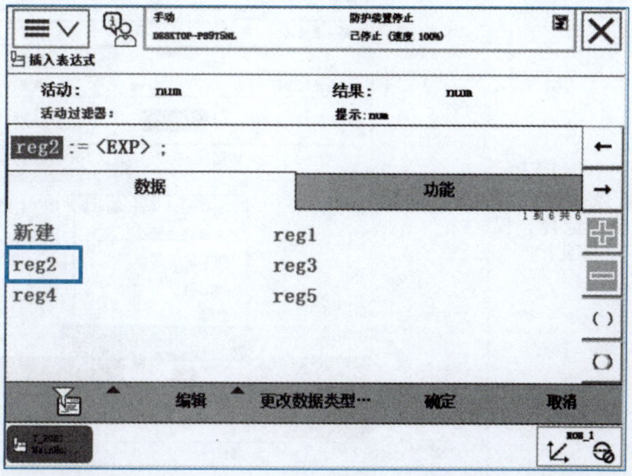

学习笔记

续上表

<table>
<tr><th>操作步骤</th><th>示意图</th></tr>
<tr><td>第 2 步：选中“<EXP>”，显示为蓝色高亮，选择“reg1”</td><td>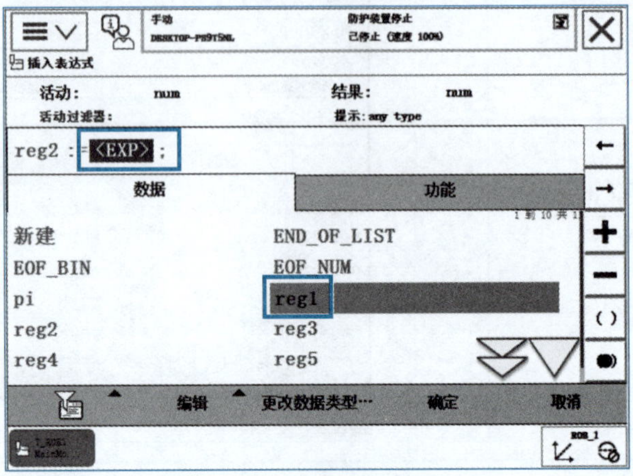
</td></tr>
<tr><td>第 3 步：选中“+”按钮</td><td>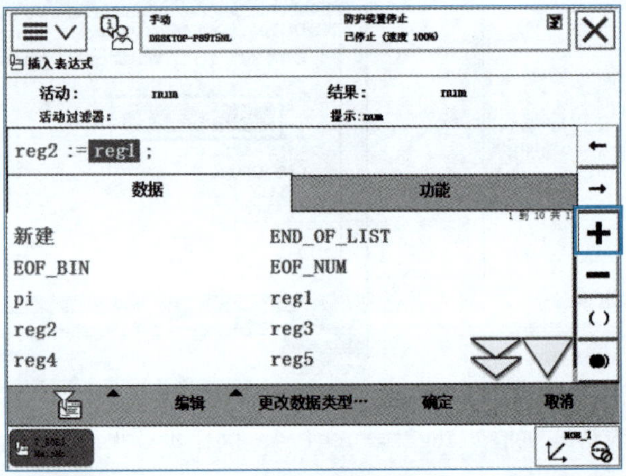
</td></tr>
<tr><td>第 4 步：选中“<EXP>”并蓝色高亮显示，打开“编辑”菜单，选择“仅限选定内容”选项</td><td>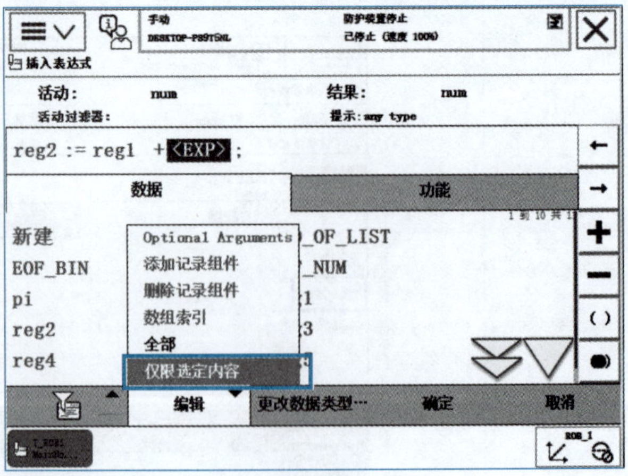
</td></tr>
</table>

学习笔记

续上表

操作步骤	示　意　图
第 5 步：通过软键盘输入数字“4”，然后单击“确定”按钮	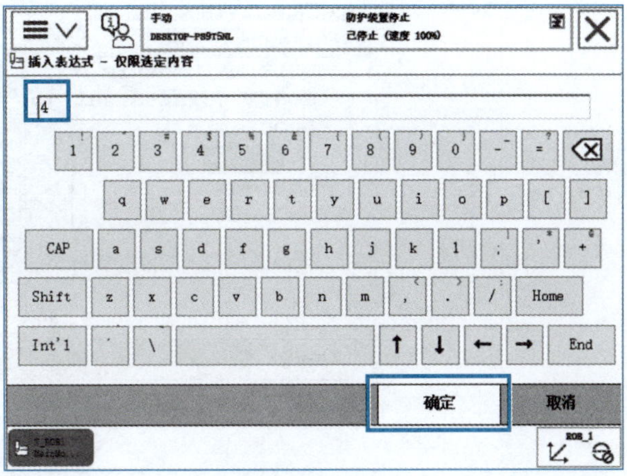
第 6 步：单击“确定”按钮，在程序编辑窗口中能看见所增加的指令	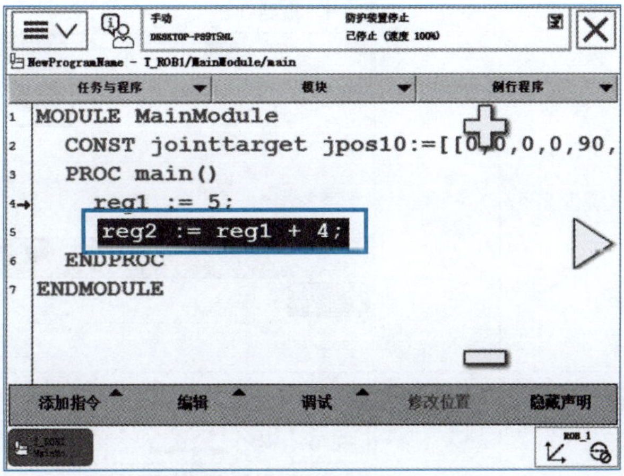

二、I/O 控制指令

视频

I/O控制指令 Set、Reset

I/O 控制指令用于控制 I/O 信号，以达到与机器人周边设备进行通信的目的。在工业机器人工作站中，I/O 通信是很重要的学习内容，主要是指通过对 PLC 的通信设置来实现信号的交互，如当打开相应开关，使 PLC 输出信号，而机器人就会接收到这个输入信号，然后做出相应的反应来实现某项任务。

1. 数字信号置位指令 Set

操作步骤见表 4.2.3。

学习笔记

表 4.2.3 数字信号置位指令的操作步骤

操作步骤	示 意 图
第 1 步：单击“添加指令”按钮，单击“Set”选项	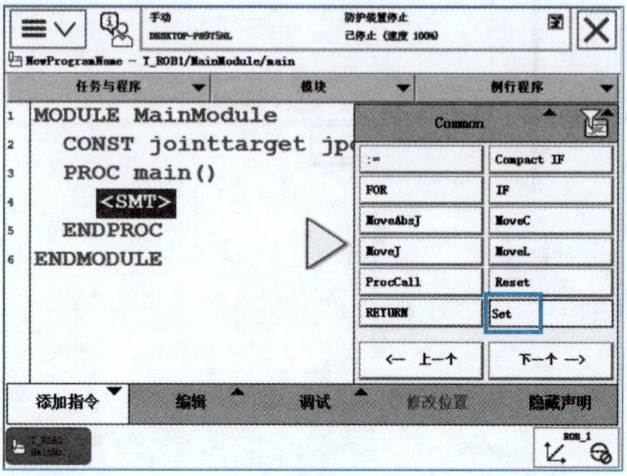
第 2 步：单击“do1”，单击“确定”按钮	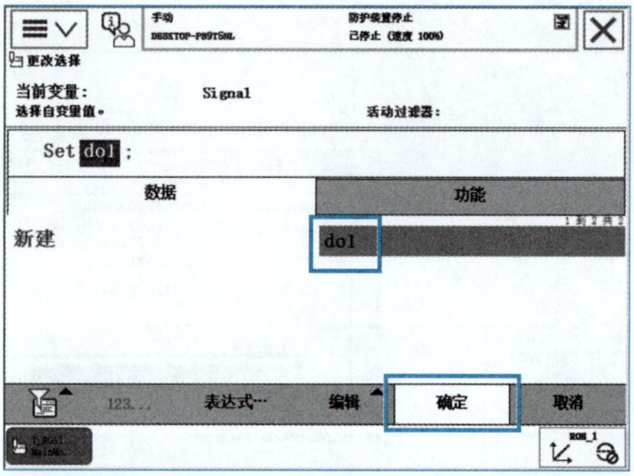
第 3 步：在程序编辑窗口中能看见所增加的指令	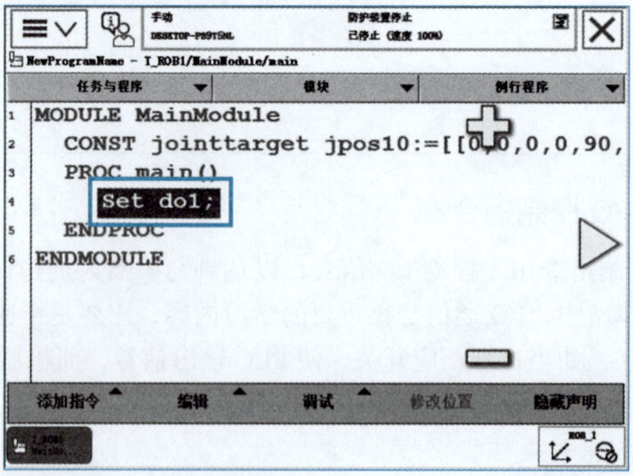

学习笔记

续上表

操作步骤	示 意 图
第 4 步：执行程序后，do1 变为 1	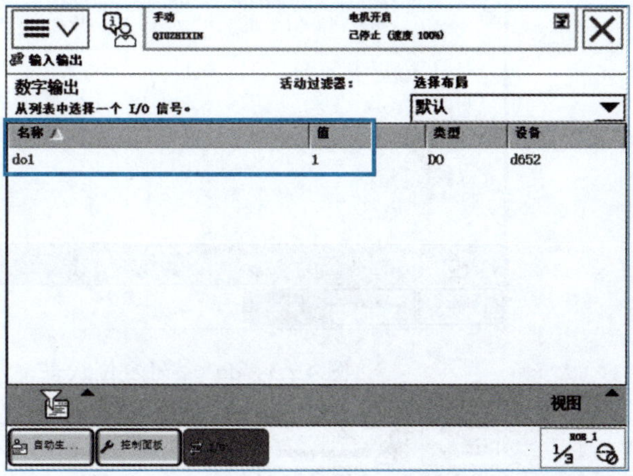

2. 数字信号复位指令 Reset

操作步骤与上述相同，在程序编辑窗口中能看见所增加的指令，如图 4.2.2 所示。

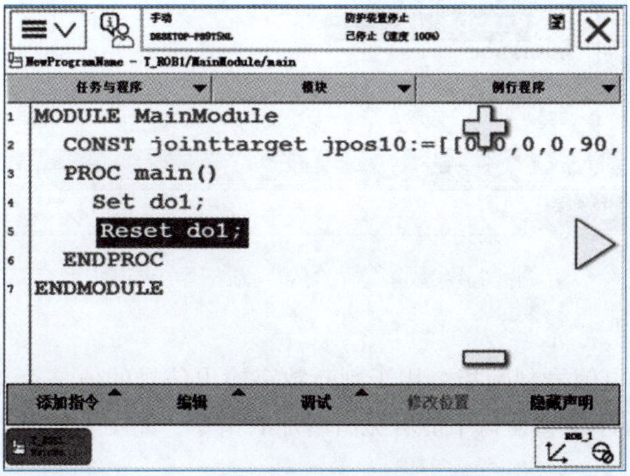

图 4.2.2　数字信号复位指令 Reset

Reset 数字信号复位指令用于将数字输出（Digital Output）do1 置位为“0”，如图 4.2.3 所示。如果在 Set、Reset 指令前有运动指令 MoveL、MoveJ、MoveC、MoveAbsJ 的转弯区数据，必须使用 fine 才可以准确地输出 I/O 信号状态的变化。

3. 数字输入信号判断指令 WaitDI

WaitDI 数字输入信号判断指令用于判断数字输入信号的值是否与目标一致。操作步骤与上述相同，在程序编辑窗口中能看见所增加的指令，如图 4.2.4 所示。

在程序执行此指令时，等待 di1 的值为 1。如果 di1 为 1，则程序继续往下执行；如果达到最大等待时间 300 s 以后，di1 的值还不为 1，则机器人报警或进入出错处理程序。

视 频

IO控制指令–WaitDI、WaitDO、WaitTime指令

学习笔记

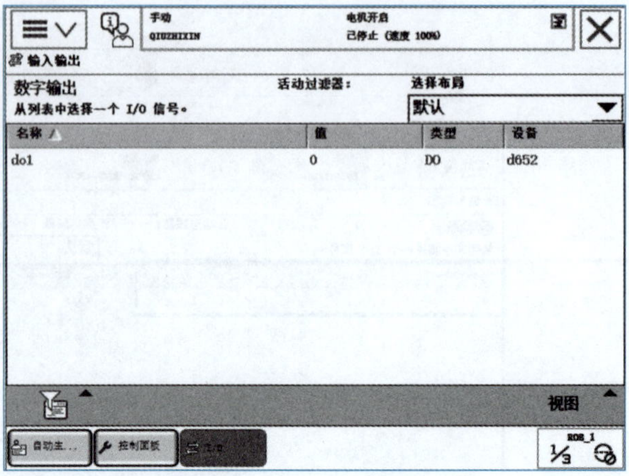

图 4.2.3　do1 信号复位状态

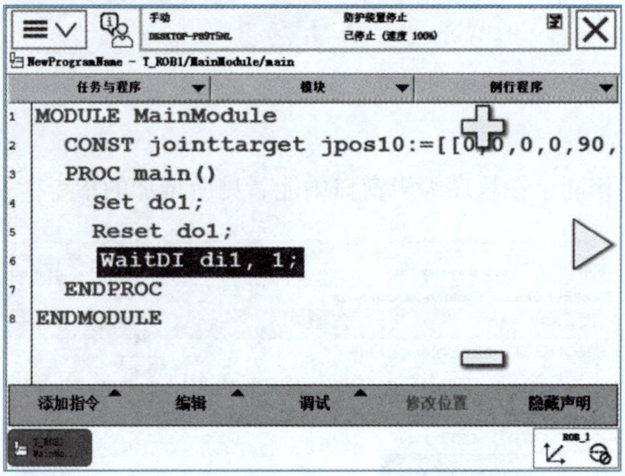

图 4.2.4　数字输入信号判断指令 WaitDI

4. 数字输出信号判断指令 WaitDO

WaitDO 数字输出信号判断指令用于判断数字输出信号的值是否与目标一致。操作步骤与上述相同，在程序编辑窗口中能看见所增加的指令，如图 4.2.5 所示。

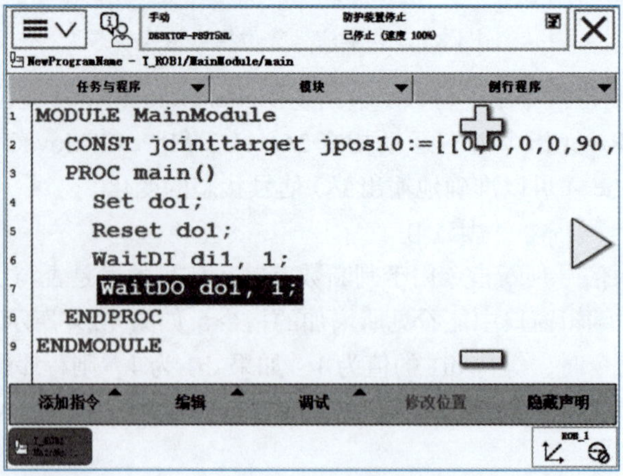

图 4.2.5　数字输出信号判断指令 WaitDO

学习笔记

5. 时间等待指令 WaitTime

时间等待指令，用于程序在等待一个指定的时间以后，再继续向下执行。操作步骤与上述相同，在程序编辑窗口中能看见所增加的指令，如图 4.2.6 所示。

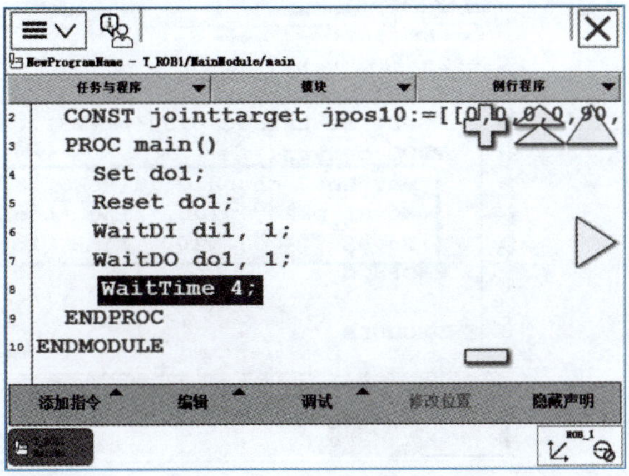

图 4.2.6 时间等待指令 WaitTime

如图 4.2.6 所示的设置是表示等待 4 s 以后，程序向下执行指令。

任务实施

规划出工业机器人工作路径，确定各个目标点的名称，需要注意的是，进行抓取和放置的时候，机器人运行轨迹一定要保持垂直，否则不精确，这样在抓取和放置点的正上方一定要设置目标点，抓取转子模型的目标点，定义为 p100，其正上方点，定义为 p110；抓取电机端盖模型的目标点，定义为 p120，其正上方点，定义为 p130；放置转子模型和电机端盖的目标点，定义为 p140，其正上方点，定义为 p150。机器人抓取和放置转子模型的轨迹路线为：chushidian- p110- p100 抓取 p110 p150- p140- 放置 - p150，操作步骤见表 4.2.4。抓取电磁阀对应的信号名字为 jiazhua，关于信号的配置参考项目二内容。

表 4.2.4 搬运电机转子、端盖的操作步骤

操作步骤	示 意 图
第 1 步：新建例行程序，命名为“banyun”	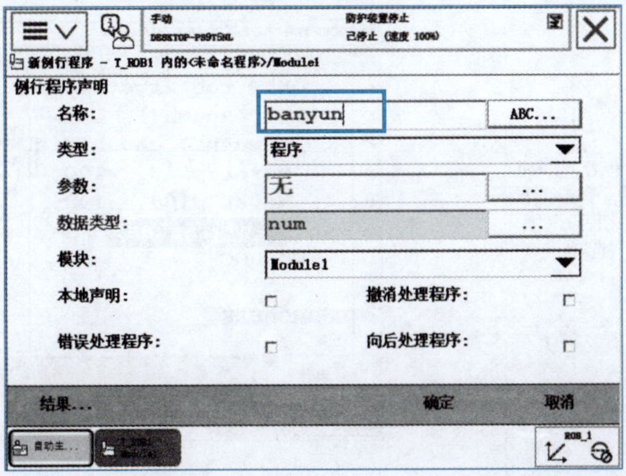

学习笔记

续上表

操作步骤	示 意 图
第 2 步：按着抓取轨迹，依次输入指令	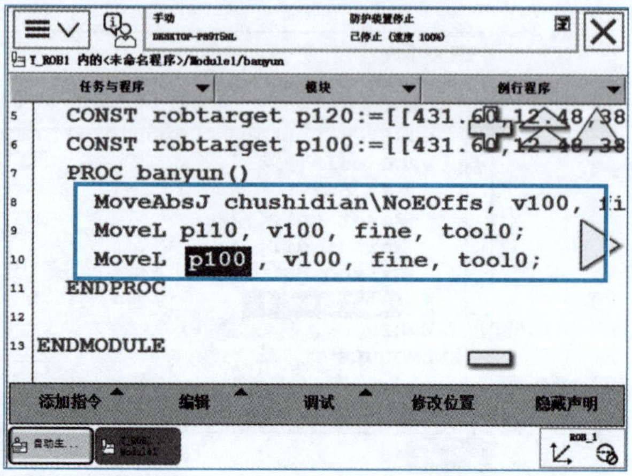
第 3 步：单击“添加指令”按钮，单击“Set”选项，选择“jiazhua”选项	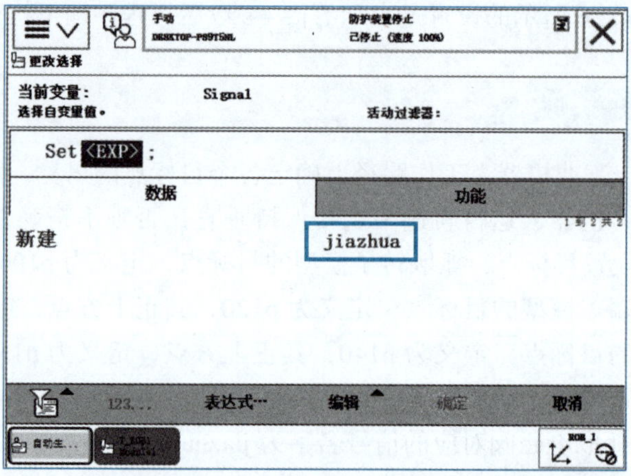
第 4 步：单击“添加指令”按钮，单击“下一个”按钮，选择“WaitTime”选项	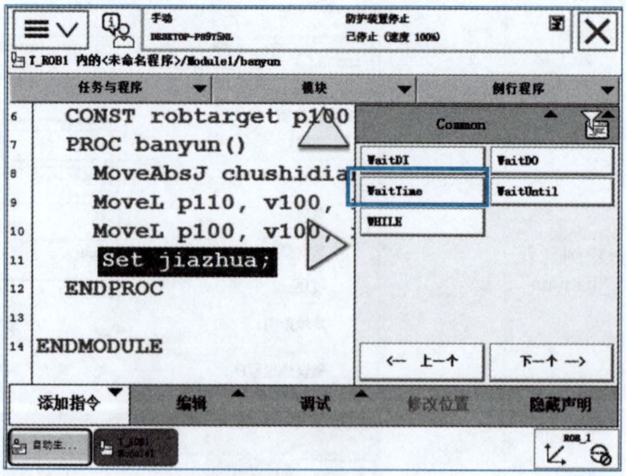

学习笔记

续上表

操作步骤	示 意 图
第 5 步：单击“123”，修改时间为 1 s	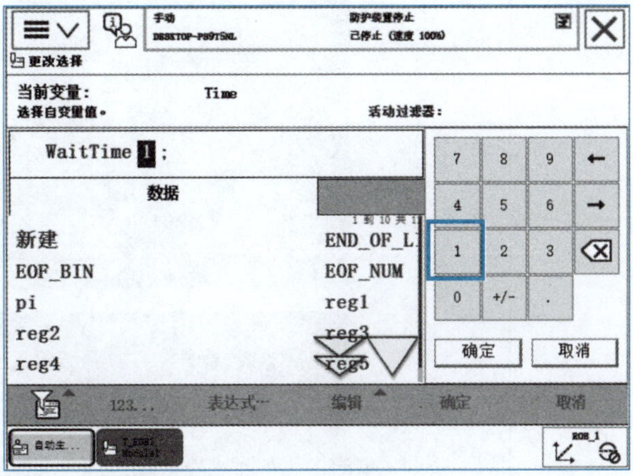
第 6 步：输入放置目标点指令	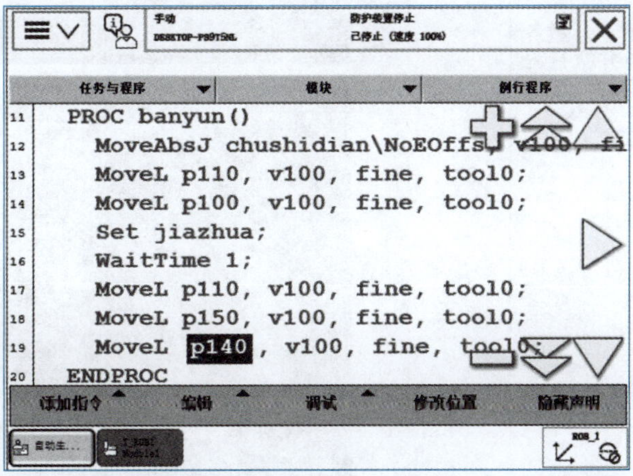
第 7 步：同样的方法，添加放置信号，等待时间，放下后抬起	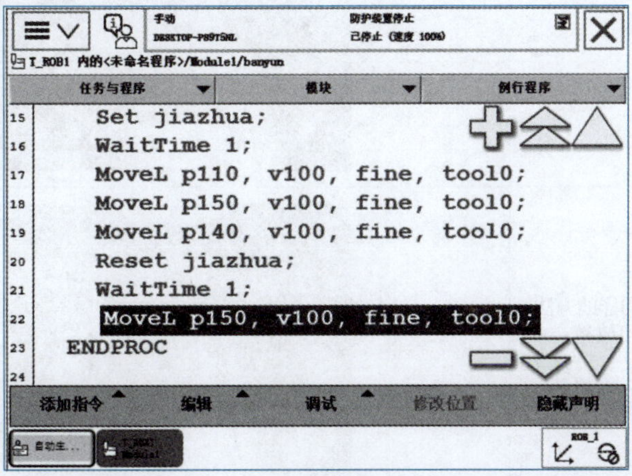

学习笔记

续上表

操作步骤	示 意 图
第 8 步：依次示教各个目标点，并执行程序，转子模型就放入电机壳体里	 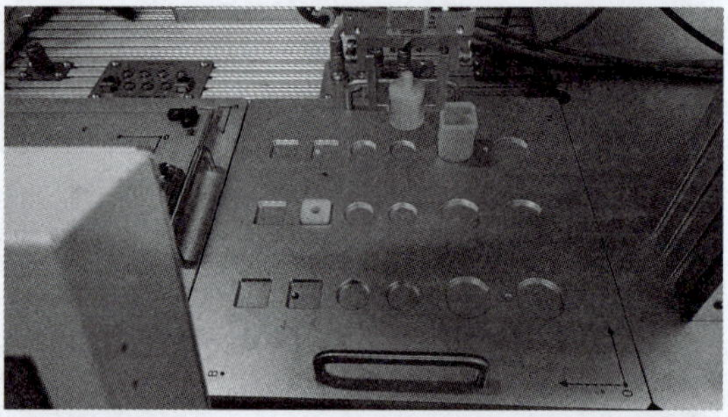 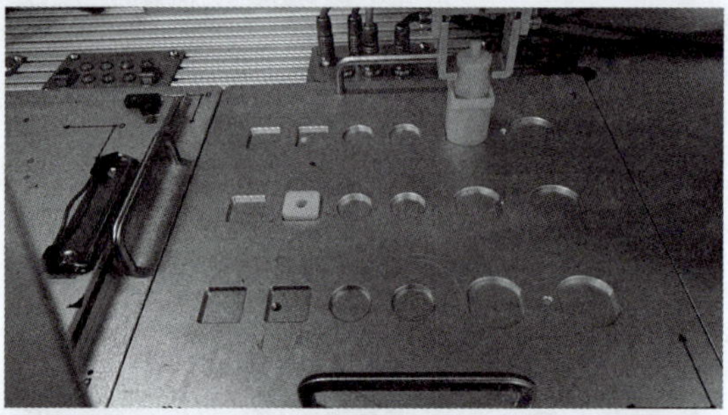 
第 9 步：同样的方法，编制抓取和放置电机端盖的程序，并示教调试，一个电机模型装配完成	

学习笔记

习题与思考

一、选择题

1. 对于 ABB 工业机器人，“WaitDI FrPigReady,1”语句解释正确的是（　　）。
   A. 等待数字输入信号 FrPigReady 的值为 1
   B. 等待数字输出信号 FrPigReady 的值为 1
   C. 等待模拟输入信号 FrPigReady 的值为 1
   D. 以上都不对
2. Set 指令的功能是（　　）。
   A. 设定组输出信号的值
   B. 设定数字输出信号的值
   C. 设定模拟输出信号的值
   D. 将数字输出信号置为 1
3. 下列（　　）指令可用于等待一个数字量输入信号。
   A. WaitDO　　B. WaitDI　　C. WaitAI　　D. WaitTime
4. 下列语句使用错误的是（　　）。
   A. WaitDI Di1,1;
   B. WaitUntil di1=1;
   C. WaitDO do4=1;
   D. Set Do1;
5. WaitDO 指令的功能是（　　）。
   A. 等待一个指定的时间
   B. 等待一个条件满足后，程序继续往下执行
   C. 等待一个输入信号状态为设定值
   D. 等待一个输出信号状态为设定值

二、素质养成训练

小组讨论：通过物料搬运程序的编写与调试，谈一谈精益求精的意义。

学习笔记

任务 3 编制工业机器人逻辑判断与中断程序

任务描述

弧焊机器人为了解决断续式焊接轨迹的交叉作业，可编写多个包含不同控制逻辑的轨迹及动作段的例行程序，再通过调用或终止例行程序来控制机器人动作。当程序执行过程中，发生需要紧急处理的情况时，需要中断当前执行的程序，跳转指针到对应的程序中，对紧急情况进行相应的处理。本任务以数字信号作为触发信号，工业机器人根据信号的不同完成不同的程序流程，或触发中断程序。

知识链接

一、程序流程控制指令

程序流程控制指令主要包含程序之间调用指令、单一程序内部的逻辑控制指令以及终止程序执行指令。在实际应用时，程序流程控制指令可以有效地实现加工工艺所需要的各类复合型轨迹及对动作的控制。

1. 条件逻辑判断指令

条件逻辑判断指令用于对条件进行判断后，执行相应的操作。该指令是 RAPID 程序中的重要组成部分，条件逻辑判断指令可以在单一程序内部进行条件判断、循环判断、选择分支判断、跳转判断等操作。常用的条件逻辑判断指令有 Compact IF、IF、FOR、WHILE、TEST、Label 和 GOTO。

（1）Compact IF 为紧凑型条件判断指令，因为根据判断只能执行一个指令，指令的使用格式为 IF< 条件表达式 >< 指令 >，其使用操作步骤见表 4.3.1。

表 4.3.1 Compact IF 的使用操作步骤

操作步骤	示 意 图
第 1 步：单击“添加指令”按钮，选择“Compact IF”选项	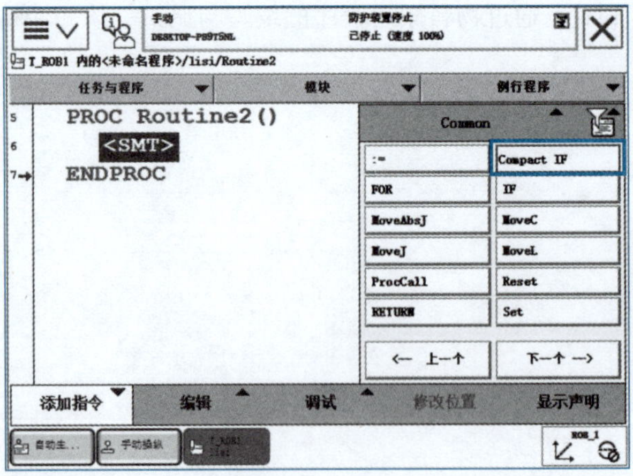

学习笔记

续上表

操作步骤	示意图
第 2 步：单击“更改数据类型…”按钮，选择“num”选项	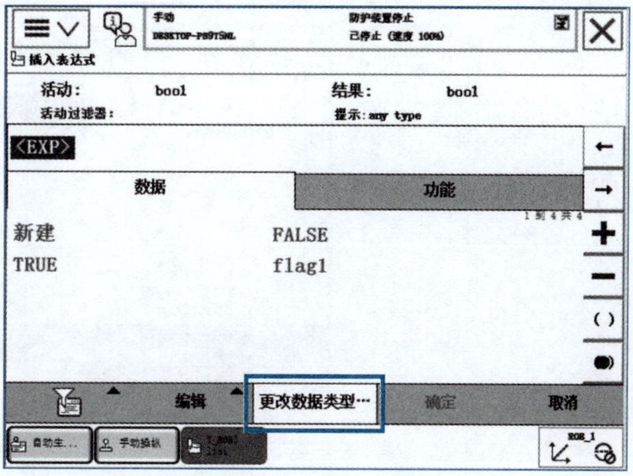
第 3 步：选择数字量 reg1，选择“+”按钮，选择“>”按钮	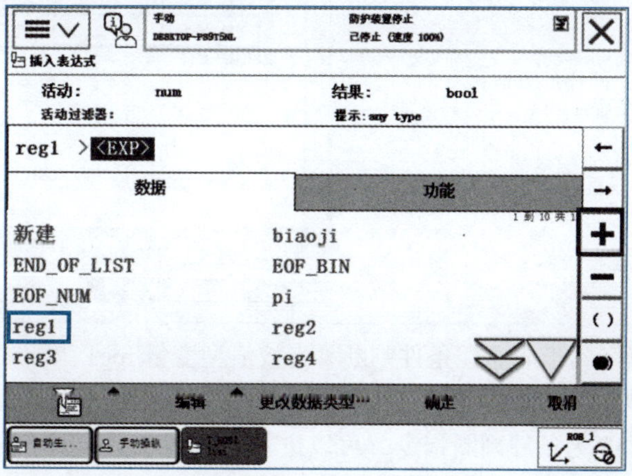
第 4 步：占位符 <EXP> 修改为 1	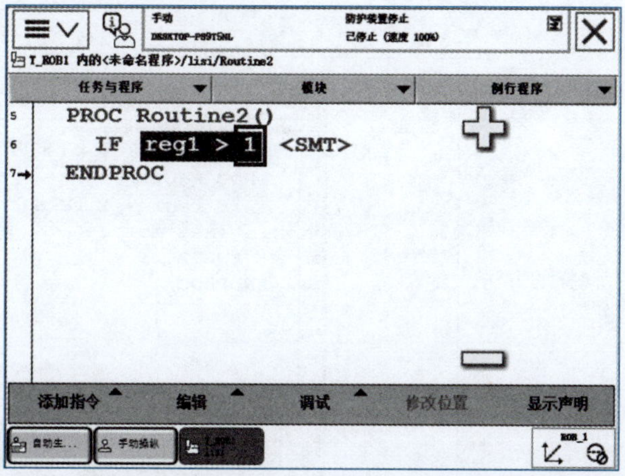

续上表

操作步骤	示　意　图
第 5 步：占位符 <SMT> 修改为 Set do1	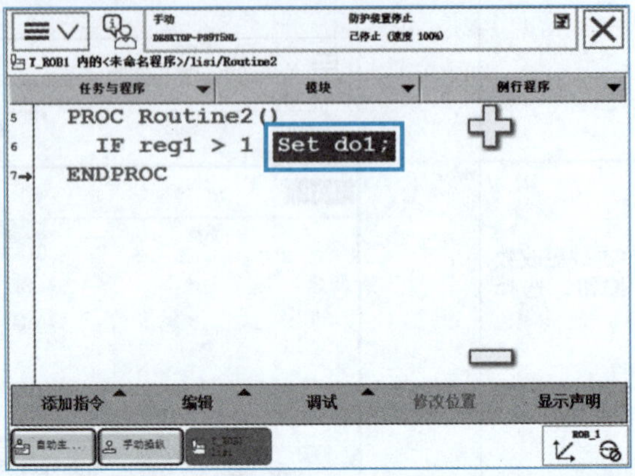
第 6 步：同样的方法，输入第二条程序	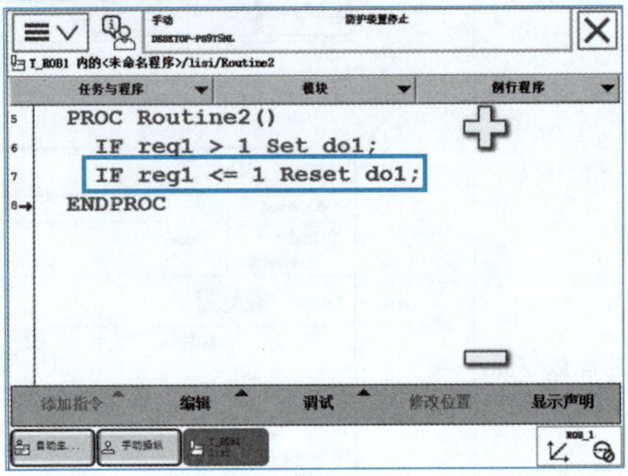

此程序属于成立性条件判断，当数值型变量 reg1 大于 1 时，将数字输出信号 do1 置 1；当数值型变量 reg1 小于或等于 1 时，将数字输出信号 do1 复位为 0。

（2）IF 为条件判断指令，可以进行多重判断，根据不同的满足条件，执行相对应的指令，其使用操作步骤见表 4.3.2。

表 4.3.2　IF 的使用操作步骤

操作步骤	示　意　图
第 1 步：同样的方法，输入 IF 指令	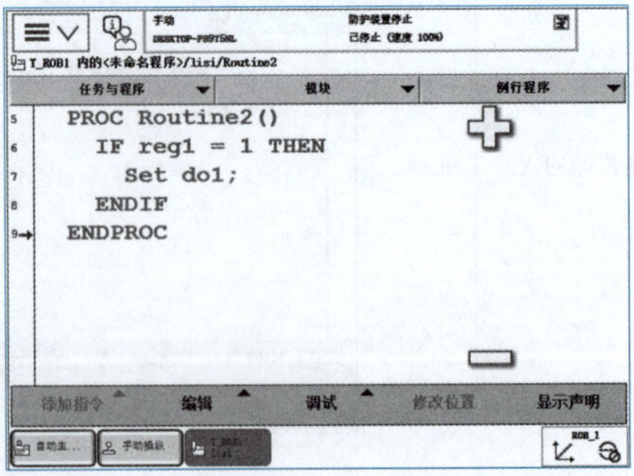

学习笔记

续上表

操作步骤	示　意　图
第 2 步：双击 IF，单击“添加 ELSEIF”按钮、单击“添加 ELSE”按钮	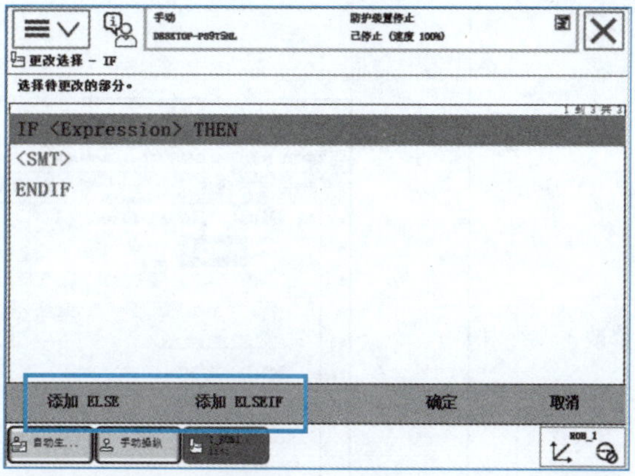
第 3 步：同样的方法，添加新的指令	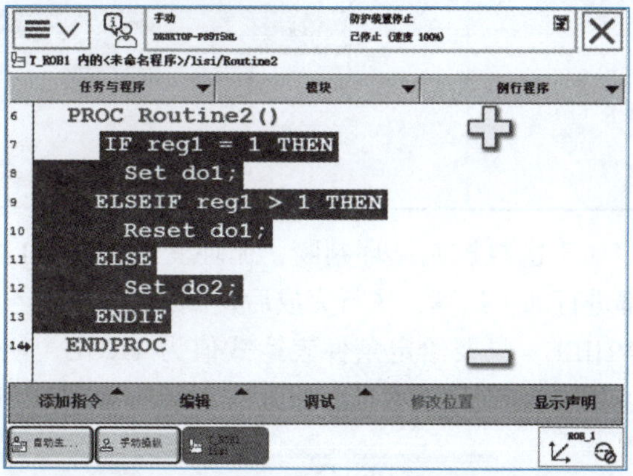

此程序属于选择性条件判断，当数值型变量 reg1 等于 1 时，将数字输出信号 do1 置为 1；当数值型变量 reg1 大于 1 时，将数字输出信号 do1 复位为 0，否则将数字输出信号 do2 置为 1。

（3）FOR 指令也称为循环指令，当一个或多个指令重复多次时使用，其使用操作步骤见表 4.3.3。

表 4.3.3　FOR 的使用操作步骤

操作步骤	示　意　图
第 1 步：单击“添加指令”按钮，选择“FOR”选项	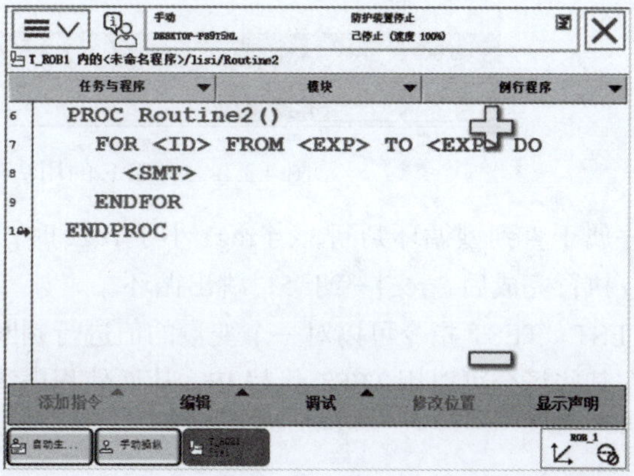

视频

条件逻辑指令-FOR、WHILE指令

学习笔记

续上表

操作步骤	示 意 图
第 2 步：修改占位符内容	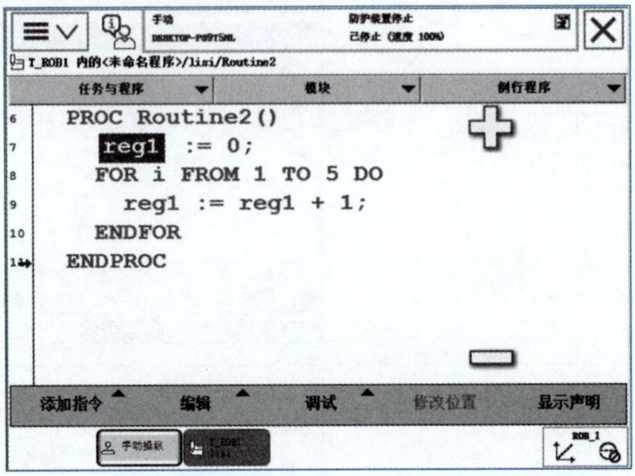

此程序属于次数控制循环判断，循环变量 i 将从 1 分 5 次自加到 5，且每次自加时，数值变量都进行加 1 运算，执行完成后，reg1=5。

（4）WHILE。只要给定条件表达式值为 TRUE，便执行 WHILE 循环，当重复一些指令时，使用 WHILE。按着上面的方法，输入 WHILE 指令，如图 4.3.1 所示。

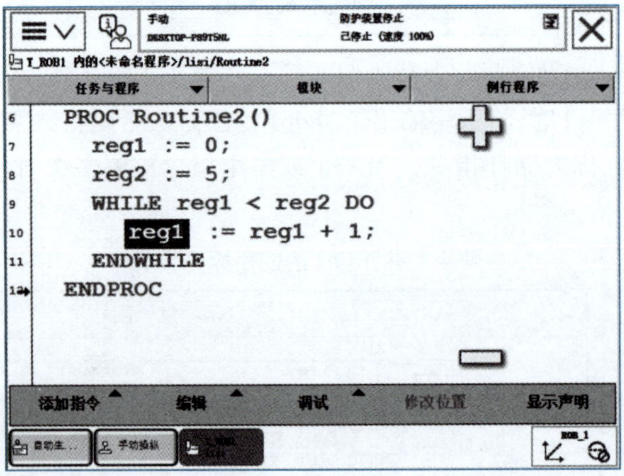

图 4.3.1　WHILE 的用法

此程序属于直到型循环判断，当 reg1 小于 reg2 时，reg1 执行自加 1，直到 reg1 大于等于 reg2，执行完成后，reg1 等于 5，跳出循环。

（5）TEST。TEST 指令可以对一个变量的值进行判断，根据变量值的不同而执行不同的程序，在某些场合可以用 TEST 代替 IF，从而使程序流程简单易懂。其使用操作步骤见表 4.3.4。

视频

条件逻辑指令–TEST指令

学习笔记

表 4.3.4 TEST 的使用操作步骤

操作步骤	示 意 图
第 1 步：单击“添加指令”按钮，选择“Prog.Flow”选项	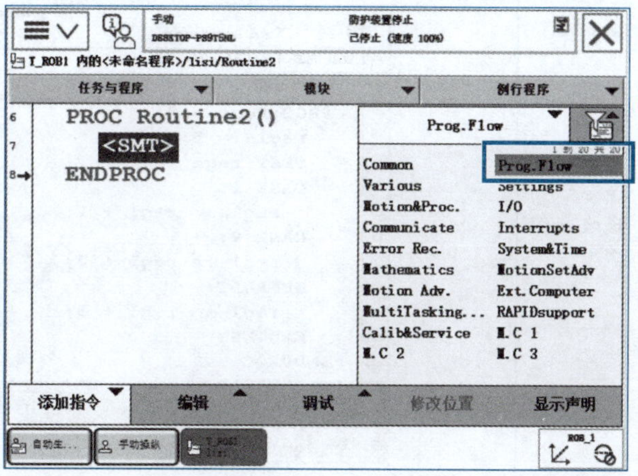
第2步：选择“TEST”指令	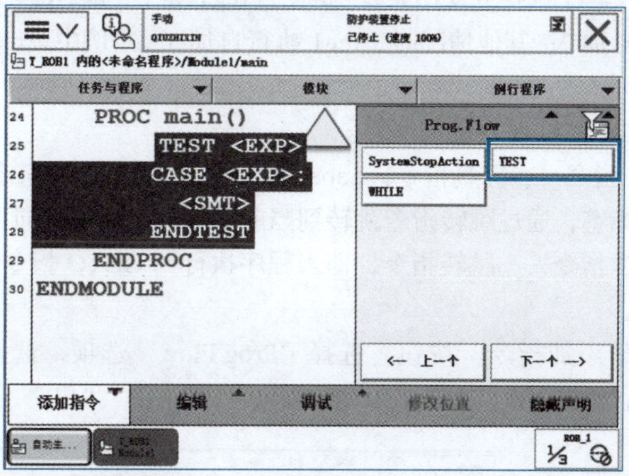
第 3 步：单击高亮 TEST，单击添加“CASE”、单击“添加 DEFAULT”按钮，单击“确定”按钮	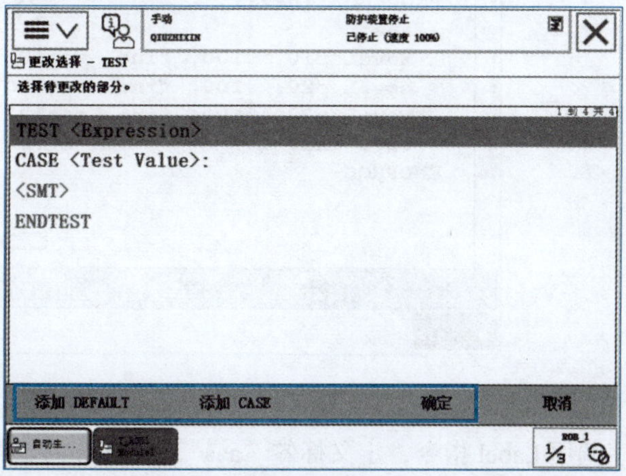

续上表

操作步骤	示 意 图
第 4 步：修改占位符内容	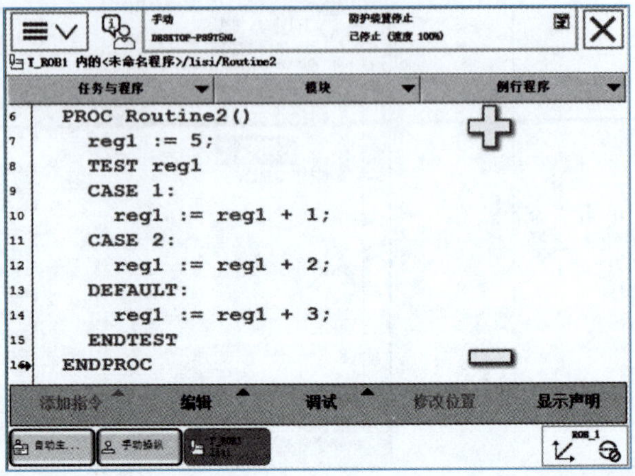

此程序属于选择分支型条件判断，当 reg1 等于 1 时，reg1 执行自加 1；当 reg1 等于 2 时，reg1 执行自加 2；其他情况时，reg1 执行自加 3。本例中，reg1 等于 5，执行完成后，reg1 等于 8。

（6）Label 和 GOTO 的使用。

Label 指令——标签指令，Label 指令和 GOTO 指令搭配使用，Label 只是跳转指令的一个位置标签，通过跳转指令跳转到当前标签位置后继续向下执行。

GOTO 指令——跳转指令，即当程序执行到 GOTO 指令时跳转到对应 Label 标签下面程序执行。

单击“添加指令”按钮，选择“Prog.Flow”选项，选择 Label 和 GOTO，并建立如图 4.3.2 所示的程序。

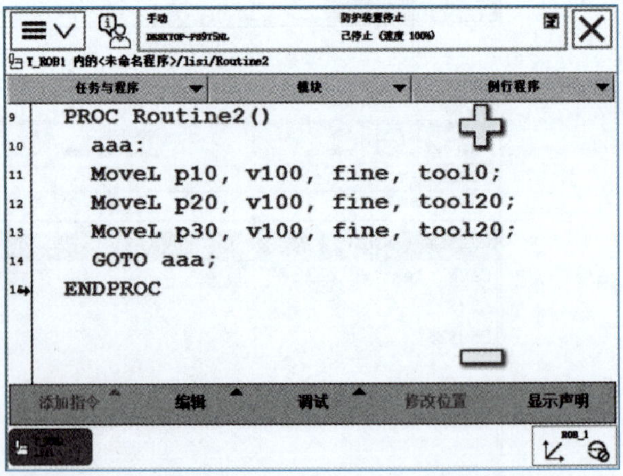

图 4.3.2　Label 和 GOTO 的用法

此程序调用 Label 指令，定义标签“aaa”，使用 GOTO 指令可以将程序重新跳转到标签处。

学习笔记

2. 程序调用指令

在实际应用中，在一个完整的生产流程里，机器人经常需要重复执行某一段动作或逻辑判断，一般来说，编制机器人程序时，需要根据完整的工作流程分解和提取出相对的独立的小流程，通常可以将主程序和各类其他程序看成一个个独立的指令集，程序都是按指令集的排列顺序执行的，但有时需要在当前程序执行到某一处指令时，中断后续指令的执行过程，并调用另一个程序，以处理当前程序执行期可能出现的各种状况。常用的程序调用指令有 ProcCall 和 RETURN。

（1）ProcCall 的使用。

递归调用：使用 ProcCall 指令调用当前程序，在主程序中调用 main 中调用其本身。

嵌套调用：使用 ProcCall 指令调用当前程序，在主程序中调用 main 中调用其他例行程序。

其使用方法如图 4.3.3 所示。

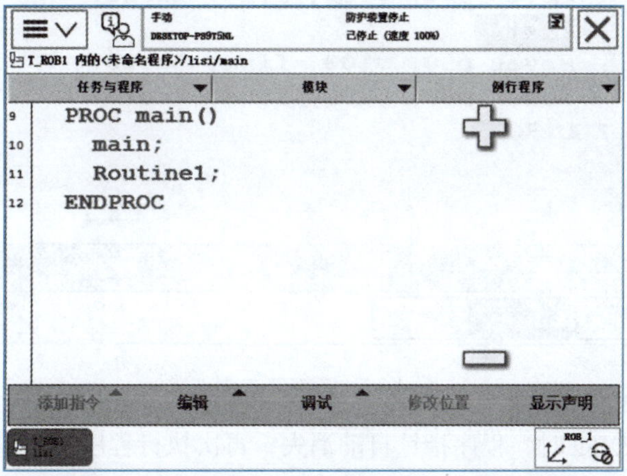

图 4.3.3　ProcCall 的用法

在主程序 main 中，调用主程序本身和 Routine1 程序。

（2）RETURN 的使用。RETURN 指令可以返回原例行程序，其使用方法如图 4.3.4 所示。

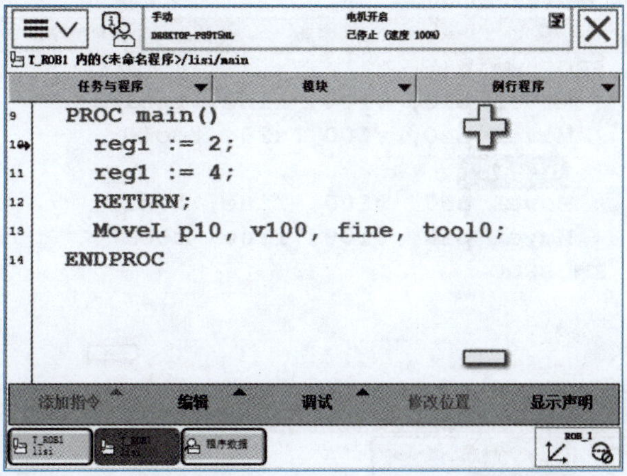

图 4.3.4　RETURN 的用法

学习笔记

当程序执行到 RETURN 时，自动跳转到程序初始位置。

3. 终止程序指令

终止程序指令用于在程序执行过程中暂时或永久停止程序的执行，常用的终止程序指令有 EXIT、Break 和 Stop。

（1）EXIT 的使用。

EXIT 用于终止程序执行，仅可从主程序第一个指令重启程序，当出现致命错误或永久地停止程序执行时，应当使用 EXIT 指令，其使用方法如图 4.3.5 所示。

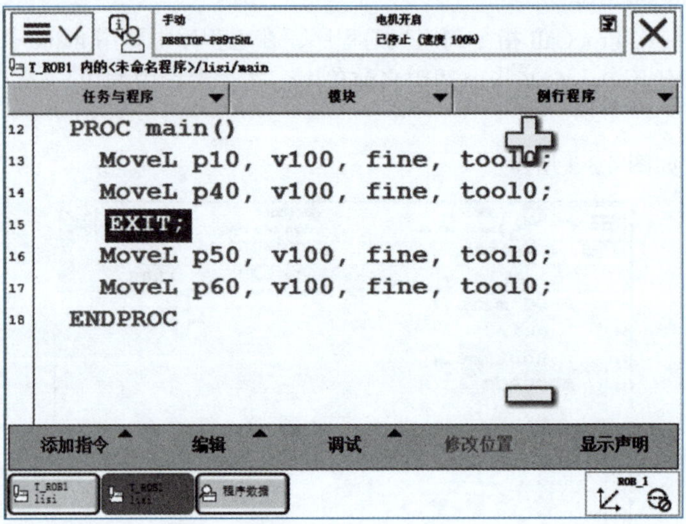

图 4.3.5 EXIT 的用法

当程序执行到 EXIT 时，程序指针自动消失，再次执行程序需要重新调用程序指针。

（2）Break 的使用。

Break 用于立即中断程序执行，机器人立即停止运动，为排除故障，临时终止程序执行过程，其使用方法如图 4.3.6 所示。

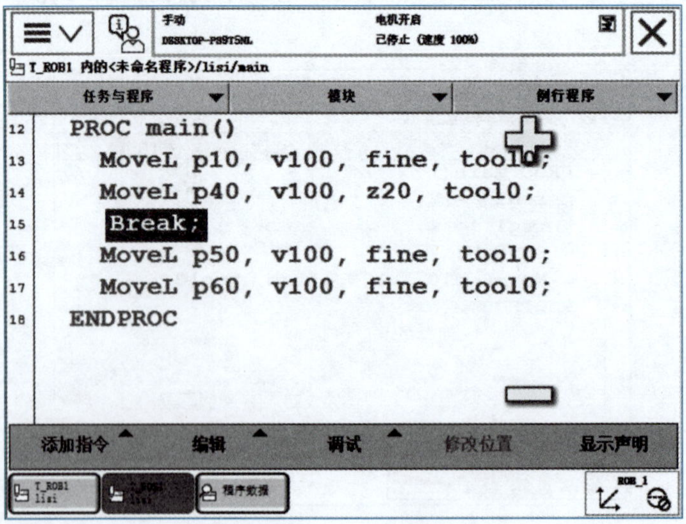

图 4.3.6 Break 的用法

学习笔记

当程序执行到 Break 时，机器人在往 P40 运动过程中，走到转弯起始位置停止动作，如果继续运行下面的程序，不需要重新设置程序指针。

（3）Stop 的使用。

用于停止程序执行，在 Stop 指令就绪前，将完成当前执行的所有移动，其使用方法如图 4.3.7 所示。

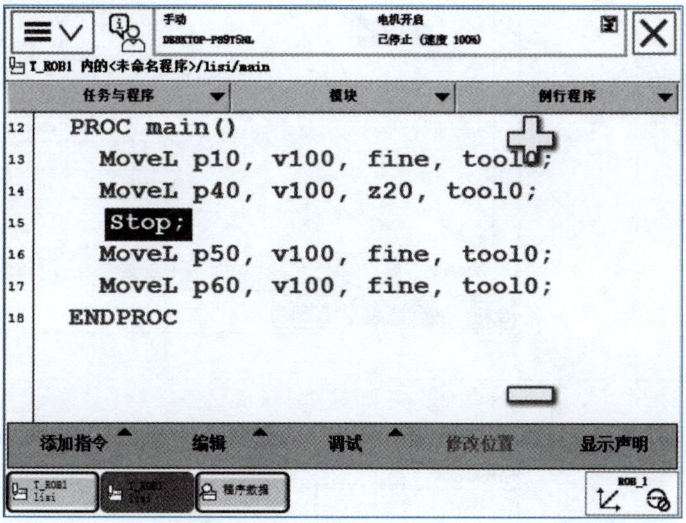

图 4.3.7　Stop 的用法

当程序执行到 Stop 时，机器人在往 P40 运动过程中，走到 P40 的示教位置停止动作，如果继续运行下面的程序，不需要重新设置程序指针。

二、功能函数

RAPID 语言提供了丰富的功能，用于编程过程中对程序数据进行加工和处理。功能的实质是对程序数据进行二次加工的函数，功能也称为功能函数。

RAPID 编程时，经常需要使用数值型、布尔型、机器人目标位置、数字和模拟信号等数据类型的程序数据，在示教器的程序编辑器内可以某些数据类型直接调用功能函数，用于程序数据的二次加工，有效地提高编程和执行程序的效率。常用的功能函数见表 4.3.5。

表 4.3.5　常用的功能函数

数据类型	功能函数	说　明
数值型	Abs	求绝对值
	ClkRead	读取计数器数值
位置型	CRobT()	读取当前位置数据
	Offs	对机器人位置进行偏移
	RelTool	对工具的位置和姿态进行偏移

1. 功能函数 Abs 的使用

对操作数 reg2 进行取绝对值的操作，然后将结果赋值给 reg1，操作步骤见表 4.3.6。

学习笔记

表 4.3.6 功能函数 Abs 的使用方法

操作步骤	示意图
第 1 步：打开“添加指令”列表，选择“:=”选项赋值指令	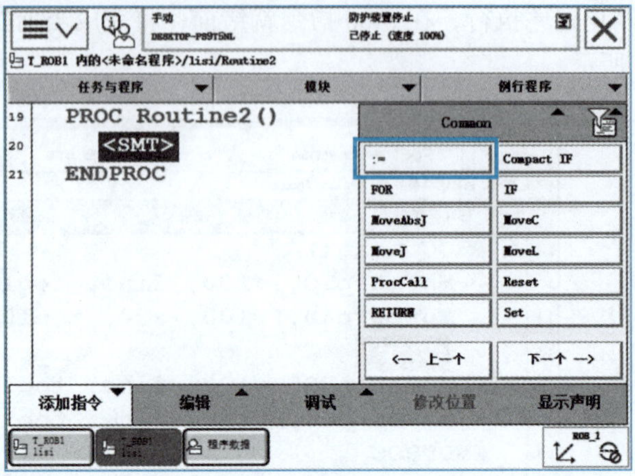
第 2 步：确定为 num 数据类型，若不是 num 数据类型，可将其更改为该数据类型，选择“reg1”选项	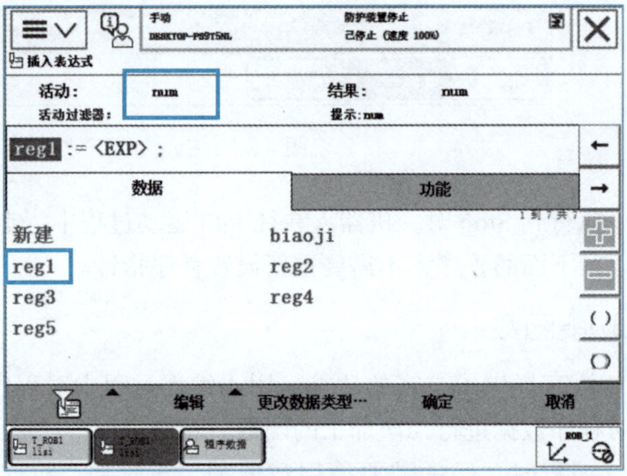
第 3 步：选择赋值指令后的“<EXP>”，并单击“功能”标签，选择“Abs()”选项，单击“确定”按钮	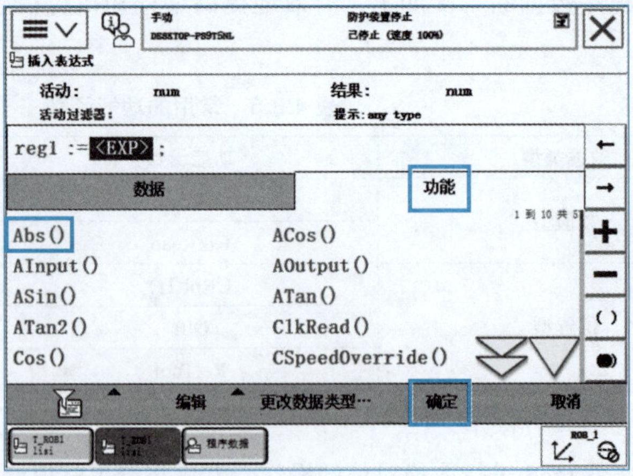

续上表

学习笔记

操作步骤	示　意　图
第4步：选择“<EXP>”，然后选择“reg2”选项，单击“确定”按钮	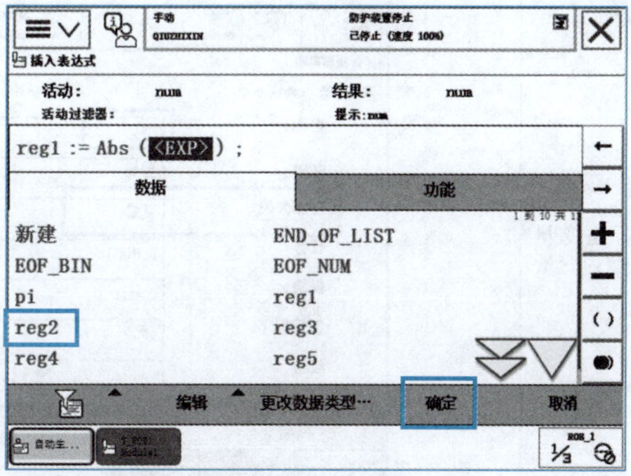 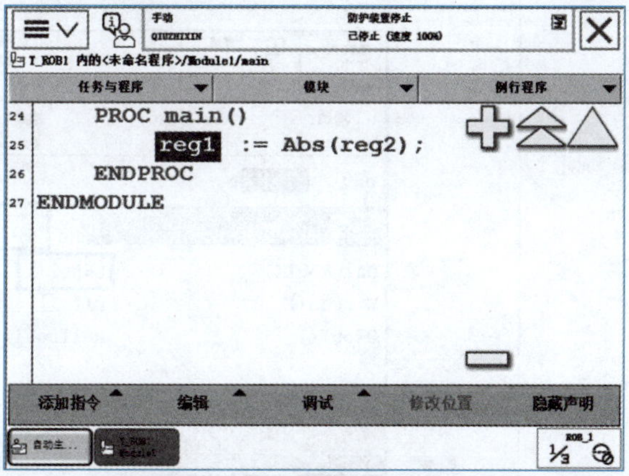

此程序对操作数 reg2 进行取绝对值的操作，然后将结果赋值给 reg1。

2. 功能函数 CRobT 的使用

此功能函数可以把机器人当前位置信息提取出，其操作步骤见表 4.3.7。

表 4.3.7　功能函数 CRobT 的使用方法

操作步骤	示　意　图
第 1 步：单击赋值指令后，更改程序类型为 robtarget	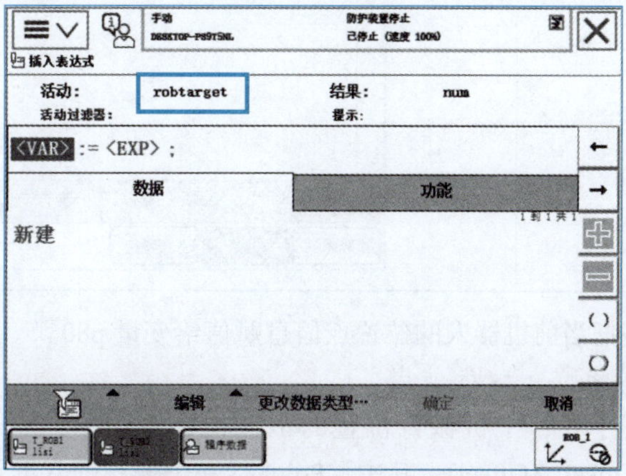

学习笔记

续上表

操作步骤	示 意 图
第 2 步：新建变量 p80，存储类型为变量	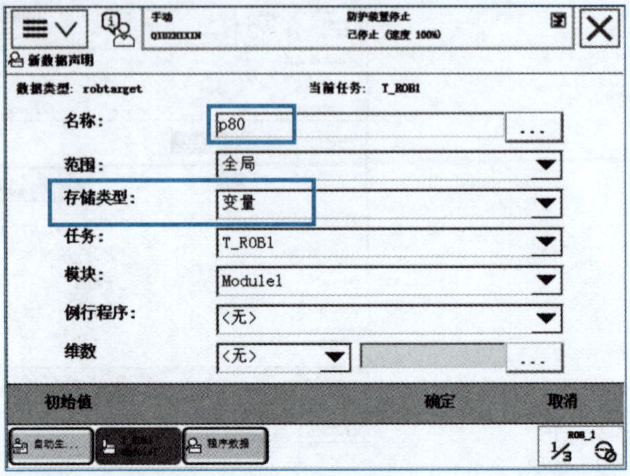
第 3 步：单击“功能”按钮，选择“CRobT()”，单击“确定”按钮?	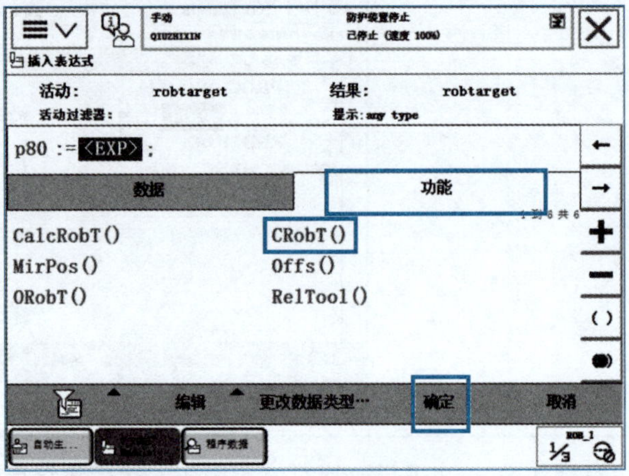 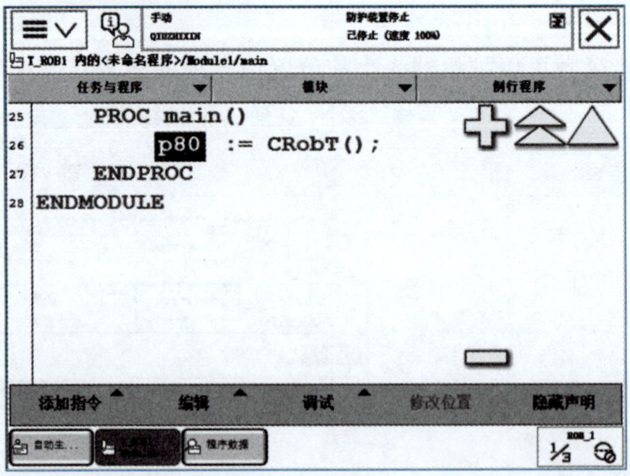

此程序把当前机器人的位置点信息赋值给变量 p80。

3. 功能函数 Offs 的使用

Offs 用于在一个机械臂位置的工件坐标系中添加一个偏移量。样式为 Offs (Point, XOffset, YOffset, ZOffset)，其中，Point 指一个偏移的基准点位，XOffset 指工件坐标系中

学习笔记

视频 Offs函数和RelTool函数

X 方向的位移，YOffset 指工件坐标系中 Y 方向的位移，ZOffset 指工件坐标系中 Z 方向的位移。其使用操作步骤见表 4.3.8。

表 4.3.8　功能函数 Offs 的使用方法

操作步骤	示意图
第 1 步：利用上面的方法，分别建立名称为 p80 和 p100 的变量	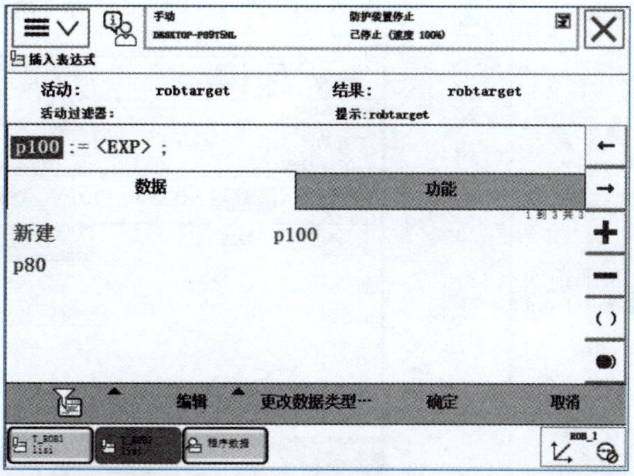
第 2 步：选择赋值指令后的“<EXP>”，并单击“功能”标签，选择“Offs()”功能	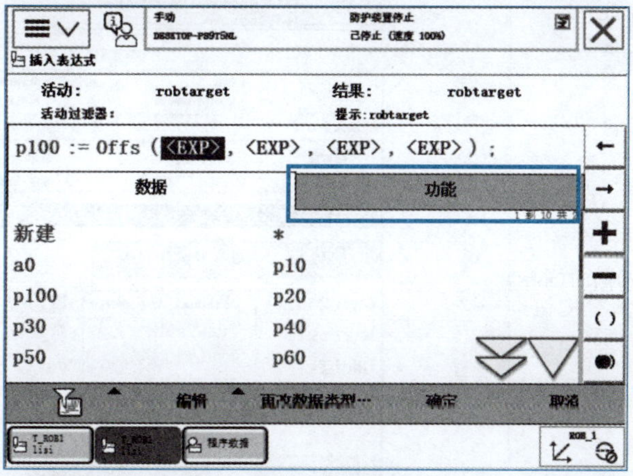
第 3 步：第 1 个 <EXP> 表示参考位置点，后面三个 <EXP> 分别编辑输入 X、Y、Z 方向的偏移值 100 mm、200 mm、300 mm，单击“确定”按钮	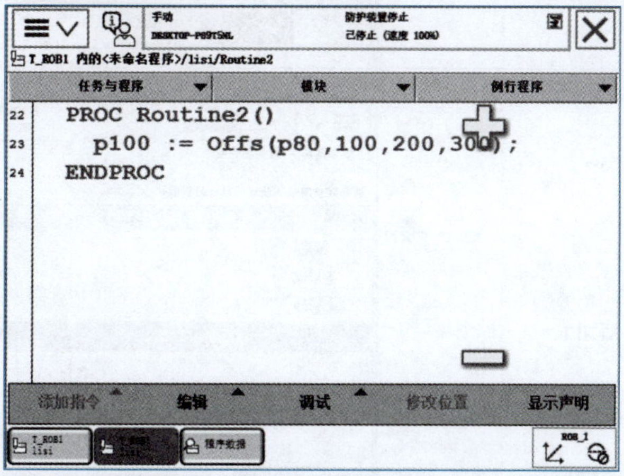

此程序中 p100 的位置点表示 p80 沿 X、Y、Z 方向的偏移 100 mm、200 mm、300 mm 的位置。

学习笔记

4. 功能函数 RelTool 的使用

RelTool 用于将有效工具坐标系表达的位移和 / 或旋转增加至机械臂位置，其用法与 Offs 函数相同，其使用操作步骤见表 4.3.9。

表 4.3.9 功能函数 RelTool 的使用方法

<table>
<tr><th>操作步骤</th><th>示 意 图</th></tr>
<tr><td>第 1 步：按照前面的方法，输入 RelTool</td><td>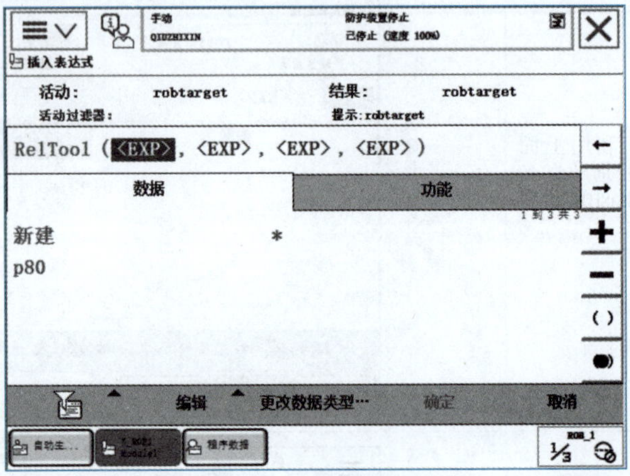
</td></tr>
<tr><td>第2步：选中RelTool，单击“编辑”按钮，选择第 1 个选项</td><td>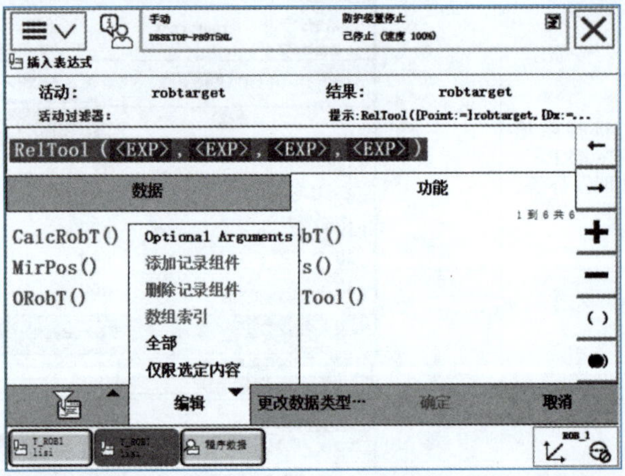
</td></tr>
<tr><td>第 3 步：启用 Rz</td><td>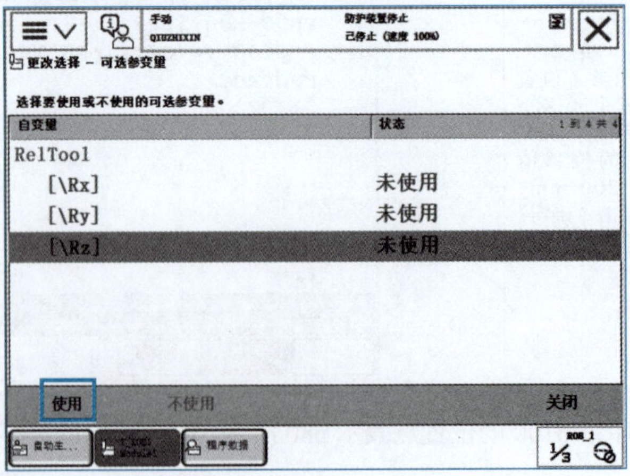
</td></tr>
</table>

学习笔记

续上表

操作步骤	示　意　图
第 4 步：修改数据，单击“确定”按钮	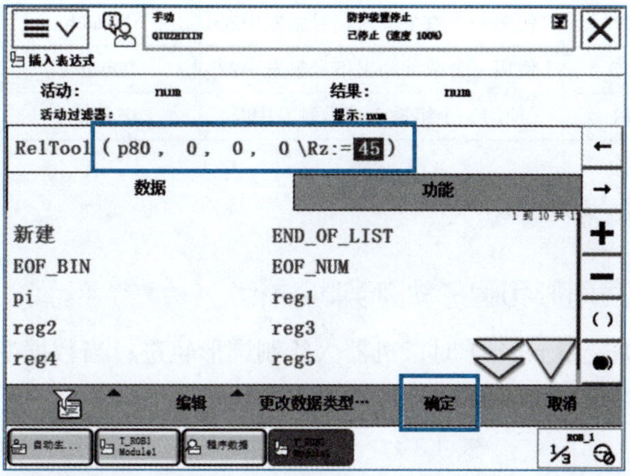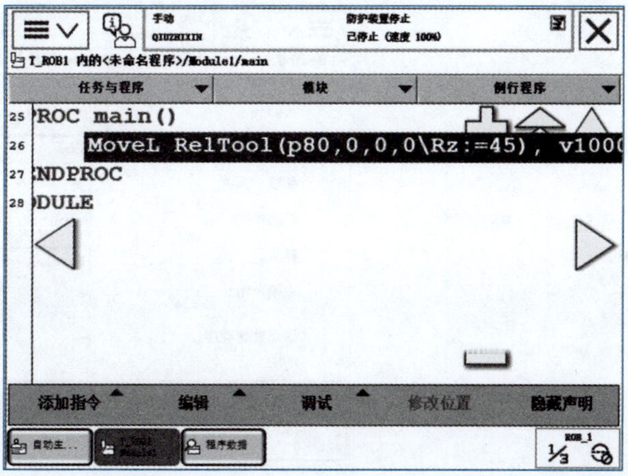

此程序以 p80 为参考，绕着 Z 方向旋转 45° 的位置。

三、中断程序

中断就是指正常程序执行过程暂停，跳过控制，进入中断例行程序的过程。中断过程中用于处理紧急情况的程序，称为中断例行程序，中断例行程序经常被用于出错处理、外部信号的响应等实时响应要求高的场合。

完整的中断的中断过程包括：触发中断、处理中断、结束中断。中断程序触发方式主要有信号触发、定时触发、错误触发、消息列队触发、位置触发、变量触发等六种类型。中断设置指令主要用于中断标识符生成、标识符与中断程序绑定、触发中断类型设置等中断初始化设置。中断指令见表 4.3.10。

表 4.3.10 中断指令说明

指　令	说　明	指　令	说　明
IDelete	取消中断	ISignalGO	使用一个组输出信号触发中断
CONNECT	连接一个中断到中断程序	ISleep	关闭一个中断
ISignalDI	使用一个数字输入信号触发中断	IWatch	激活一个中断
ISignalDO	使用一个数字输出信号触发中断	IDisable	关闭所有中断
ISignalGI	使用一个组输入信号触发中断	IEnaable	激活所有中断

任务实施

一、三角形和圆形轨迹判断执行

当数据变量 reg1=1 时，机器人绘制圆形轨迹；当数据变量 reg1=2 时，机器人绘制三角形轨迹，其操作步骤见表 4.3.10。

表 4.3.11 三角形和圆形轨迹判断执行的操作步骤

操作步骤	示 意 图
第 1 步：新建例行程序，命名为“panduan”	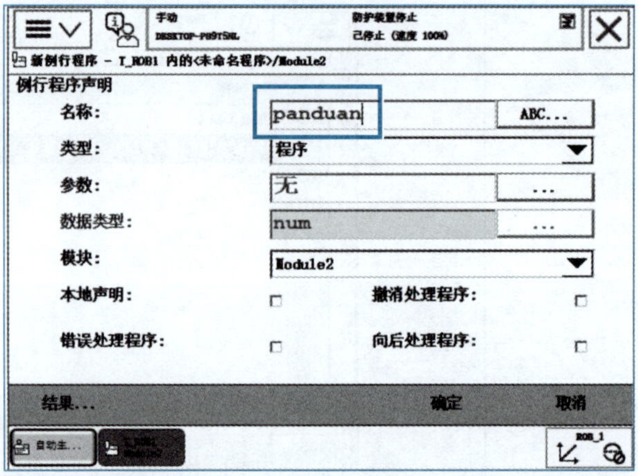
第 2 步：单击“添加指令”按钮，选择“IF”指令	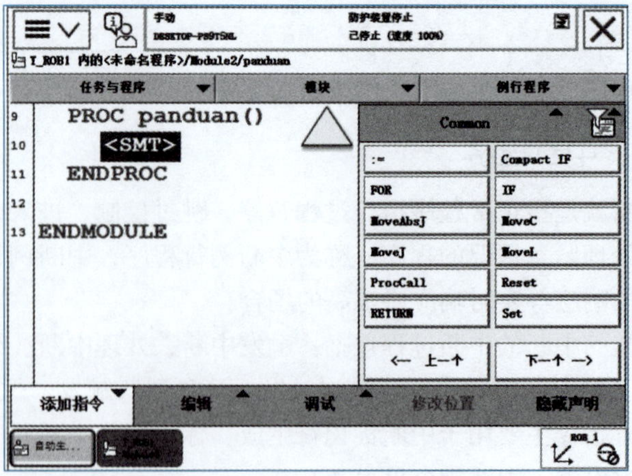

学习笔记

续上表

操作步骤	示 意 图
第 3 步：单击“更改数据类型…”按钮	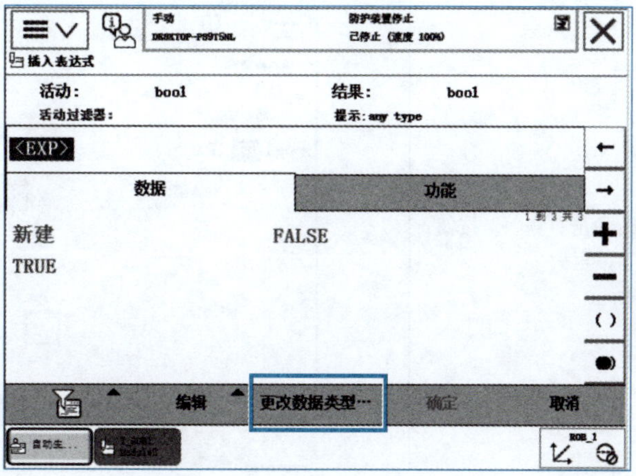
第 4 步：选择“num”类型，单击“确定”按钮	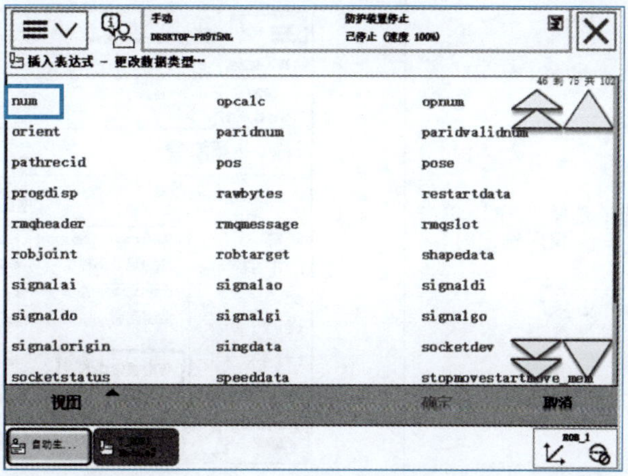
第 5 步：选择“reg1”选项	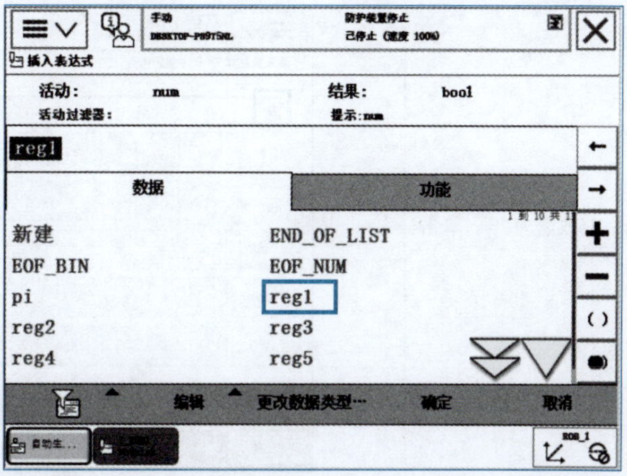

学习笔记

续上表

操作步骤	示 意 图
第6步：单击右侧“+”按钮，选择“=”选项	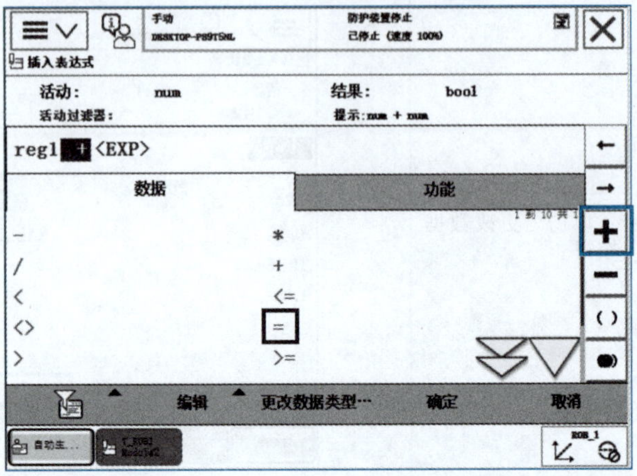
第7步：选择“EXP”，单击“编辑”→“仅限选定内容”选项	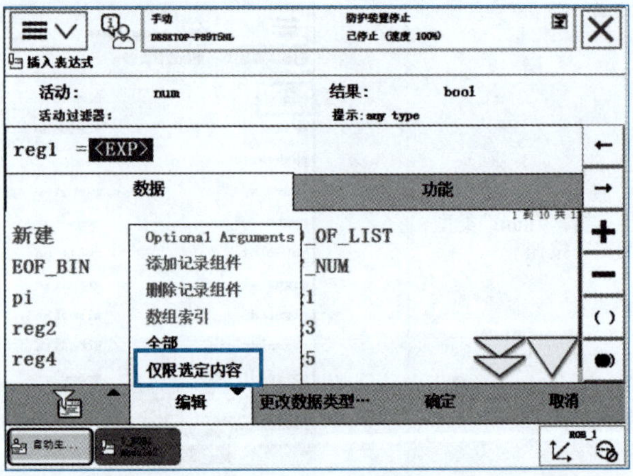
第8步：修改值为“1”，单击“确定”按钮	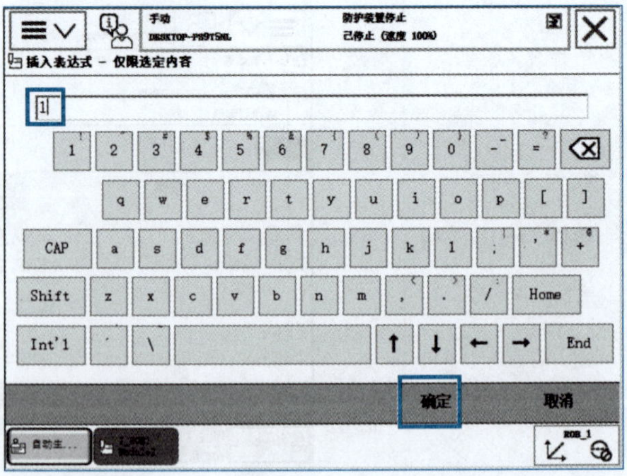

学习笔记

续上表

操作步骤	示　意　图
第 9 步：单击“添加指令”按钮，选择“ProcCall”选项	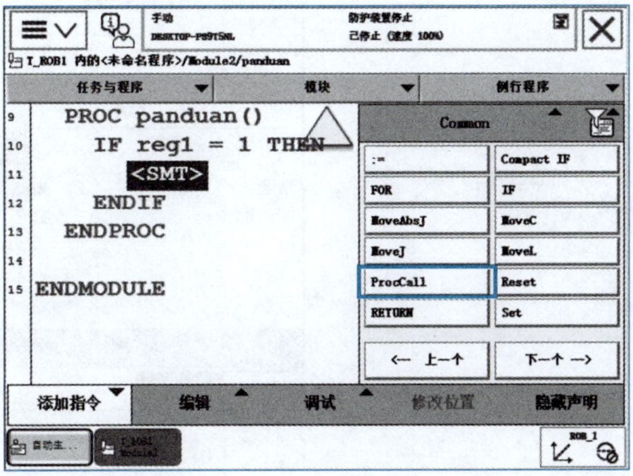
第 10 步：选择“yuanxing”子程序	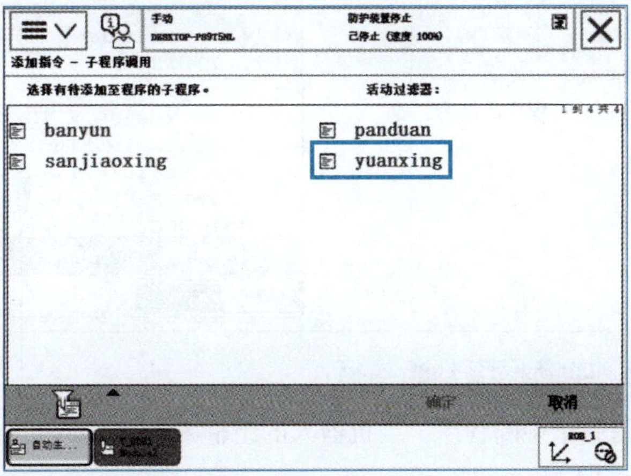
第 11 步：单击“添加指令”按钮，选择“:=”选项	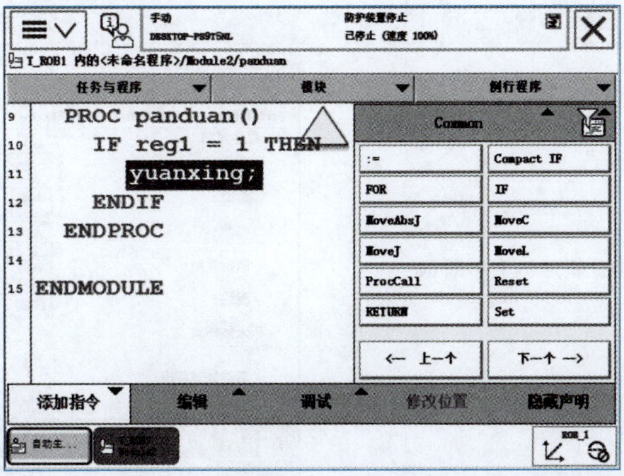

学习笔记

续上表

<table>
<tr><th>操作步骤</th><th>示 意 图</th></tr>
<tr><td>第 12 步：添加 reg1=reg1+1，单击“确定”按钮</td><td>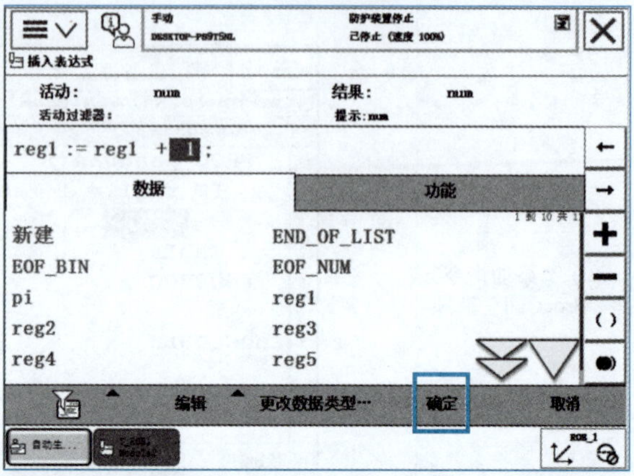
</td></tr>
<tr><td>第 13 步：重复上面的方法，完成三角形轨迹程序的调用</td><td>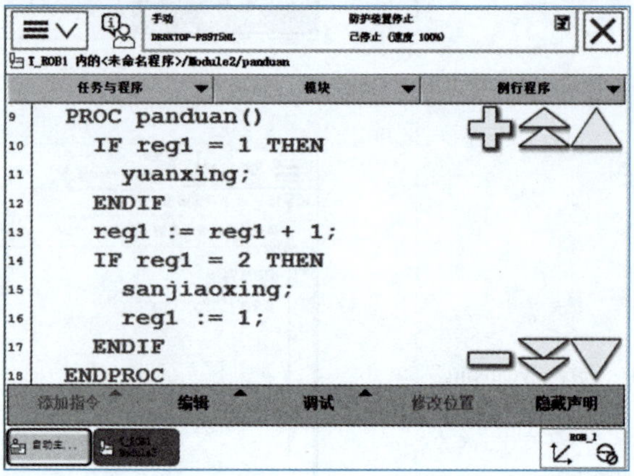
</td></tr>
</table>

二、中断程序判断执行

编写一个中断程序，当机器人的组输入信号 signalgi=9 时，立即停止动作，其操作步骤见表 4.3.12。

表 4.3.12 中断程序判断执行的操作步骤

<table>
<tr><th>操作步骤</th><th>示 意 图</th></tr>
<tr><td>第 1 步：新建一个中断例行程序，命名为“tingzhi”</td><td>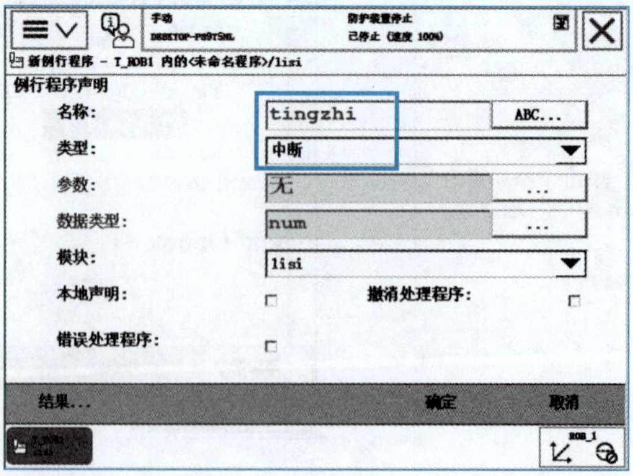
</td></tr>
</table>

续上表

学习笔记

<table>
<tr><th>操作步骤</th><th>示 意 图</th></tr>
<tr><td>第 2 步：进入例行程序中，输入如图所示的中断程序</td><td>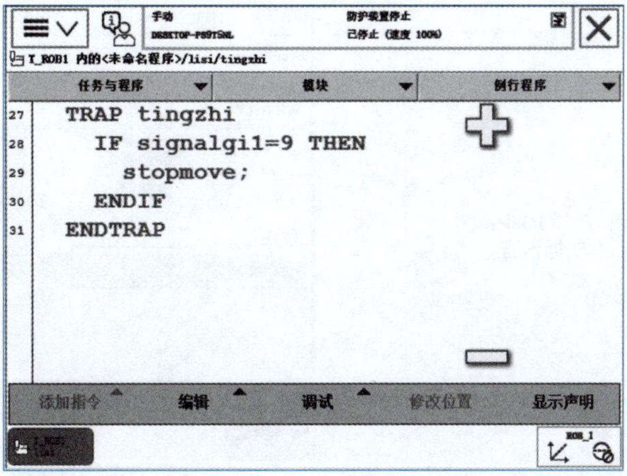
</td></tr>
<tr><td>第 3 步：建立主程序 main，输入指令</td><td>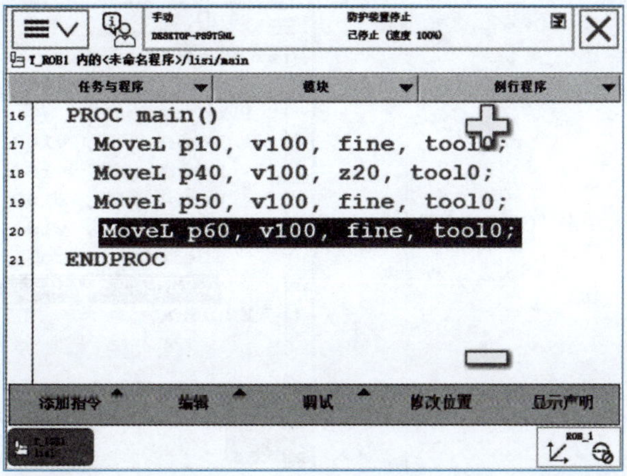
</td></tr>
<tr><td>第 4 步：单击“添加指令”按钮，选择中断指令集</td><td>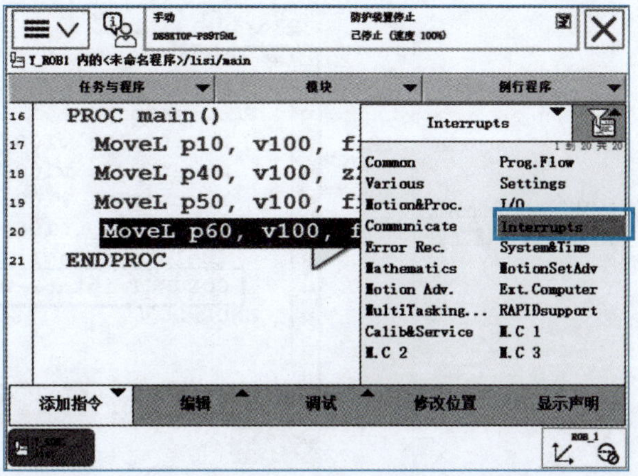
</td></tr>
</table>

学习笔记

续上表

<table>
<tr><th>操作步骤</th><th>示 意 图</th></tr>
<tr><td>第 5 步：选择 IDelete 指令，新建一个中断标识符</td><td>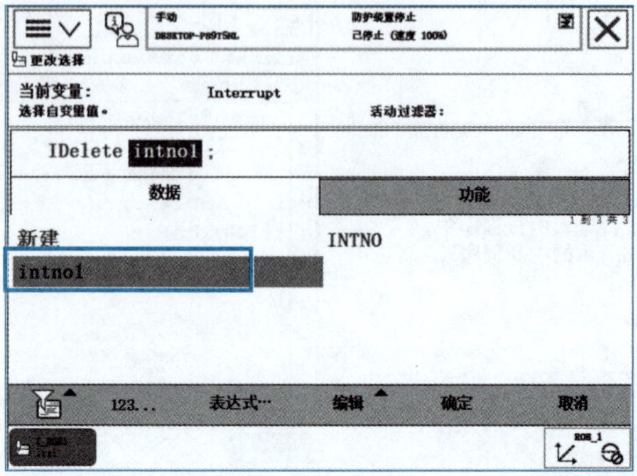
</td></tr>
<tr><td>第 6 步：单击“CONNECT”指令</td><td>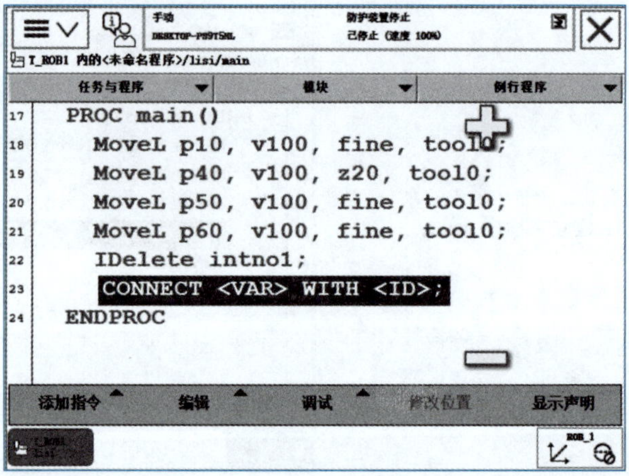
</td></tr>
<tr><td>第 7 步：“VAR”选择“intno1”，关联的中断程序选择建立好的中断程序</td><td>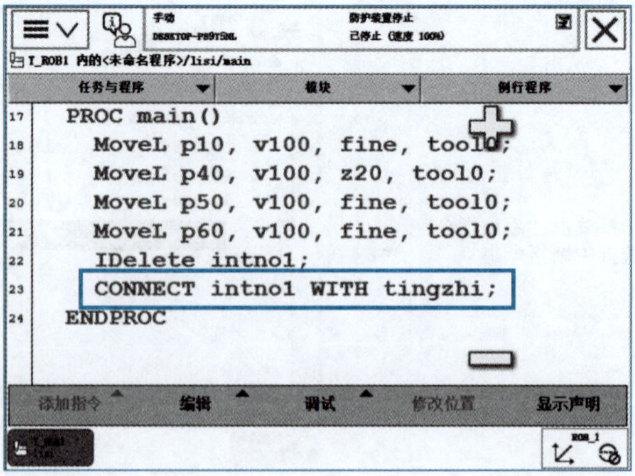
</td></tr>
</table>

学习笔记

续上表

<table>
<tr><th>操作步骤</th><th>示 意 图</th></tr>
<tr><td>第 8 步：单击 ISignalGI，触发信号选择 signalgi1</td><td>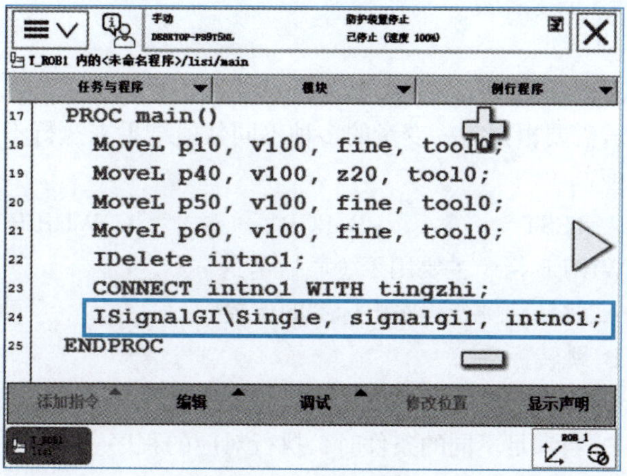
</td></tr>
</table>

此程序当数字量输入信号为 9 时，触发中断程序“tingzhi”。注意 signalgi1 只会触发一次中断；若要重复触发中断，需要将其关闭。

习题与思考

一、选择题

1. IF 指令主要用于（　　）。
   A. 跳转到例行程序内标签的位置
   B. 跳转标签
   C. 如果条件满足，重复执行对应的程序
   D. 当满足不同的条件时，执行对应的程序
2. 使用 COMPACT IF 语句编写程序时，条件有（　　）个分支。
   A. 2　　B. 3　　C. 9　　D. 无穷
3. GOTO 指令主要用于（　　）。
   A. 跳转到例行程序内标签的位置
   B. 跳转标签
   C. 如果条件满足，重复执行对应的程序
   D. 当满足不同的条件时，执行对应的程序
4. Label 指令主要用于（　　）。
   A. 跳转到例行程序内标签的位置
   B. 跳转标签
   C. 如果条件满足，重复执行对应的程序
   D. 当满足不同的条件时，执行对应的程序
5. 下列语句运行后 reg6 的值为（　　）。

```
reg6:=1;
```

学习笔记

```
Label2:
reg6:= reg6+2;
IF reg6<5 THEN
GOTO Label2;
ENDIF
```

A. 5　　B. 6　　C. 7　　D. 8

6. 若需要根据某一变量的多种不同数值结果来执行不同的运行语句，使用（　　）指令最方便。

A. TEST　　B. FOR　　C. WHILE　　D. IF

7. WHILE 指令主要用于（　　）。

A. 跳转到例行程序内标签的位置

B. 跳转标签

C. 如果条件满足，重复执行对应的程序

D. 当满足不同的条件时，执行对应的程序

8. 下列属于循环指令的是（　　）。

A. Compact IF　　B. IF　　C. TEST　　D. WHILE

9. 在 RAPID 语言中，不可实现分支结构功能的指令语句是（　　）。

A. FOR　　B. IF　　C. COMPACT IF　　D. TEST

二、素质养成训练

小组讨论：谈一谈对寒地艰苦创业精神的理解。

学习笔记

任务 4　备份与恢复工业机器人数据

视频

工业机器人数据的备份与恢复

任务描述

在机器人的日常使用和维护过程中，如果出现故障，可能会导致已经编写好的程序丢失，对机器人数据的定期备份与恢复操作是一种高效而便捷的保护机制，本任务将从日常使用与维护的角度出发，完成机器人数据备份与恢复。

知识链接

一、数据备份

定期对工业机器人的数据进行备份，是保证工业机器人正常操作的良好习惯。工业机器人数据备份的对象是所有正在系统内存运行的 RAPID 程序和系统参数。

备份包内有以下内容。

BACKINFO 目录：用于存放当前备份的相关信息。

HOME 目录：用于复制系统 HOME 目录中的内容。

RAPID 目录：用于保存当前加载到内存中的程序。

SYSPAR 目录：用于保存系统参数配置文件。

System.xml 文件：可查看系统信息，如版本、控制器密匙、机器人型号、机器人密匙、软件配置选项。

二、数据恢复

当机器人系统出现错乱或者重新安装新系统后，可以通过备份快速地把机器人恢复到备份时的状态。常见的数据恢复类型如下：

（1）数据恢复：针对所有数据的恢复。

（2）程序导入：针对程序数据及指令的恢复。

（3）配置文件加载：针对配置文件及系统参数的恢复。

任务实施

一、数据备份的操作方法

若机器人系统数据是备份到 USB 存储设备中，则需先将 USB 存储设备（如 U 盘）插入示教器的 USB 端口，如图 4.4.1 所示，操作步骤见表 4.4.1。

图 4.4.1　示教器 USB 口

学习笔记

表 4.4.1　数据备份的操作步骤

<table>
<tr><th>操作步骤</th><th>示　意　图</th></tr>
<tr><td>第 1 步：在示教器操作界面中，单击“备份与恢复”选项</td><td>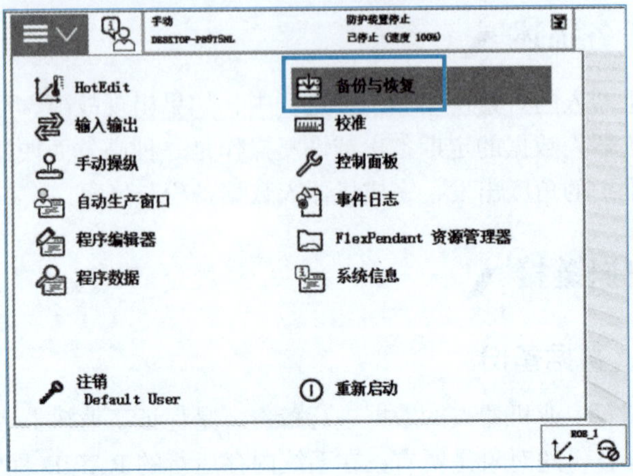
</td></tr>
<tr><td>第 2 步：进入图示备份与恢复界面，单击“备份当前系统 ...”选项</td><td>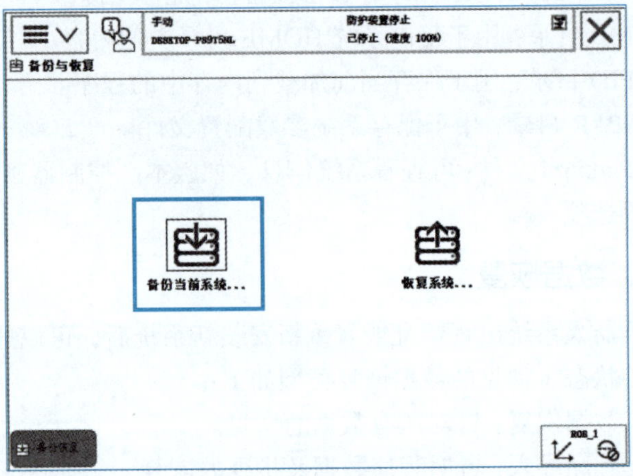
</td></tr>
<tr><td>第 3 步：进入图示备份界面，单击“ABC...”按钮，设置系统备份文件的名称。
单击“...”按钮可以选择存放备份文件的位置（机器人硬盘或 USB 存储设备）</td><td>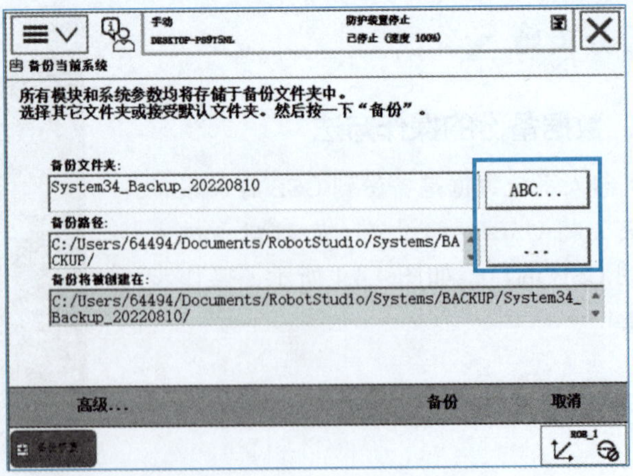
</td></tr>
</table>

学习笔记

续上表

操作步骤	示 意 图
第 4 步：确定存放路径后，单击“确定”按钮	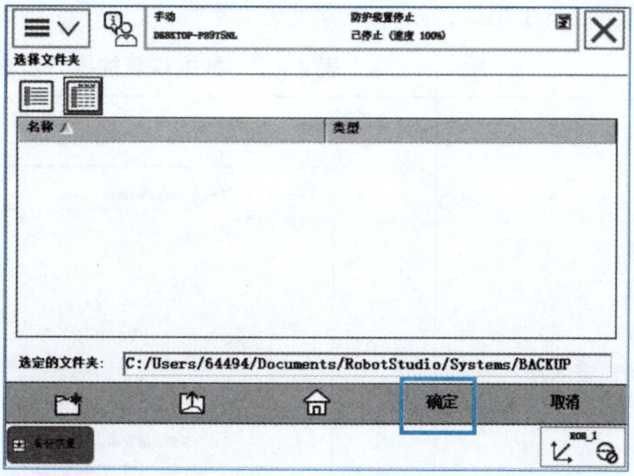
第 5 步：单击“备份”按钮，开始进行机器人系统的备份	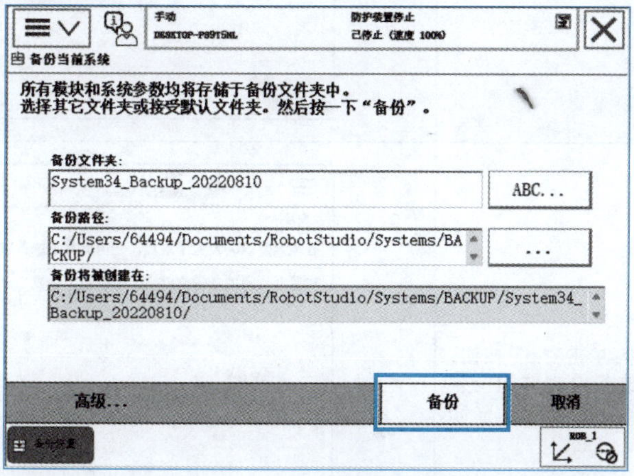
第 6 步：等待文件备份的完成，直到图示“创建备份。请等待！”界面消失	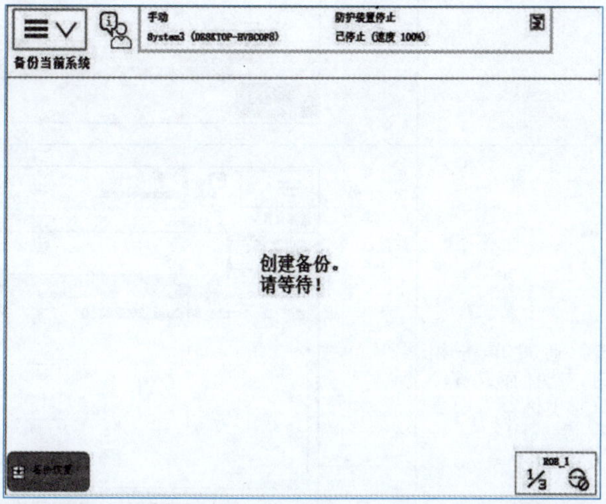

备份完成后，返回图示界面，单击“关闭”按钮，关闭备份与恢复界面，到此完成机器人系统的备份，机器人系统文件被导出保存到 USB 存储设备中。

学习笔记

二、数据恢复的操作方法

若机器人系统数据是备份在 USB 存储设备中，则需先将 USB 存储设备（如 U 盘）插入示教器的 USB 端口，操作步骤见表 4.4.2。

表 4.4.2　数据恢复的操作步骤

<table>
<tr><th>操作步骤</th><th>示 意 图</th></tr>
<tr><td>第 1 步：进入图示备份与恢复界面，单击“恢复系统 ...”按钮</td><td>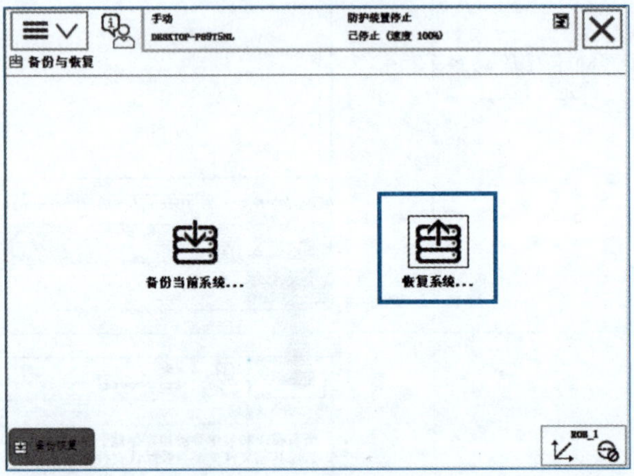
</td></tr>
<tr><td>第 2 步：单击“...”按钮，选择存放备份文件的位置（机器人硬盘或 USB 存储设备）</td><td>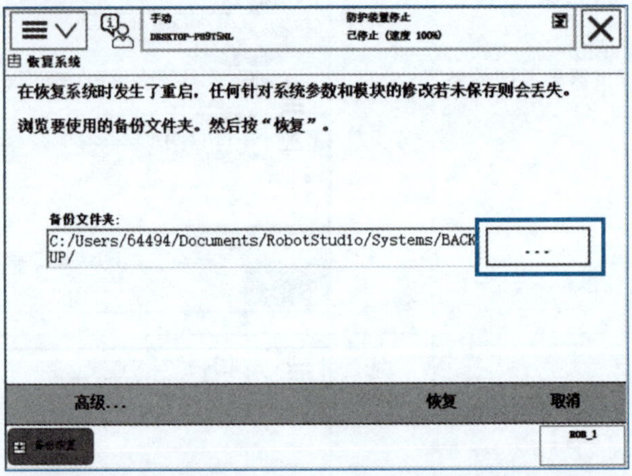
</td></tr>
<tr><td>第 3 步：通过单击相应的按钮，选择存放备份文件的位置（机器人硬盘或 USB 存储设备）</td><td>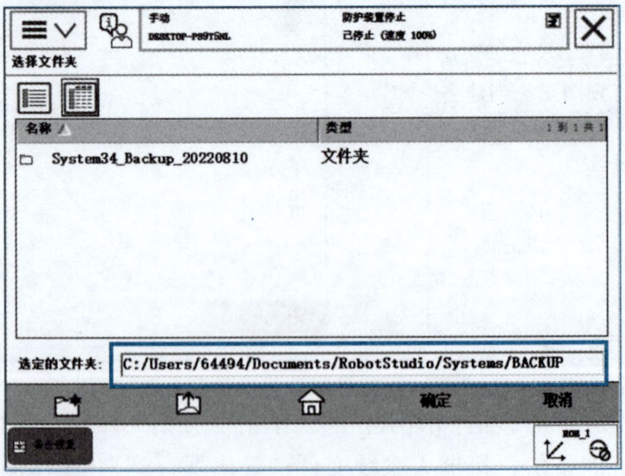
</td></tr>
</table>

续上表

学习笔记

操作步骤	示　意　图
第 4 步：找到系统备份所在的文件，如图所示；选择系统备份所在的文件，并单击“确定”按钮	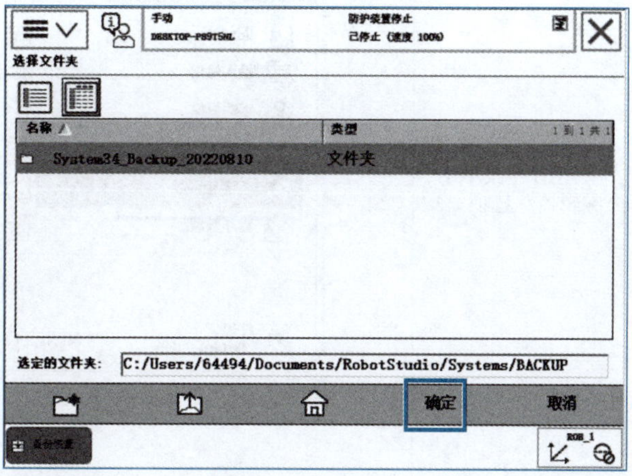
第 5 步：单击“恢复”按钮，开始进行机器人系统的恢复；单击“是”按钮，以继续系统数据的恢复	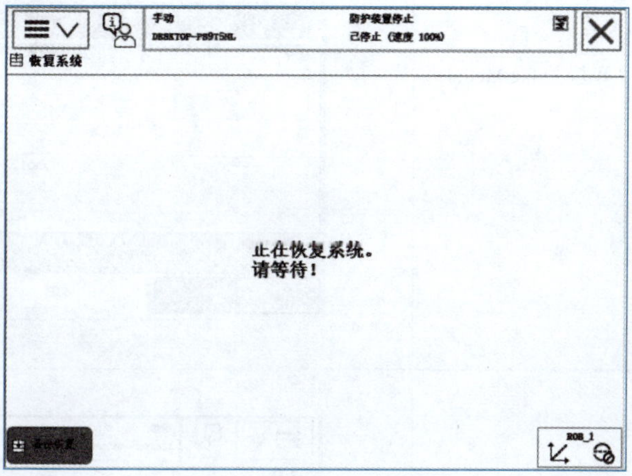

等待过程中，会重新启动机器人控制器，重启后完成机器人系统数据的恢复。

三、单独导入程序

在进行数据恢复时，要注意的是，备份数据是具有唯一性的，不能将一台机器人的备份恢复到另一台机器人中去，这样的话，会造成系统故障。但是，也常会将程序和 I/O 的定义做出通用的，方便在批量生产使用时通过分别单独导入程序和 EIO 文件来解决实际需要。单独导入程序操作步骤见表 4.4.3。

学习笔记

表 4.4.3 单独导入程序的操作步骤

<table>
<tr><th>操作步骤</th><th>示 意 图</th></tr>
<tr><td>第 1 步：在 ABB 主菜单下，选择“程序编辑器”选项</td><td>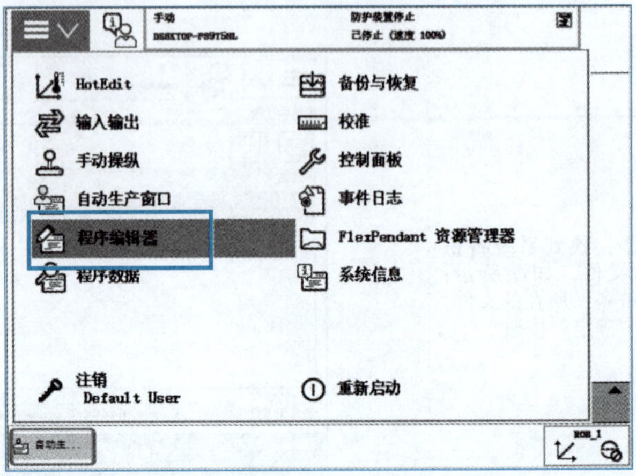</td></tr>
<tr><td>第 2 步：单击“MainModule”模块</td><td>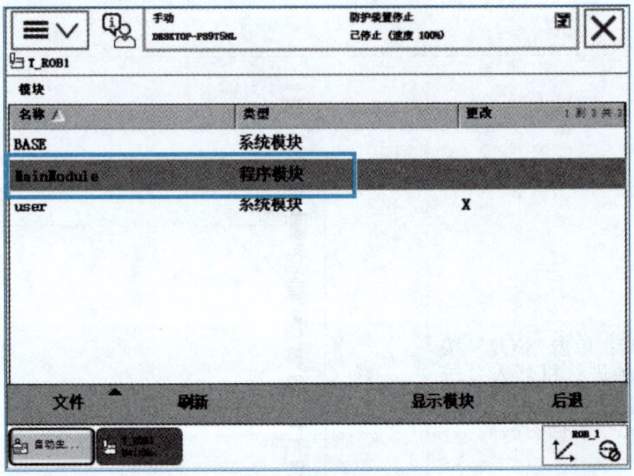</td></tr>
<tr><td>第 3 步：打开“文件”菜单，单击“加载模块”选项</td><td>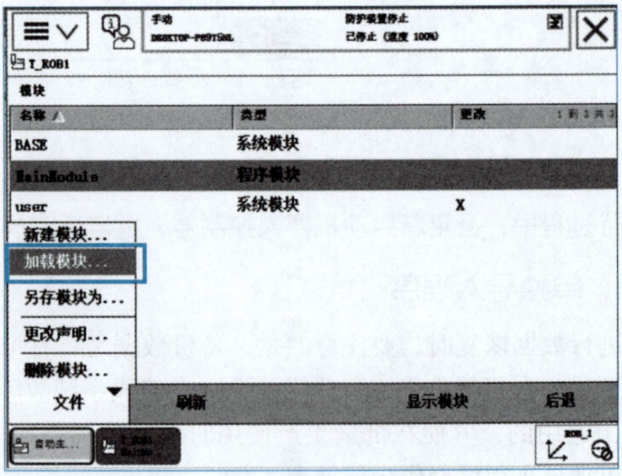</td></tr>
</table>

学习笔记

视频　工业机器人的运行控制

续上表

操作步骤	示　意　图
第 4 步：从备份目录 \RAPID 下加载所需要的程序模块，如 RAPID 程序模块，单击“确定”按钮	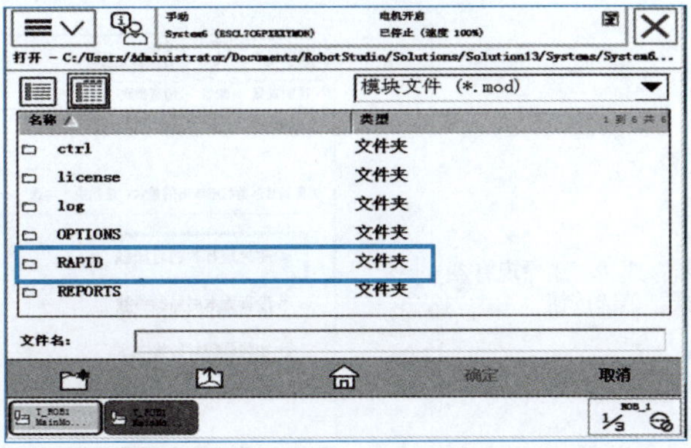

四、单独导入 EIO 文件

单独导入 EIO 文件操作步骤见表 4.4.4。

表 4.4.4　单独导入 EIO 文件的操作步骤

操作步骤	示　意　图
第 1 步：在 ABB 主菜单下，单击“控制面板”→“配置”选项	
第 2 步：单击“文件”→“加载参数”选项	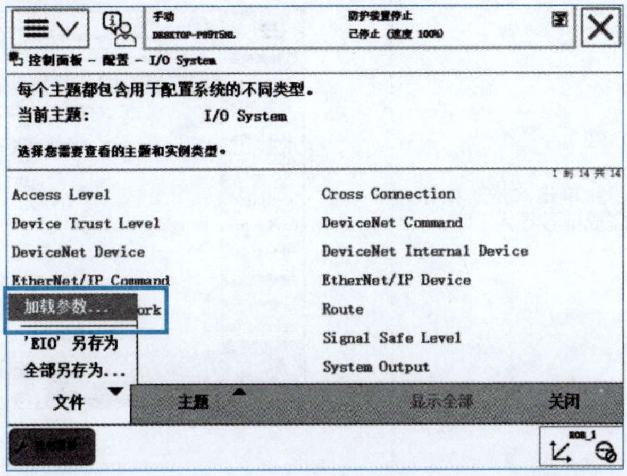

学习笔记

续上表

操作步骤	示 意 图
第 3 步：选择“删除现有参数后加载”单选按钮	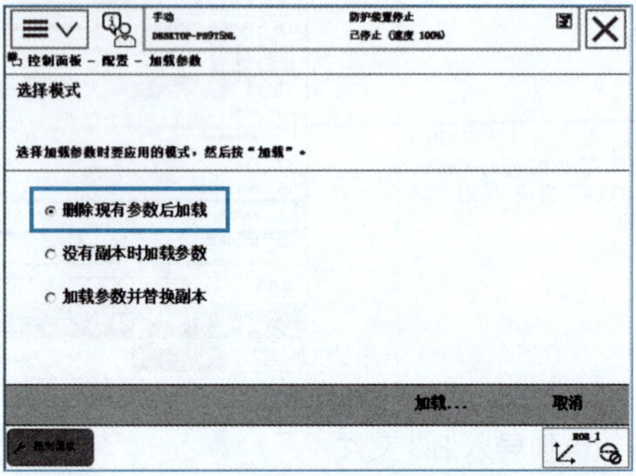
第 4 步：在备份目录 \SYSPAR 找到“EIO.cfg”文件，然后单击“确定”按钮	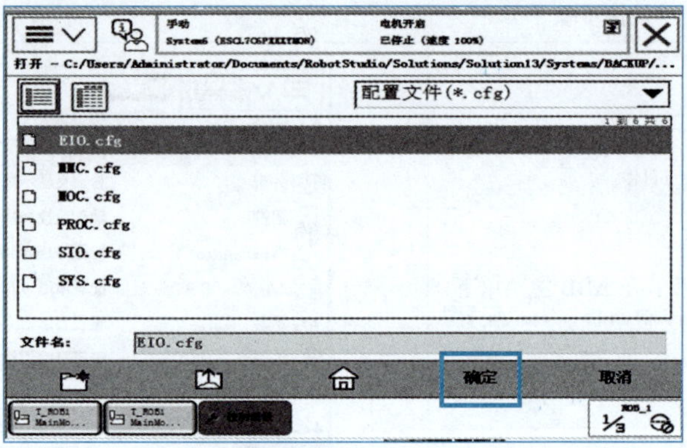
第 5 步：单击“是”按钮，重启后完成信号导入	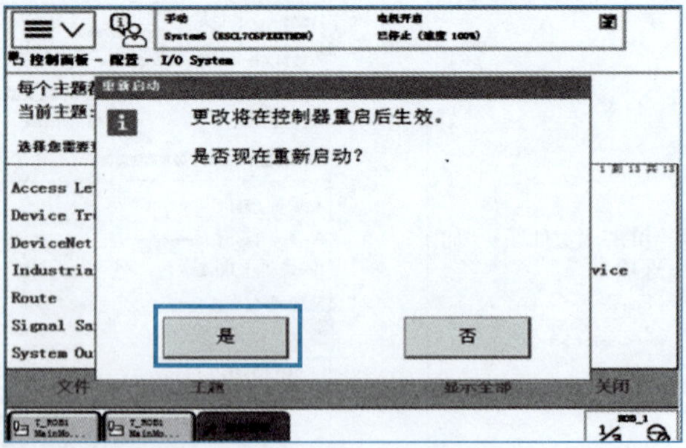

学习笔记

习题与思考

一、判断题

1. 定期对工业机器人的数据进行备份，是保证机器人正常工作的良好习惯。 ( )

2. ABB 机器人数据备份的对象是所有正在系统内存运行的 RAPID 程序和系统参数。 ( )

3. 当机器人系统出现错乱或者重新安装新系统后，可以通过备份包快速地把机器人恢复到备份时的状态。 ( )

4. 因误操作而删除了原有的机器人程序，但无须恢复机器人系统参数时，可以通过备份文件夹中的 RAPID 程序包进行程序数据的单独恢复。 ( )

5. 因误操作了机器人系统参数配置文件而导致故障，当机器人程序完好时，可以通过备份文件夹中的 SYSPAR 程序包进行配置文件的单独恢复。 ( )

二、选择题

1. ABB 机器人数据备份包中的 ( ) 用于存放当前备份的相关信息。
   A. BACKINFO 文件夹　　B. HOME 文件夹　　C. RAPID 文件夹
2. ABB 机器人数据备份包中的 ( ) 用于保存当前加载到内存中的程序。
   A. BACKINFO 文件夹　　B. HOME 文件夹　　C. RAPID 文件夹
3. ABB 机器人数据备份包中的 ( ) 用于保存系统参数配置文件。
   A. BACKINFO 文件夹　　B. SYSPAR 文件夹　　C. RAPID 文件夹
4. ABB 机器人数据备份包中的 ( ) 用于查看系统信息。
   A. BACKINFO 文件夹　　B. HOME 文件夹　　C. System.xml 文件
5. ABB 机器人数据备份包中的 ( ) 用于复制系统 HOME 目录中的内容。
   A. BACKINFO 文件夹　　B. HOME 文件夹　　C. System.xml 文件

三、素质养成训练

小组讨论：通过工业机器人数据备份和恢复，谈一谈未雨绸缪、居安思危的含义。

学习笔记

视频

工业机器人转数计数器的更新

任务5 更新工业机器人转数计数器

任务描述

ABB 工业机器人的转数计数器是用来计算电动机轴在齿轮箱中的转数用的。ABB 机器人在出厂时，六个关节都有一个固定的机械原点的位置，如果此值丢失，机器人就不能执行任何程序。本次任务主要学习工业机器人转数计数器的更新方法与步骤。

知识链接

机器人的机械零点在各个轴上都有相应的标识，以 1410 型为例，图 4.5.1 是六个轴的机械零点。

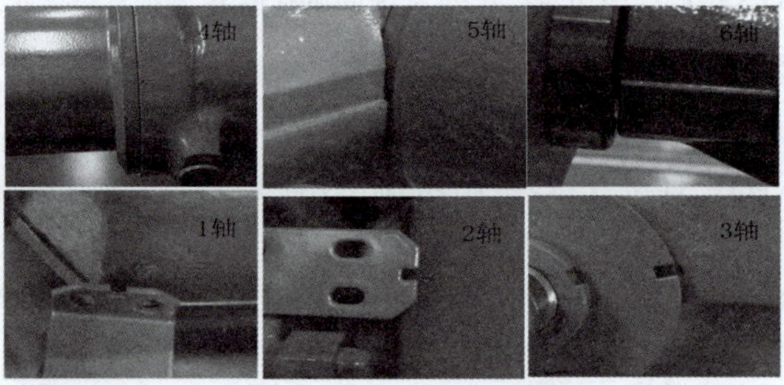

图 4.5.1 工业机器人六个轴的机械零点

在以下的情况下，需要对机械原点的位置进行转数计数器更新操作：

（1）更换伺服电动机转数计数器的电池后。

（2）当转数计数器发生故障修复后。

（3）转数计数器与测量板之前断开过以后。

（4）断电后，机器人关节轴发生了移动。

（5）当系统报警提示“10036 转数计数器未更新”时。

任务实施

转数计数器操作步骤见表 4.5.1。

表 4.5.1 转数计数器操作步骤

操作步骤	示意图
第 1 步：使用手动操作让机器人各个关节轴运动到机械原点刻度位置，各个轴运动的顺序是：4-5-6-1-2-3	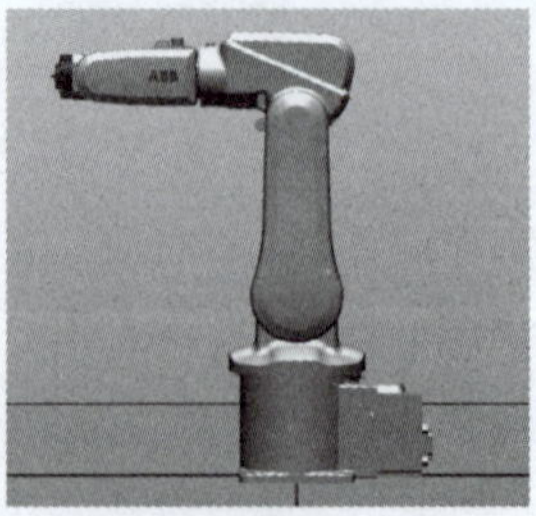

续上表

学习笔记

操作步骤	示　意　图
第 2 步：单击 ABB 主菜单下拉菜单，选择“校准”选项	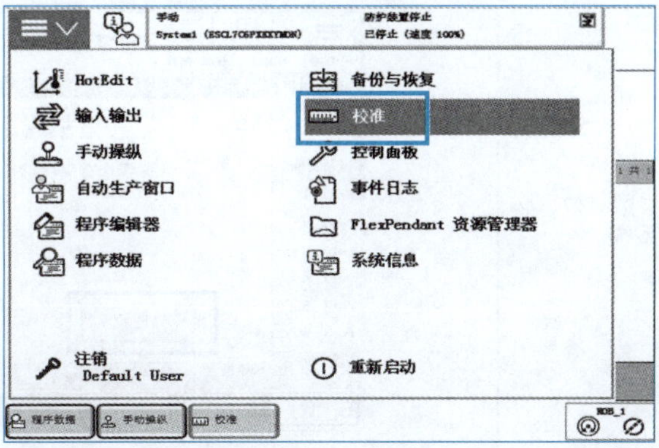
第3步：单击“ROB_1”校准	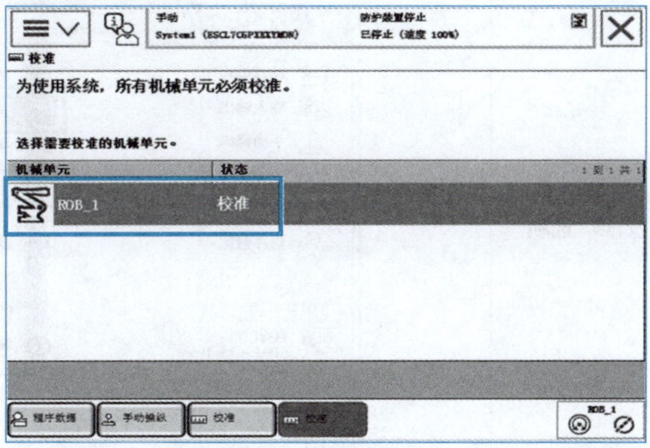
第 4 步：选择校准参数，单击“编辑电机校准偏移”选项	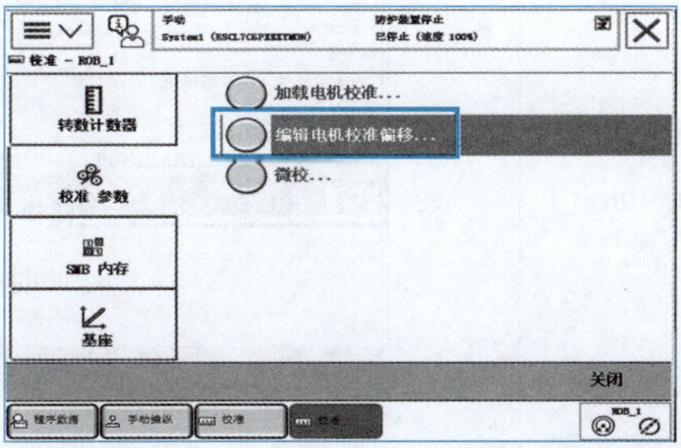
第 5 步：将机器人本体上第 2 轴上的电动机校准偏移记录下来，填入校准参数中 rob1_1 至 rob1_6 的偏移值中，单击“确定”按钮，如果示教器显示中的数值与机器人本体上的标签数值一致，则无须修改，单击“确定”按钮	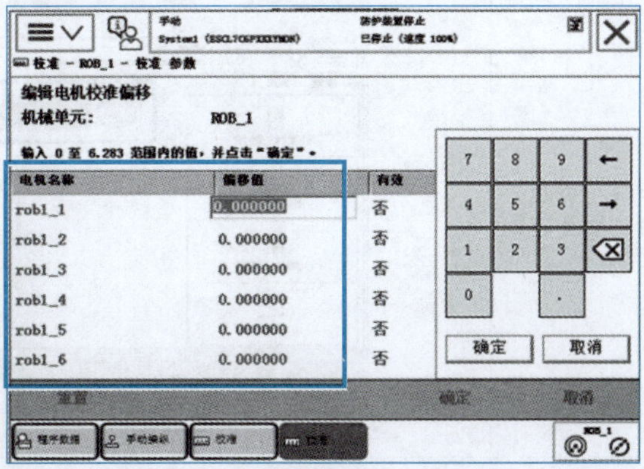

学习笔记

续上表

操作步骤	示 意 图
第 6 步：参数有效，必须重新启动系统	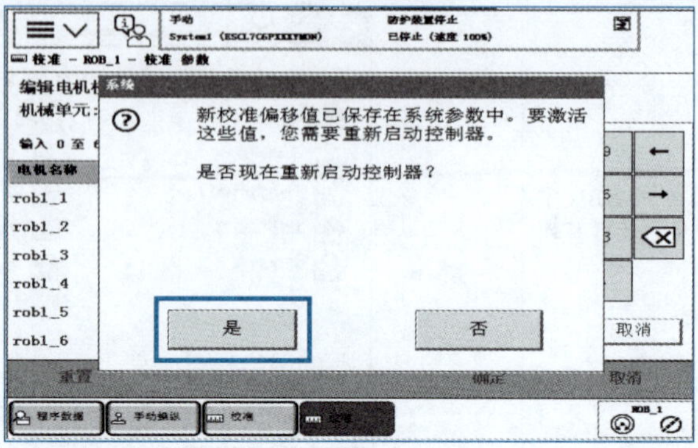
第 7 步：重新启动后，继续选择“校准”选项	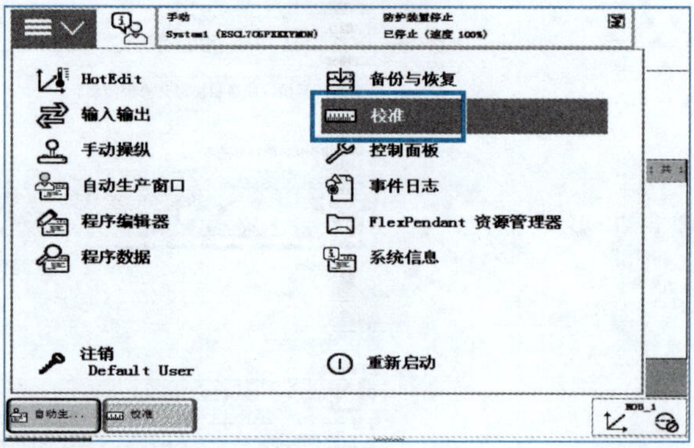
第 8 步：单击“ROB_1”校准	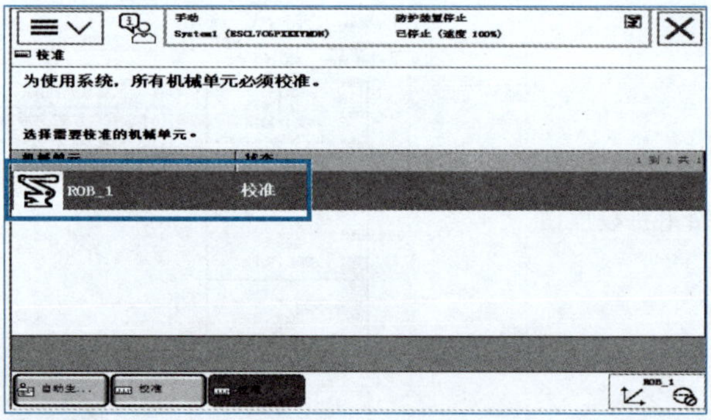
第 9 步：单击“转数计数器”，选择“更新转数计数器”选项	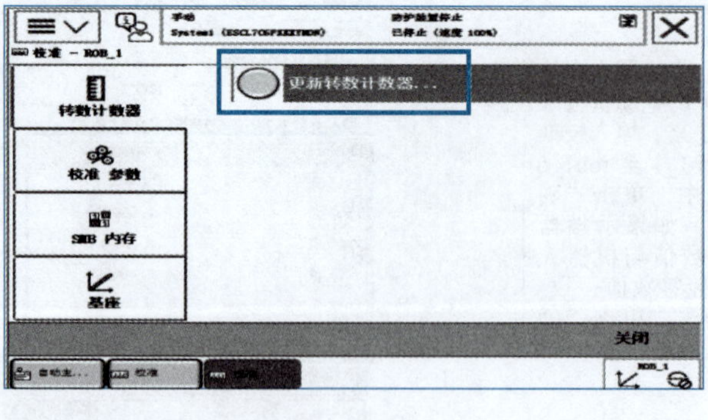

续上表

学习笔记

操作步骤	示意图
第 10 步：系统提示是否更新转数计数器，单击“是”按钮	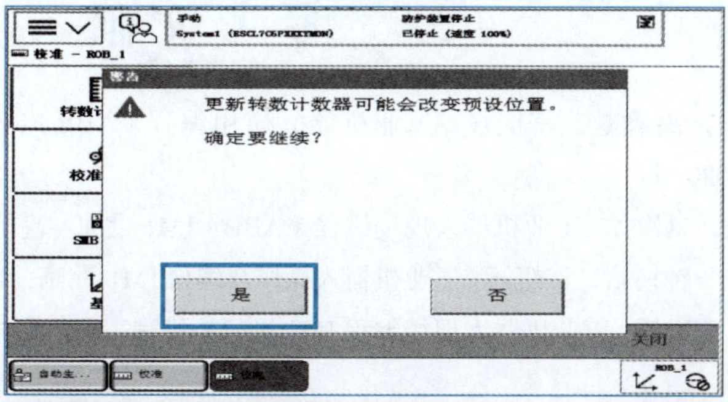
第 11 步：单击全选，六个轴同时进行更新操作。如果机器人由于安装位置关系，无法六个轴同时到达机械原点，则可以逐一对关节轴进行转数计数器更新	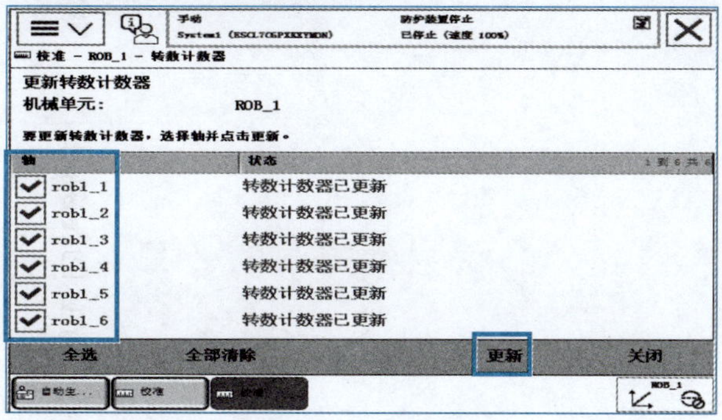
第 12 步：单击“更新”按钮	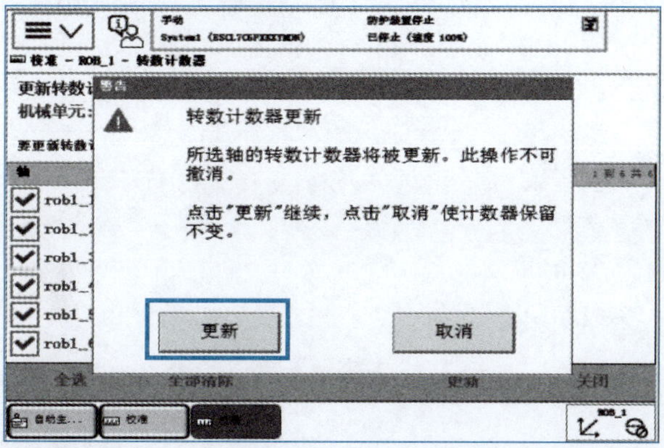

习题与思考

一、判断题

1. 示教器的校准功能选项中，可以进行电机偏移量的校准操作。　　（　　）
2. 示教器的校准功能选项中，可以进行转数计数器的更新操作。　　（　　）
3. 示教器的校准功能选项中，可以进行基坐标的校准操作。　　（　　）

二、素质养成训练

小组讨论：围绕工业机器人、数控机床等领域全面提升国家的实力，从中国制造向中国智造转变，通过课程的学习，谈一谈你的责任感和使命感。

参考文献

[1] 王志强，禹鑫燚，蒋庆斌 . 工业机器人应用编程（ABB）（初级）[M]. 北京：高等教育出版社，2020.

[2] 吴海波，刘海龙 . 工业机器人现场编程（ABB）[M]. 北京：高等教育出版社，2019.

[3] 张春芝，钟柱培，许妍妩 . 工业机器人操作与编程 [M]. 北京：高等教育出版社，2018.

[4] 张超，张继媛 . 工业机器人现场编程 [M]. 北京：机械工业出版社，2016.